# 天然气开采与管道输送技术

刘　洋　吴韬健　常　春　著

北京工业大学出版社

**图书在版编目（CIP）数据**

天然气开采与管道输送技术 / 刘洋，吴韬健，常春著 . -- 北京 : 北京工业大学出版社，2024. 12.

ISBN 978-7-5639-8765-8

Ⅰ . TE37；TE832

中国国家版本馆 CIP 数据核字第 2025ZD8162 号

**天然气开采与管道输送技术**

TIANRANQI KAICAI YU GUANDAO SHUSONG JISHU

---

**著　　者：** 刘　洋　吴韬健　常　春

**责任编辑：** 付　存

**封面设计：** 知更壹点

**出版发行：** 北京工业大学出版社

（北京市朝阳区平乐园 100 号　邮编：100124）

010-67391722（传真）bgdcbs@sina.com

**经销单位：** 全国各地新华书店

**承印单位：** 三河市南阳印刷有限公司

**开　　本：** 710 毫米 ×1000 毫米　1/16

**印　　张：** 21.5

**字　　数：** 400 千字

**版　　次：** 2025 年 6 月第 1 版

**印　　次：** 2025 年 6 月第 1 次印刷

**标准书号：** ISBN 978-7-5639-8765-8

**定　　价：** 114.00 元

---

# 作者简介

**刘　洋**　出生于1984年，河北省唐山市人，大学本科，毕业于北方工业大学国际经济与贸易专业，现任职于中国石油天然气股份有限公司天然气销售公司第二工程监督中心，油气储运专业工程师职称，主要研究方向：天然气工程管理。

**吴韬健**　出生于1988年，河北省河间市人，硕士研究生，毕业于俄罗斯古勃金国立石油天然气大学天然气开发（地下储气库）专业，现任职于中国石油天然气股份有限公司华北油田分公司，工程师职称，主要研究方向：地面建设、勘察设计。

**常　春**　出生于1975年，山东省德州市人，大学本科，毕业于中国石油大学（华东）油气储运专业，现任职于国家石油天然气管网集团有限公司山东省分公司，工程师职称，主要研究方向：油气管道输送与管道保护。

# 前　言

自古以来，能源就是人类社会发展的基石，是推动经济增长、改善人民生活质量的关键因素。然而，随着工业化、城市化进程的加速，传统化石能源的过度开采与利用带来了严重的环境问题，如空气污染、温室效应加剧等，对地球的生态环境构成了严峻威胁。因此，探索和开发清洁、可再生的能源，以及提高现有能源利用效率，成为全球能源战略的核心议题。天然气作为一种低碳、高效的化石能源，其燃烧产生的二氧化碳排放量远低于煤炭和石油，因此加快天然气相关技术的发展是减少温室气体排放、缓解气候变化的重要手段之一。同时，天然气还具有热值高、供应稳定、易于储存和运输等优点，能够满足工业、民用、交通等多个领域的能源需求，是现代社会经济发展的重要支柱。

在此背景下，天然气开采与管道输送技术作为天然气产业链中的关键环节，其发展水平直接关系到天然气资源的有效开发与高效利用。随着科技的进步和创新的推动，天然气开采技术不断取得新突破，从传统的钻井、完井技术到先进的页岩气、煤层气开发技术，为天然气资源的广泛开发提供了有力支撑。同时，管道输送技术作为天然气长途运输的主要方式，也在材料科学、自动化控制、信息技术等多个领域的推动下实现了快速发展，确保了天然气安全、可靠、经济地输送到千家万户。

全书共十章。第一章为天然气概述，主要阐述了天然气的组成与分类、天然气的基本性质、天然气的计量技术、天然气的重要地位等内容；第二章为天然气的应用，主要阐述了天然气的生活应用和天然气的工业应用等内容；第三章为天然气开采技术，主要阐述了陆上天然气开采技术、海上天然气开采技术、国内外天然气开采技术发展趋势与挑战等内容；第四章为天然气开采方案设计，主要阐述了天然气开采方案设计的任务与特点、天然气开采方案设计的前期工作、天然气开采方案设计的主要内容、天然气开采方案设计的基本程序等内容；第五章为天然气管道的勘察设计，主要阐述了天然气管道测量及勘察，天然气管道线路设计，天然气管道穿越、跨越设计，天然气管道工艺设计等内容；第六章为天然气管道输送的关键设备，主要阐述了阀门、分离设备、调压设备、传热及换热设备等内容；第七章为天然气管道输送的关键技术，主要阐述了天然气管道的基本结构与参数、天然气管道输送过程中的关键技术、国内外天然气管道输送技术发展趋势与挑战等内容；第八章为天然气管道输送安全检测技术，主要阐述了天然气管道腐蚀与焊接缺陷检测技术、天然气管道泄漏检测技术、天然气管道内检测技术等内容；第九章为天然气管道输送自动化控制技术，主要阐述了天然气管道输送自动化控制的意义、国内外天然气管道输送自动化控制技术、提高天然气管道输送自动化控制技术水平的策略等内容；第十章为天然气管道完整性管理，主要阐述了天然气管道完整性管理的内容、天然气管道完整性管理效能评价、天然气管道完整性管理体系的构建、天然气管道完整性管理实施的措施等内容。

本书由刘洋、吴韬健、常春、李华、杨翼、侯君龙、薄洋、高贵文所著，分工如下：刘洋（中国石油天然气股份有限公司天然气销售公司第二工程监督中心）负责第二章、第五章内容的撰写，计 8 万字以上；吴韬健（中国石油天然气股份有限公司华北油田分公司）负责第四章、第七章内容的撰写，计 8 万字以上；常春（国家石油天然气管网集团有限公司山东省分公司）负责第六章、第八章内容的撰写，计 6 万字以上。

作者在本书写作的过程中，得到了很多宝贵的建议，谨在此一并表示感谢。同时参阅了大量的相关著作和文献，在此向相关著作和文献的作者表示诚挚的感谢和敬意。由于作者水平有限，时间仓促，书中难免会有不足之处，恳请专家、同行不吝批评指正。

# 目　　录

# 第一章　天然气概述

在当今全球能源结构转型与可持续发展的宏大背景下，天然气作为一种清洁、高效、相对环保的化石能源，正日益受到国际社会的广泛关注与重视。本章主要围绕天然气的组成与分类、天然气的基本性质、天然气的计量技术、天然气的重要地位等内容展开研究。

## 第一节　天然气的组成与分类

### 一、天然气的组成

天然气是一种由多种碳氢化合物及少量其他成分构成的复杂混合物。其核心组成部分以甲烷（$CH_4$）为主，紧随其后的是乙烷（$C_2H_6$）、丙烷（$C_3H_8$）、丁烷（$C_4H_{10}$）和戊烷（$C_5H_{12}$）等烷烃类化合物。此外，天然气中还混有微量的重质碳氢化合物，以及数量有限的其他气体，包括但不限于氮气（$N_2$）、氢气（$H_2$）、硫化氢（$H_2S$）、一氧化碳（$CO$）、二氧化碳（$CO_2$）以及有机硫等。这些成分共同构成了天然气的多样性和复杂性。

对全球范围内已开采的天然气进行详尽的分析化验后，结果明确揭示了一个显著特征：不同地区、不同类型的天然气在化学组成上存在着显著差异。根据权威资料的综合统计，天然气中可识别出的组分多达上百种，这些复杂的组分经过系统归纳后，主要划分为三大类：烃类组分、含硫组分以及其他组分。

#### （一）烃类组分

由碳和氢两种元素单独构成的有机化合物，被统称为碳氢化合物或烃类化合物。在天然气的化学构成中，烃类化合物占据了主导地位，其含量可以高达总体组成的 90%，是天然气最为重要的组成部分。在天然气的烃类组分中，烷烃占据了最大的比例。具体而言，大部分天然气样本中，甲烷的含量尤为显著，一般为 70% ~ 90%。因此，在诸多应用与分析中，天然气常被简化为以甲烷为主要成分的混合气体来进行处理和研究。

除了甲烷这一主要组分外，天然气中还包含乙烷、丙烷以及丁烷（包括正丁烷和异丁烷）等多种烃类。这些化合物在标准温度和压力条件下均呈现为气态。

天然气中通常会包含一定比例的较高碳链烷烃，如戊烷（碳五）、己烷（碳六）、庚烷（碳七）、辛烷（碳八）、壬烷（碳九）和癸烷（碳十）。然而，在多数天然气样本中，不饱和烃（含有双键或三键的烃类）的总含量相对较低，普遍不超过总体组成的 1%。有的天然气中含有少量的环戊烷和环己烷。有的天然气中含有少量的芳香烃，其多数为苯、甲苯和二甲苯。

甲烷是无色、无味、无毒的可燃性气体，是重量最轻、分子最小及结构最简单的碳氢化合物。从有机成因观点来看，它是最简单的有机化合物，也是最简单的脂肪族烷烃。

甲烷的成因分有机成因和无机成因两种。

（1）有机成因

①微生物型。甲烷的微生物生成过程主要依赖于甲烷生成菌的作用，它们能够利用二氧化碳、氢气以及甲酸、醋酸、甲醇等作为前体物质，通过特定的代谢途径将其转化为甲烷。这一过程是微生物在特定环境条件下进行的一种重要生化反应。但是，甲烷菌不具备直接分解有机物的能力，因此，从有机质形成甲烷还要有其他微生物的参与。

一般而言，在厌氧生态环境中存在着一个微生物食物链，在这一复杂的食物链起始阶段，种类繁多的微生物作为分解者，首先登场。它们将自然界中广泛存在的纤维素、半纤维素、果胶等多糖类高分子物质，以及蛋白质、脂肪、核酸等大分子有机物，逐步水解成较小的单体和聚体结构。这一过程进一步深入，将上述水解产物转化为醇类、丙酸、丁酸、乳酸等更为简单的化合物及其他多种产物。随后，产氢和产乙酸细菌接过接力棒，它们利用这些中间产物作为底物，通过其特有的代谢途径，进一步将这些中间产物降解为乙酸、甲酸、二氧化碳和氢气。这些产物不仅是微生物自身能量和物质循环的重要组成部分，也是后续生物地球化学过程的关键参与者。最终，在食物链的这一环节，产甲烷细菌作为终极转化者登场。它们能够利用乙酸、甲酸、二氧化碳、氢气，以及甲醇、甲胺等简单物质作为原料，通过厌氧发酵过程，将其转化为甲烷这一重要的温室气体和能源物质。二氧化碳和氢气也可以由同型产乙酸细菌转化为乙酸。

从有机质转化为甲烷从理论上可划分成四个阶段。

第一阶段为水解阶段。多糖大分子如淀粉和纤维素，在水解性细菌或发酵性细菌的作用下，首先被分解为单糖类，随后这些单糖经过酵解过程转化为丙酮酸。另一方面，蛋白质则经历水解过程，首先被分解成多肽，进而被水解为氨基酸。氨基酸随后通过脱氨作用，转化为有机酸和氨。脂类物质则在水解过程中被分解为甘油和脂肪酸，脂肪酸进一步被分解为包括丙酸、乙酸、丁酸、乙醇等在内的低级脂肪酸，并同时产生二氧化碳和氢气。此外，核酸在微生物的作用下被水解为嘧啶、嘌呤碱基、戊糖和磷酸等组分，其中嘧啶和嘌呤碱基还会进一步裂解，生成短链脂肪酸。

第二阶段为产氢与产乙酸阶段。特定的产氢和产乙酸细菌负责将第一阶段中生成的各类有机酸和有机醇进一步分解，主要产物包括乙酸、二氧化碳以及氢气。

第三阶段为产甲烷阶段。产甲烷细菌发挥作用，它们能够利用二氧化碳、氢气以及甲酸、甲醇、乙酸、甲胺等较为简单的物质作为底物，通过其代谢活动将这些简单物质转化为甲烷。

第四阶段为同型产乙酸阶段。这一阶段中，同型产乙酸细菌扮演着关键角色，它们能够将二氧化碳和氢气作为原料，通过独特的代谢途径合成乙酸。

②油成气型。油成气型甲烷是指腐泥型有机物或Ⅰ、Ⅱ类干酪根在未成熟、成熟和过成熟阶段所形成的甲烷。

③煤成气型。煤成气型甲烷是指由腐殖型煤系或亚煤系中的煤以及分散的有机质生成的甲烷。在成煤作用的各个阶段，均有可能产生煤成气型的甲烷。

（2）无机成因

事实证明，在国内外不乏无机成因的甲烷。地壳内部无机成因甲烷的来源可能有以下三个途径。

①无机合成。在高温条件下，地壳内部的 $CO_2$ 或 CO 与 $H_2$ 在铁族元素（如铁、钴、镍等）的催化作用下，会转化为甲烷。

②地球原始大气中的甲烷。在地球初生的凝聚阶段，富含甲烷的原始大气并未直接逸散至太空，而是被地球的内部力量所“吸纳”，深藏于地幔与地壳之中。随着时间的推移，地球内部经历了剧烈的地质变动，包括深层的断裂、频繁的火山活动以及地震等自然力量的作用。这些强大的地质过程触发了“脱气”现象，使得原本被“囚禁”在地壳深处的甲烷等气体得以挣脱束缚，以多样化的形式和规模，逐渐释放并上升到地球表面，对早期的大气成分和地球环境产生了深远的影响。

③板块俯冲带甲烷。由含水的玄武质岩石及蛇绿岩组成洋壳的大洋板块向大陆板块俯冲到地幔之下，在高温高压的极端条件下，岩石经历了显著的脱水过程，其结构发生变化，转变为密度更大的榴辉岩。与此同时，部分岩石发生了重熔现象，形成了主要由安山岩构成的火山岩共生组合，这一地质过程丰富了地壳的岩石多样性。在这一系列复杂的地质作用中，还伴随着化学分解反应，释放出氢气、碳的氧化物等气体。这些气体在高温高压的极端环境下，发生了进一步的化学反应，合成了甲烷这一重要的有机化合物。

### （二）含硫组分

天然气中的含硫组分，可分为无机硫化物和有机硫化物两类。

无机硫化物组分中，主要且唯一的气体形态代表是硫化氢，其分子式为 $H_2S$。硫化氢是一种具有独特臭鸡蛋气味的无色气体，其密度大于空气。该气体具有可燃性，但同时也是有毒的。当硫化氢溶解于水中时，形成的溶液为氢硫酸，这种溶液呈现出酸性特性，从而也使得硫化氢被归类为酸性气体。

在存在水分的环境中，硫化氢展现出对金属材料的显著腐蚀特性，能够迅速侵蚀金属表面，造成损害。此外，硫化氢还是化工生产过程中常用催化剂的一大威胁，它能导致催化剂中毒现象，即催化剂的催化效能大幅下降，甚至完全丧失其原有的催化活性，这对化工生产的稳定性和效率产生了严重影响。

天然气中可能包含微量的有机硫化物成分，这些成分包括但不限于硫醇、硫醚、二硫醚、二硫化碳、羰基硫、噻吩以及硫酚等。相较于硫化氢，有机硫化物对金属的腐蚀作用虽不那么显著，但它们却能有效使催化剂丧失活性。此外，大部分有机硫化合物具有毒性，并能散发出难闻的气味，对环境中的大气造成污染。

因此，当天然气中检测到硫化物存在时，为了确保天然气安全地通过管道输送及后续利用，必须执行严格的脱硫净化处理过程。

### （三）其他组分

天然气的组成中，除了主要的烃类成分和含硫化合物外，还包含有二氧化碳（$CO_2$）、一氧化碳（CO）、氧气（$O_2$）、氨气（$NH_3$）、氢气（$H_2$），稀有气体如氦气（He）和氩气（Ar），以及水蒸气等。其中，二氧化碳作为酸性气体，其溶解于水后会形成碳酸，对金属设备具有腐蚀作用。因此，在天然气的脱硫处理过程中，除了针对硫化氢进行脱除外，通常也会尽可能地去除二氧化碳，以减少对设备的腐蚀影响。在某些特定的气井中，天然气的二氧化碳含量可能相当高，甚至超过 10%。相比之下，一氧化碳在天然气中的含量则非常低。

天然气中通常含有微量的氧气。对于氨气的含量，虽然大多数天然气中的氨气浓度保持在10%以下，但也有例外情况，其中一些天然气的氨气含量可能达50%甚至更高。特别地，如美国某气田所产的天然气，其氨气含量甚至达到了94%的高比例。相比之下，天然气中的氢气、氦气、氩气等气体含量则极低，通常都低于1%的阈值。

此外，天然气中还广泛含有饱和状态的水蒸气。当天然气所处环境的温度下降时，这些水蒸气会逐渐冷凝成液态水。这些凝析出的水分在天然气输送过程中可能带来不利影响，尤其是当天然气中同时含有硫化氢和二氧化碳时，这些酸性气体溶于水后会显著加剧对输送设备及管道的腐蚀作用。因此，为了确保天然气输送的安全性和效率，通常需要对天然气中的水汽进行专门的脱除处理。

## 二、天然气的分类

### （一）按矿场特点分类

1. 气藏气

直接从天然气藏开采出来的天然气被称为气藏气，其主要成分为甲烷，通常体积分数超过90%。此外，还含有少量乙烷、丙烷、丁烷等烃类气体，以及二氧化碳、硫化氢、氮气等非烃类气体。特别地，那些不与石油共存的独立天然气藏，被称为非伴生天然气藏，简称非伴生气。

2. 油田气

伴随原油共生的天然气被称为油田气，其除了溶解在原油中的气体（称为溶解气）外，还常伴随有气顶气。这类天然气的特点在于，其乙烷以及分子量大于乙烷的烃类气体含量，相较于气藏气，要更为丰富。这种组成上的差异，使得这类天然气在能源利用和化工原料制作方面具有独特的价值。

### （二）按化学成分分类

1. 烃类气

甲烷及其重烃同系物的体积含量超过50%时称烃类气。按烃类气的组分含量，将烃类气分为贫气和富气。根据其甲烷含量的不同，天然气可划分为两大类别：甲烷体积分数达到或超过95%的天然气，被普遍称为“干气”；而甲烷含量低于95%的天然气，则被称为“湿气”。

2. 二氧化碳类气

在烃类气藏的构成中，二氧化碳常常作为共存的成分出现。在某些情况下，二氧化碳甚至成为主要组分，同时伴生有甲烷和氮气。目前，全球范围内，包括我国在内，已经发现了众多以二氧化碳为主要成分的纯气藏。

3. 氮类气

天然气中氮的含量呈现出显著的差异性，其浓度范围可以从微量级别变化到以氮气为主要成分。以我国为例，在鄂西和江汉等地区，天然气中的氮含量相对较高，体积分数为 8% ~ 9%。而在四川的震旦系气藏（如威远气田），氮的含量也保持在较高的水平，为 6% ~ 9%。

相比之下，其他层系的气藏中氮的含量则普遍较低，大多数情况下小于 2%，且通常维持在 1%左右。这种氮含量的变化对于天然气的性质、处理和利用方式均会产生一定的影响。

4. 硫类气

根据天然气中的含硫量差别，可以将天然气分为洁气和酸性天然气。

①洁气作为一种高品质的天然气，其显著特点是硫含量极低，通常不含硫或硫含量低于 20 mg/m$^3$。由于这一特性，洁气在输送和使用前无须进行复杂的脱硫净化处理，即可直接通过管道输送至用户端，供一般用户安全、便捷地使用。

②酸性天然气通常是指含硫量高于 20 mg/m$^3$（或含 $CO_2$ 大于 2%）的天然气。酸性天然气中富含硫化氢及其他硫化物成分，这些成分不仅具有显著的腐蚀性，能侵蚀输送管道和设备，还带有毒性，对人体健康构成潜在威胁。因此，酸性天然气的存在对用户的正常使用产生了不良影响。酸性天然气必须经过脱硫净化处理后，才能进入输气管线。

### （三）其他分类规则

①按组分划分：干气、湿气；烃类气、非烃气。

②按天然气来源划分：有机来源和无机来源。

③按生储盖组合划分：自生自储型、古生新储型和新生古储型。

④按天然气相态划分：游离气、溶解气、吸附气、固体气（气水化合物）。

⑤按有机母质类型划分：腐殖气（煤型气）、腐泥气（油型气）、腐殖腐泥气（陆源有机气）。

⑥按有机质演化阶段划分：生物气、生物 – 热催化过渡带气、热解气（热催化、热裂解气）、高温热裂解气等。

# 第二节　天然气的基本性质

## 一、天然气的基本概念

### （一）露点

在压力不变的条件下，未饱和水蒸气冷却到饱和状态时开始凝结出液体的温度称为露点。所以，气体的露点就是给定压力下达到饱和状态时的饱和温度。温度稍低，蒸汽就凝结，温度稍高，液体就沸腾。因此，露点是对蒸汽而言，沸点是对液体而言，两者数值上相等。露点是一个与物质种类、固有性质以及所处压力密切相关的参数。对于同一种物质而言，当其所受的压力增加时，其露点也会相应地升高。

再液化装置就是利用压缩机加压提高货物蒸气的露点，然后降温，使货物蒸气温度低于该压力下的露点而使其液化。但在管道输送天然气时，就必须保持温度在露点以上，以防结露阻碍输气。

### （二）自燃温度

自燃温度是指某一可燃物质，在无须外界火源直接作用的情况下，仅通过加热至足够高的温度，便能自发地开始燃烧的最低临界温度。这一温度是在没有火花、火焰等外部点火源的环境中，物质可以在空气中自行发生燃烧的最低阈值。自燃温度通常不低于并且往往显著高于该物质燃烧上限所对应的温度，意味着在达到自燃点之前，物质已经处于高度不稳定的易燃状态。

### （三）临界温度

当气体的温度不超过某一数值时，对其施加压力方可使之液化；换言之，如果气体温度高于这一定值时，不管对其施加多大的压力，都无法使之液化。这个特定的温度，称为该气体的临界温度，用符号 $T_c$ 表示。气体的临界温度越高，就越容易液化；气体的温度比其临界温度低得越多，液化所需的压力就越小。

要使物质由气态变为液态可以用加大压强和降低温度的方法。1869 年，科学界迎来了一项既引人入胜又极具科学意义的发现：二氧化碳的液化过程存在一个独特的门槛——其温度必须降至 31.1℃及以下，方可通过增加压力实现液化。若温度高于此值，无论施加多大的压力，二氧化碳都将保持气态。这一发现随后引发了对其他气体的探究，揭示出氯化氢和氨气等同样拥有各自的“临界温度”，分别为 51.5℃和 132℃，在这些温度下，它们才能通过加压转化为液态。

进一步的研究让科学家们意识到，传统上被视为“永久气体”的氧气和氮气等，其实也各自隐藏着这样的“特殊温度”。然而，由于这些气体的临界温度极低，在当时的技术条件下难以实现如此低的温度，因此它们的液化成为难以攻克的难题。随着科技的进步，尤其是低温技术的飞速发展，这些曾经看似“顽固”的气体逐一被成功液化。最终，在 1908 年，氦气也加入了这一行列，标志着人类在气体液化技术上的又一重大突破。如今，称这种能够决定物质液化条件的特定温度为“临界温度”，它不仅是物质性质的一个重要参数，也是气体液化技术中的一个关键指标。

### （四）热值

热值是在燃料化学中表示燃料质量的一种重要指标，它反映了单位质量（或体积）的燃料在完全燃烧过程中所能释放出的热量。这一热量值一般可以通过专门的热量计（也称为卡计）进行精确测量，或者根据燃料的化学分析结果进行计算得出。

热值分为高热值（high heating value，HHV）和低热值（low heating value，LHV）两种。高热值，顾名思义，是指燃料完全燃烧时释放出的总热量，它不仅包括燃料的燃烧热，还涵盖燃烧过程中产生的水蒸气冷凝时释放的热量。而低热值则仅代表燃料的燃烧热本身，即高热值中扣除水蒸气冷凝热之后的部分。在实际应用中，热值的单位选择依据燃料的形态而定。对于固体燃料和液体燃料，常用的热值单位是焦耳 / 千克（J/kg）；而对于气体燃料，则采用焦耳 / 立方米（$J/m^3$）作为单位。

### （五）燃烧

燃烧是一种化学过程，其中可燃物质与氧气在特定温度条件下发生剧烈的相互作用，伴随着光与热的显著释放。这一反应过程的显著特征在于其放热性、发光性以及新物质的生成。

为了实现燃烧，必须同时满足三个基本条件，即通常所说的燃烧三要素：首先，存在可燃物质，它们是燃烧反应的主体；其次，有氧气的参与，作为助燃物质，促进燃烧的进行；最后，需要达到一定的温度水平，即火源，以激发可燃物与氧气之间的化学反应。只有当这三者同时具备时，燃烧过程才会发生。

### （六）爆炸

爆炸是一种在极短促的时间内，伴随巨大能量释放的化学反应或物理状态急剧转变过程，此过程导致高温的迅速产生，并伴随大量气体的急剧膨胀与释放，从而在周围介质中形成显著的高压效应。

1. 爆炸极限

可燃气体 / 蒸气在空气中能被燃烧、爆炸的浓度范围。浓度用可燃气体 / 蒸气在空气中所占体积的百分数表示。浓度范围是在爆炸下限（LEL）和爆炸上限（UEL）这两浓度极限之间的范围。

2. 爆炸下限（LEL）

LEL 是 lower explosive limit 的缩写。这一数值指的是可燃气体或蒸气在空气中能够引发燃烧爆炸的最低浓度阈值。当可燃气体 / 蒸气的浓度低于此阈值时，由于空气中缺乏足够的可燃物质，因此无法支持燃烧反应的进行，从而避免了燃烧爆炸现象的发生。爆炸下限通常也可称为可燃下限。

3. 爆炸上限（UEL）

UEL 是 upper explosive limit 的缩写。这是可燃气体 / 蒸气能在空气中发生燃烧爆炸的最高浓度。高于这一浓度，就没有足够的空气维持和扩大燃烧，燃烧爆炸现象便不可能发生。

## 二、天然气的物理性质

天然气作为一种复杂的混合物，由多种互不发生化学反应的单一气体组分构成，天然气独特的组成和性质使得其无法用一个单一的分子式来全面描述。为了理解和应用上的便利，通常将天然气视为一种具有平均参数的假想物质。这些平均参数是通过将各组分气体的性质按照加合法原则进行加权平均计算得出的，从而能够大致反映天然气的整体特性。

天然气的物理性质一般指天然气平均相对分子量、密度、相对密度、蒸气压、黏度、临界参数和气体状态方程等。

### （一）平均相对分子质量

1. 天然气的平均相对分子质量

$$M=\sum y_i M_i \tag{1-1}$$

式中，$M$——天然气的平均相对分子质量；

$y_i$——天然气中组分 $i$ 的摩尔分数；

$M_i$——天然气中组分 $i$ 的分子质量。

2. 天然气凝液的平均相对分子质量

天然气凝液（NGL）是各种烃类液体的混合物，其物性参数服从液体混合物的加合法则。

天然气凝液的平均相对分子质量按下式计算：

$$M=\sum y_i M_i \tag{1-2}$$

$$M=100/\sum（g_i/M_i） \tag{1-3}$$

式中，$M$——天然气凝液的平均相对分子质量；

$y_i$——天然气凝液中组分 $i$ 的摩尔分数；

$M_i$——天然气凝液中组分 $i$ 的分子质量；

$g_i$——天然气凝液中组分 $i$ 的质量分数。

## （二）密度和相对密度

1. 天然气的密度

$$\rho=\sum y_i \rho_i \tag{1-4}$$

式中，$\rho$——天然气的密度，$kg/m^3$；

$y_i$——天然气中组分 $i$ 的摩尔分数；

$\rho_i$——天然气中组分 $i$ 在标准状态下的密度，$kg/m^3$。

天然气的密度也可按下式计算：

$$\rho=M/V_m \tag{1-5}$$

式中，$M$——天然气的平均相对分子质量；

$V_m$——天然气的摩尔体积，$m^3/kmol$。

$V_m$ 可按下式计算：

$$V_m=\sum y_i V_{mi} \tag{1-6}$$

式中，$V_{mi}$——天然气中组分 $i$ 的摩尔体积，$m^3/kmol$。

2. 天然气的相对密度

天然气的相对密度是一个物理量，用于描述在相同压力和温度条件下，天然气与干空气的密度之间的关系。具体而言，它是通过将天然气的密度与干空气的密度进行比较并计算得出的比值，这一比值能够反映出天然气相对于干空气的轻重程度。

干空气的组成以摩尔分数表示，摩尔分数的总和等于 1。

$$s=\rho/1.293 \tag{1-7}$$

式中，$s$——天然气的相对密度；

$\rho$——天然气的密度，$kg/m^3$；

1.293——标准状态下空气的密度，$kg/m^3$（空气的相对密度为 1）。

天然气的相对密度也可用下式计算：

$$s=M/28.964 \tag{1-8}$$

式中，$M$——天然气的视分子质量；

28.964——干空气的平均相对分子质量。

3. 天然气凝液的密度和相对密度

天然气凝液的密度按下式计算：

$$\rho=\Sigma x_i\rho_i/100 \tag{1-9}$$

$$\rho=100/\Sigma(g_i/\rho_i) \tag{1-10}$$

式中，$\rho$——天然气凝液的密度，kg/L；

$\rho_i$——天然气凝液中组分 $i$ 的密度，kg/L；

$x_i$——天然气凝液中组分 $i$ 的体积分数；

$g_i$——天然气凝液中组分 $i$ 的质量分数。

天然气凝液的相对密度是指天然气凝液的密度与 4℃时水的密度（1 kg/L）之比。故天然气凝液的相对密度与密度在数值上相等。

$$d=\rho/\rho_w \tag{1-11}$$

式中，$d$——天然气凝液的相对密度；

$\rho_w$——4℃时水的密度，kg/L。

在常温下液化石油气的密度为 0.5 ~ 0.6 kg/L（其相对密度为 0.5 ~ 0.6），约为水的一半。

或

$$d=\Sigma x_id_i/100=\Sigma x_i\rho_i/100 \tag{1-12}$$

式中，$x_i$——天然气凝液中组分 $i$ 的体积分数；

$d_i$——天然气凝液中组分 $i$ 的相对密度。

## （三）黏度

1. 气体的黏度

气体的黏度表示由于气体分子或质点之间存在吸引力和摩擦力而阻止质点相互位移的特性。

气体的黏度包括运动黏度（$\nu$）和动力黏度（$\mu$），两者的关系如下：

$$\nu=\mu/\rho \tag{1-13}$$

2. 温度对黏度的影响

气体的黏度随温度的升高而增加。

动力黏度与温度的关系如下。

$$\mu_t=\mu_0+（273+C）/（T+C）×（T/273）^{2/3} \tag{1-14}$$

式中，$\mu_t$、$\mu_0$——气体在 $t$ ℃和 0℃时的动力黏度，Pa·s；

$T$——气体的温度，K；

$C$——温度修正系数。

3. 天然气的黏度

在理想状态下，天然气的动力黏度可按下述近似计算公式求得：

$$\mu=100/\Sigma（y_i/\mu_i） \tag{1-15}$$

式中，$\mu$——天然气的动力黏度，Pa·s；

$y_i$——天然气中组分 $i$ 的摩尔分数；

$\mu_i$——天然气中组分 $i$ 的动力黏度，Pa·s。

随着压力的上升，天然气的动力黏度会增大，反之，其运动黏度会减小。当绝对压力低于 1 mPa 时，压力对黏度的改变作用相对较小。在进行工程计算时，通常主要关注温度对黏度的影响，而忽略压力因素。

在低压力下，天然气的黏度可根据各组分在一定温度和压力下的黏度按下式计算：

$$\mu_L=\frac{\sum(y_i\mu_i\sqrt{M_i})}{\sum(y_i\sqrt{M_i})} \tag{1-16}$$

式中，$\mu_L$——低压下天然气的黏度，Pa·s；

$\mu_i$——相同压力下天然气中组分 $i$ 的黏度，Pa·s；

$y_i$——天然气中组分 $i$ 的摩尔分数；

$M_i$——天然气中组分 $i$ 的分子量。

## 三、天然气的热力学性质

### （一）比热容

1. 比热容及其影响因素

在不涉及相变或化学反应的前提下，单位质量的物质当其温度升高 1 K 时所需吸收的热量量度，被定义为该物质的比热容。比热容是物质固有的一种热学属性，用于描述物质吸收或释放热量时温度变化的难易程度。

表示气体物质量的单位不同，比热容的单位也有所不同，对于 1 kg、1 $m^3$（标）、1 kmol 气体物质相应有质量比热容、容积比热容和摩尔比热容之分。

气体的这三种比热容可以互相换算：

$$c'=c\rho_0=c''/V_m \tag{1-17}$$

式中，$c$——气体的质量比热容，kJ/（kg·K）；

$c'$——气体的容积比热容，kJ（$m^3$·K）；

$c''$——气体的摩尔比热容，kJ/（kmol·K）；

$\rho_0$——标准状态下气体的密度，kg/$m^3$；

$V_m$——气体的摩尔体积，$m^3$/kmol。

影响比热容的因素有以下几种。

（1）物质性质

不同的物质因其独特的分子量大小、复杂的分子结构以及分子间相互作用的差异性，导致了它们各自具有不同的比热容。这种差异反映了在相同条件下，不同物质在温度升高或降低时吸收或释放热量的能力各不相同。

（2）过程特性

①物质在压力保持恒定的条件下吸热或放热过程中，每升高（或降低）1 K 温度所吸收（或释放）的热量与其质量的比值，被定义为该物质的定压比热容，记作 $c_p$。

②若吸热或放热过程在封闭系统内且容积保持不变，此时物质每升高（或降低）1 K 温度所吸收（或释放）的热量与其质量的比值，被称为定容比热容，记作 $c_v$。

③针对某一物质，在特定温度区间内，若其温度升高 1 K 所平均吸收的热量值被称为该物质在该温度范围内的平均比热容，它反映了物质在该温度区间内热学性质的平均表现。

在相同质量的气体被加热至相同温度升高的过程中，若加热方式为定压加热，则由于气体体积的膨胀，部分热量会被用于对外做功，而剩余部分才用于增加气体的内能。相比之下，在定容加热条件下，气体体积保持不变，因此不对外做功，所有吸收的热量均直接用于增加内能。由于定压加热时部分热量被用于做功，导致实际用于增加内能的热量减少，故定压比热容（$c_p$）通常大于定容比热容（$c_v$）。

然而，对于液体而言，由于其分子间相互作用较强且体积随温度变化较小，在定压和定容加热条件下，液体体积的变化几乎可以忽略不计，因此液体对外做功的量也非常微小。这导致液体的定容比热容和定压比热容之间的差值非常小，以至于在大多数实际应用中，这两个值被视为近似相等，通常使用时不再进行区分。

通常，理想气体的定压比热容和定容比热容之间的关系如下：

$$c_p - c_v = R \tag{1-18}$$

式中，$R$——气体常数，为 0.371 kJ/（$m^3 \cdot K$）。

2. 天然气的比热容

天然气的比热容，按其各组分的摩尔分数和组分的比热容，可用加合法求得，表达式如下：

$$c_N = \sum y_i c_i \tag{1-19}$$

式中，$c_N$——天然气的比热容，kJ/（$m^3 \cdot K$）；

$c_i$——天然气中组分 $i$ 的比热容，kJ/（$m^3 \cdot K$）。

3. 天然气凝液的比热容

天然气凝液的比热容可按下式计算：

$$c = \sum g_i c_i / 100 \tag{1-20}$$

式中，$c$——天然气凝液的比热容，kJ/（kg · K）；

$g_i$——天然气凝液中组分 $i$ 的质量分数；

$c_i$——天然气凝液中组分 $i$ 的质量比热容，kJ/（kg · K）。

当计算精度要求不高时，天然气凝液的比热容与温度的关系可用下式计算：

$$c_p = c_{0p} + \alpha t \tag{1-21}$$

式中，$c_p$——温度为 $t$℃时，天然气凝液的定压比热容，kJ/（kg · K）；

$c_{0p}$——温度为 0℃时，天然气凝液的定压比热容，kJ/（kg · K）；

$\alpha$——温度系数。

## （二）绝热指数

1. 气体的绝热指数

气体的绝热指数（$K$）是气体的定压比热容与定容比热容之比，表达式如下：

$$K = c_p / c_v \tag{1-22}$$

对于理想气体，绝热指数是常数，由气体的性质而定。

2. 天然气的绝热指数

天然气的绝热指数（$K$）可按下式进行计算：

$$K=c_p/c_v=c_p/(c_p-R) \tag{1-23}$$

式中，$c_p$——天然气的平均定压比热容，kJ/（$m^3\cdot K$）；

$c_v$——天然气的平均定容比热容，kJ/（$m^3\cdot K$）；

$R$——摩尔气体常数，0.371 kJ/（$m^3\cdot K$）。

在计算某天然气的绝热指数时，应首先分别求出天然气的定压比热容和定容比热容，然后按照 $K=c_p/c_v$ 进行计算。

当天然气中甲烷含量大于 95％时，其绝热指数可取作甲烷的相应值，即 $K$=1.31。近似计算时，天然气的绝热指数 $K$=1.3。

## （三）天然气的导热系数

1. 气体的导热系数

导热系数（$\lambda$）是衡量物质导热性能的一个固有参数，它反映了在给定方向上，当温度梯度为每米长度降低 1 K 时，单位时间内（如每小时）通过该物质单位面积所传导的热量。

2. 温度变化对导热系数的影响

气体的导热系数随温度的升高而增加，其关系式可近似由下式表示：

$$\lambda_T=\lambda_0+\frac{273+C}{T+C}\times\left(\frac{T}{273}\right)^{3/2} \tag{1-24}$$

式中，$\lambda_T$——气体在 $T$ 时的导热系数，kJ/（m·h·K）；

$\lambda_0$——气体在 273 K 时的导热系数，kJ/（m·h·K）；

$C$——与气体性质有关的温度修正系数；

$T$——气体的绝对温度，K。

温度对导热系数的影响也可按下式进行近似计算：

$$\lambda_T=\lambda_0(1+0.0005T)\ [\mathrm{kJ/(m\cdot h\cdot K)}] \tag{1-25}$$

3. 天然气凝液的导热系数

天然气凝液是各种液烃的混合物。

若已知天然气凝液各组分的质量分数或摩尔分数，则其导热系数 $\lambda$ 分别可按下式计算：

$$\lambda=\Sigma g_i\lambda_i/100 \text{ 或 } \lambda=100/\Sigma(y_i/\lambda_i) \tag{1-26}$$

式中，$g_i$——天然气凝液中组分 $i$ 的质量分数；

$\lambda_i$——天然气凝液中组分 $i$ 的导热系数，kJ/（m · h · K）；

$y_i$——天然气凝液中组分 $i$ 的摩尔分数。

## （四）汽化潜热

当液体达到沸腾状态时，1 kg 的饱和液体转化为同温度的饱和蒸气过程中所需要吸收的热量，称之为该液体的汽化潜热。相反地，当这些饱和蒸气在特定条件下液化时，会释放出与汽化过程相等的热量，这一热量被称为凝结热。因此，在相同的条件下，液体的汽化潜热与其蒸气液化时的凝结热是相等的。

### 1. 温度对凝液汽化潜热的影响

汽化潜热的大小受汽化过程中压力和温度的共同影响。具体来说，对于同一液体而言，在其汽化的过程中，随着温度的逐渐升高，所需的汽化潜热会逐渐减小。当温度达到该液体的临界温度时，一个特殊的现象发生：汽化潜热降低至零，即在该条件下，液体与气体之间的相变不再伴随热量的吸收或释放。汽化潜热与温度的关系可用下式表示：

$$r_1 = r_2\left(\frac{T_c - T_1}{T_c - T_2}\right)^{0.38} \quad (1\text{–}27)$$

式中，$r_1$、$r_2$——温度为 $T_1$ 和 $T_2$ 时的汽化潜热，kJ/kg；

$T_c$——临界温度，K。

### 2. 天然气凝液的汽化潜热

天然气凝液是各种烃类的混合物，其汽化潜热可按下式计算：

$$r = \sum g_i r_i / 100 \quad (1\text{–}28)$$

式中，$g_i$——天然气凝液中组分 $i$ 的质量分数；

$r_i$——天然气凝液中组分 $i$ 的汽化潜热，kJ/kg。

## （五）天然气的焓、熵

### 1. 焓的定义

焓（$H$）是体系的状态参数，因而焓的变化与过程无关，只取决于体系的焓态和终态。焓随着物质所处的温度和压力而变化。焓的表达式如下：

$$H=U+pV \quad (1\text{–}29)$$

式中，$U$——体系的内能；

$p$——体系的压力；

$V$——体系的体积。

一个体系在只做膨胀功的恒压过程中，吸收的热量等于该体系热量的增量 $\Delta H$，即：

$$\Delta H=H_2-H_1=Q_p \tag{1-30}$$

$Q_p$ 是过程吸收的热量，所以：

$$dH=c_p dT \tag{1-31}$$

$$H_2=H_1+\int_{T_1}^{T_2} c_p dT \tag{1-32}$$

式中，$H_2$、$H_1$——系统在终结和初始状态下的焓，kJ/kg；

$T_2$、$T_1$——系统的终结和初始温度，K；

$c_p$——系统的定压比热容，kJ/（kg · K）。

气体在某一状态下的焓值除用 1 kg 气体的焓值表示外，也可用 kJ/kmol 和 $kJ/m^3$（标）表示。

在工程计算中，一般并不需要求得焓的绝对值，而只要计算过程中焓值的变化即可。故可根据需要，规定某一状态的焓值为零，以此作为计算的起点。

2. 天然气焓值的计算

（1）物质吸收（或释放）的热量与过程始末物质温度变化的关系可用下式表示：

$$Q_p=c_p(T_2-T_1) \tag{1-33}$$

$$\Delta H=c_p(T_2-T_1) \tag{1-34}$$

式中，$c_p$——定压过程中温度从 $T_1$ 变至 $T_2$ 时的平均质量比热容，kJ/（kg · K）。

（2）气体焓值的计算

对于理想气体，焓值仅与温度有关。所以，任何状态变化过程只要已知始末温度的变化值，均可按 $\Delta H=c_p(T_2-T_1)$ 计算焓值。对于真实气体，焓值不仅与温度有关，而且与压力有关。

因此，必须对理想气体的焓值进行修正，如下式所示：

$$H_r=H_0+\Delta I \tag{1-35}$$

式中，$H_r$——真实气体的焓，kJ/kg；

$H_0$——理想气体的焓，kJ/kg；

$\Delta I$——真实气体焓的修正值。

（3）液体焓值的计算

液体焓值可按下式计算：

$$\Delta H=c\ (T_2-T_1)\tag{1-36}$$

式中，$\Delta H$——过程始末液体的焓值变化量，kJ/kg；

$c$——液体的平均比热容，kJ/（kg・K）。

液体的定压比热容与定容比热容基本相等。

3. 天然气的熵

熵是物质的一种固有属性，与物质的焓一样，被视为一种状态函数，具有可加性和容量性。当物质的状态发生变化时，熵也会随之改变，而这种变化仅依赖于起始状态和最终状态，与变化的具体过程无关。

对于理想气体的等温可逆膨胀或压缩过程，熵的增量按下式计算：

$$\Delta S=Q/T\tag{1-37}$$

式中，$Q$——体系在过程中吸收或放出的热量，kJ；

$T$——体系的温度，K。

在变温条件下，若初始温度为 $T_1$，终结温度为 $T_2$，则非等温过程熵值增量按下式计算：

$$\mathrm{d}S=\mathrm{d}Q/T\tag{1-38}$$

$$\Delta S=\int_{T_1}^{T_2}\mathrm{d}S=\int_{T_1}^{T_2}\mathrm{d}Q/T\tag{1-39}$$

由上式可知，$T$ 始终是正值，在任一状态变化过程中，若 $\mathrm{d}Q>0$，则 $\mathrm{d}S>0$，反之亦然。说明吸热时，熵增加；放热时，熵减少。

# 第三节 天然气的计量技术

## 一、天然气流量计的分类

目前，我国天然气流量计种类繁多，按照不同计量需求和测量原理大致可以分为5类，分别是压差式流量计、容积式流量计、速度式流量计、涡街流量计、超声波流量计。不同种类的流量计的计量原理和组成结构各不相同，本节选取常用的流量计对其工作原理做简要陈述。

## （一）压差式流量计

压差式流量计是基于伯努利方程与流体连续方程，以节流原理为依据设计的，其在节流件前后产生压力差，流量的平方和压力差成正比。

### 1. 压差式流量计的组成

压差式流量计通常由标准节流装置、导压系统和压差计三部分组成。

标准节流装置在加工制造和安装方面都最为简单，通过长期的使用，目前已经实现了设计、安装、计算的标准化，只要按照标准进行制造和安装，即使不经过检定也能保证其计量的准确度，所以在天然气计量中被广泛使用。

### 2. 压差式流量计的测量原理

气体在通过管道中的节流件，如孔板时，会经历一个流动截面的局部减小，导致气体在节流件处形成明显的收缩。这一收缩促使气体的流速显著加快，进而增加了其动能。然而，伴随着动能的增加，气体的静压能却会相应降低。

因此，在节流件的上游与下游之间，会出现一个明显的压力差异，称之为压力差。此现象遵循一个基本规律：气体流速越大，上下游之间的压力差也随之增大；反之，流速减小，则压力差也相应减小。这种因流速变化而导致压力差变化的现象，在流体力学中被称为流体的节流现象。

## （二）容积式流量计

容积式流量计实质上是一种连续、高速旋转的流量测量装置，其工作原理类似于不断旋转的量杯。当气体流经流量计时，利用气体在入口与出口之间产生的压差作为动力，驱动流量计内部的转子进行旋转。随着转子的不断旋转，它会周期性地与流量计壳体共同构成一个个计量腔室，这些腔室随即被流入的气体所填满。随后，转子继续旋转，将这些充满气体的计量腔室逐一推向出口，实现气体的连续排出。基于这一工作原理，只要精确知道单个计量腔室的容积大小，以及转子旋转一周能够形成的计量腔室数量，就可以通过简单地计数转子旋转的完整周数，来准确计算出通过流量计被排出的气体总体积。

容积式流量计的计量原理可表示为：

$$V=NKV_0 \tag{1-40}$$

式中，$V$——被测气体在工作状态下的总体积，$m^3$；

$N$——转子转动的次数；

$K$——转子转动一周形成的计量腔个数；

$V_0$——单个计量腔的容积，$m^3$。

目前，国内常用的容积式流量计有气体腰轮流量计、旋叶式流量计等，在天然气计量中使用最多的容积式流量计是气体腰轮流量计。

1. 气体腰轮流量计的结构

气体腰轮流量计可分为立式和卧式两种。气体腰轮流量计主要由壳体、腰轮、修正器、计数器等组成。一般公称直径为 40 mm 与 50 mm 的气体腰轮流量计，其腰轮组由一对腰轮构成；公称直径为 80 mm 以上的气体腰轮流量计，其腰轮组设计成两对成 45° 夹角安装的腰轮组。

2. 气体腰轮流量计的工作原理

在气体腰轮流量计中，转子与壳体紧密配合，共同构成了一个封闭的、用于精确计量的空间，称之为计量腔。这对转子特别设计为具有共轭曲线的腰轮形状，它们之间不仅形状互补，还通过同轴安装的驱动齿轮实现相互驱动。当被测流体流经流量计时，进出口之间形成的压力差成了驱动转子旋转的动力源。随着转子的旋转，驱动齿轮会同步工作，确保两个腰轮转子能够协调一致地转动，从而实现对流体流量的精确测量。

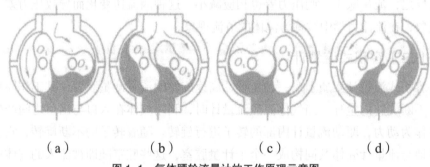

（a）　（b）　（c）　（d）

**图 1–1　气体腰轮流量计的工作原理示意图**

当转子处于图 1–1（a）所示的位置时，气体由入口处流进流量计，气体静压力 $p_1$ 均匀地作用在转子 $O_2$ 上，由于 $O_2$ 所受到的力矩平衡，因此 $O_2$ 不转动；此时，转子 $O_1$ 在气体压力作用下产生了转动力矩，逆时针转动，同时带动固定在同一轴上的驱动齿轮旋转。由于驱动齿轮的啮合，转子 $O_2$ 顺时针旋转，当转子转到图 1–1（b）所示的位置时，阴影部分的气体被送至出口。随着转子位置的变化，转子 $O_1$ 上的力矩逐渐减弱，转子 $O_2$ 上产生转动力矩，并逐渐增大。当转子都转过 90° 达到图 1–1（c）所示的位置时，转子 $O_2$ 产生的力矩最大，而转子 $O_1$ 此时无力矩，这样两个转子改变主从关系。两个转子交替地把流经计量腔的气体，连续不断地从流量计入口送至出口，从而达到计量的目的。

每当转子完成一圈旋转，它就会从流量计的入口向出口输送相当于计量腔体积四倍的气体量。所以，在了解转子与流量计壳体形成的计量腔具体体积后，通过计数转子的旋转次数，即可计算出气体的总流量。而测量转子的旋转速度，则可以得出气体在单位时间内的流量，即平均瞬时流量[①]。由于转子间以及转子与壳体间均设计有微小的间隙，确保了流量计内部各部件在工作过程中不发生接触和摩擦，这使得流量计能够实现高精度的测量，并且能长期稳定、可靠地运行。

双转子组合式气体腰轮流量计，其测量原理与标准的单转子气体腰轮流量计相似，均依赖于进出口间的压力差来驱动转子旋转以实现流量测量。然而，该型号流量计的独特之处在于其采用了双转子组合式设计，即在同一主轴上固定了两个相互成 45° 夹角的转子。这种双转子布局相当于两台单转子流量计在物理上并联运行，但集成于一个设备之中。这样的设计带来了显著的优点：首先，由于双转子的协同作用，流量计的运转更为平稳，减少了因单个转子不平衡可能导致的振动；其次，双转子结构有助于分散和平衡管内流体的压力波动，使得流量计在应对复杂流体条件时表现出更高的稳定性和准确性。

3. 气体腰轮流量计的流量计算方法

气体腰轮流量计上的显示装置所展示的数值，代表的是在输气管路中，气体于实际的工作压力和温度条件下的体积量。若被测气体的压力或温度发生变化，那么相同的读数在标准体积上的对应值也会有所不同。因此，当气体的压力或温度出现波动时，需要根据实时的工作压力和温度来对体积进行换算，以获得准确的测量结果。

气体腰轮流量计的主要特点如下。

①该测量设备展现出极高的准确性，其基本误差范围精确控制在 ±1.0%以内。

②该流量计的测量准确度独树一帜，不受流体流动状态的任何干扰，因此无须安装在直管段上，同时它对气体或液体的品质条件要求宽松。

③在处理最大流量时，该设备展现出卓越的性能，压力损失极小，有效降低了系统能耗和运行成本。

④运行过程中，该设备产生的振动与噪声均保持在极低水平，为用户提供了一个安静且稳定的测量环境。

⑤维护保养过程简便快捷，确保了设备的长期稳定运行。同时，其数字显示界面直观清晰，便于操作人员实时读取数据。

---

① 雷励，赵普俊，刘伟．天然气流量计量系统的检定和校准 [J]. 天然气工业，2002，22（4）：73-75，3.

## （三）速度式流量计

气体涡轮流量计是一种典型的速度式流量测量仪表，它凭借其高精度、良好的复现性、简洁的结构设计、有限的运动部件数量、承受高压能力强、宽泛的工作温度范围、微小的压力损失、宽广的量程比、便捷的维护性、轻便的质量以及小巧的体积等诸多优势，在天然气计量领域得到了广泛的应用。

1. 气体涡轮流量计的种类

气体涡轮流量计按显示方式的不同可分为就地显示式和电远传式两种。

（1）就地显示式气体涡轮流量计

其工作原理：在流量计的壳体内部，安装有一个轴流式设计的叶轮。当气体通过流量计时，这股流动的气体成为驱动叶轮旋转的动力源。叶轮的转速与流经的气体流量之间存在着直接的正比关系，即气体流量越大，叶轮的转速也越高。叶轮的转动次数通过精密的机械传动装置被传递到计数器上。计数器接收到这些信号后，会进行一系列的累计和换算操作，最终将叶轮转速所代表的气体体积流量转换为对应的体积流量值，并直接以可读的形式显示出来。就地显示式气体涡轮流量计因关联设备少、无须外接电源等特点，尤其适合应用于计量点分布广泛且仅需监测气体累积流量的场景。这类流量计在天然气计量领域内被频繁采用。

（2）电远传式气体涡轮流量计

电远传式气体涡轮流量计的组成方框图如图 1–2 所示。电远传式气体涡轮流量计由测量变送器和显示仪表两部分组成。

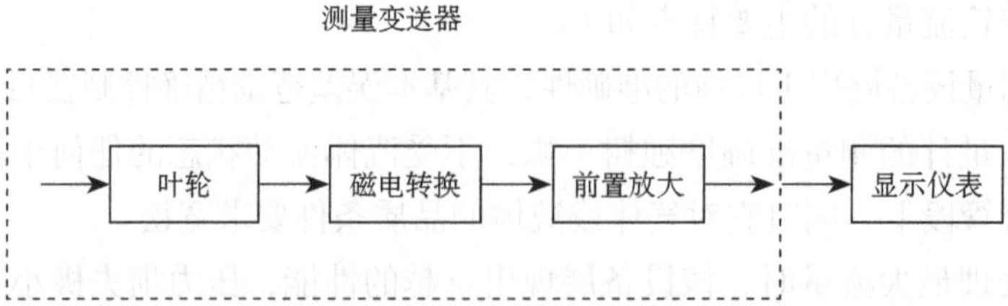


**图 1–2　电远传式气体涡轮流量计组成方框图**

其工作原理：当气体以恒定的速度流经测量变送器时，内置的斜叶轮会因此受到气体动力的作用而开始旋转。这一旋转过程的关键在于，斜叶轮的转速与气体的流速之间存在着直接的正比关系，即流速越快，斜叶轮的转速也越高。随着斜叶轮的周期性旋转，它会不断地改变与磁电转换器中磁体的相对位置，从而周期性地影响磁阻值。这种磁阻值的变化会进一步导致感应线圈内的磁通量发生周期性的波动。

根据电磁感应原理，这种磁通量的周期性变化会在感应线圈中产生相应的周期性感应电动势，即通常所说的电脉冲信号。这些电脉冲信号随后会被放大处理，以增强其信号强度和稳定性。之后，这些放大后的电脉冲信号会被传输至二次仪表，如流量显示器或累计器。在这些仪表中，电脉冲信号会被进一步转换为可读的流量数据，并实时显示或累计存储起来，以供用户监测和分析。

2. 气体涡轮流量计的安装要求

①在正式安装流量计之前，需使用细微气流轻轻吹拂叶轮。此时，应确保叶轮能够自由、顺畅地旋转，不应出现任何卡顿或阻滞现象。同时，观察并确认旋转过程中无异常噪声产生。

此外，还需检查计数器是否能随着叶轮的转动而正常、连续地工作，无任何间断或卡滞情况，以保证该流量计可安全、准确地安装并投入使用。

②对于气体涡轮流量计的安装，通常推荐采用水平安装方式，以确保流量计能够稳定、准确地测量气体流量。然而，在某些特殊场合或受空间限制的情况下，也可以考虑采用垂直安装方式。

③严禁使过滤器和流量计直接相连。为确保测量准确性，需在过滤器和流量计之间安装一段直管段，其长度需与流量计的直径（$D$）相称，且该长度至少应达到 15$D$ 的标准。若是在流量计前端已配置了整流装置，则直管段的最小长度要求可降低至 10$D$。同样地，对于气体涡轮流量计而言，其后端也应连接一段直管段，该直管段不仅需与流量计的接口直径相匹配，而且其长度应不少于 5$D$，以确保流体的稳定流动和测量的精确性[①]。

④在安装流量计时，务必确保法兰螺栓受到均匀且适当的紧固力，这是保障设备密封性能的关键步骤，从而防止任何可能的泄漏问题。

⑤必须先将直管段与法兰焊接起来，再将它们与流量计进行连接。

⑥法兰连接管道内径处不应有凸起部分。

⑦温度计应当被安装在气体涡轮流量计的上游一侧，其位置需确保距离气体涡轮流量计的入口至少 15$D$，以确保温度测量的准确性不受流量计内部流动状态的影响。

⑧流量调节阀应当被安装在流量计的下游侧，且必须位于直管段之后。

⑨对于电远传式信号连接线的选用，应采用具有屏蔽功能的线缆，以有效减少外部电磁干扰对信号传输的影响。同时，在布线时，应确保信号线与动力线分开布置，避免两者相互干扰。

---

① 刘志宽．燃气系统计量调压站中流量计的选型 [J]. 内蒙古石油化工，2012，38（19）：55-56.

⑩在线监测过程中，计数器所显示的数值是基于被测气流在实际工作环境下的压力和温度条件计算得出的气体体积流量。这些数值通常需要被换算到标准状态下的体积流量。

## （四）涡街流量计

涡街流量计是20世纪70年代兴起的一种自然振荡式流量计，尽管目前在天然气计量中应用并不广泛，但却集合了众多优势，因此未来在天然气计量领域有较为广阔的应用前景。

### 1. 涡街流量计的工作原理

将非流线型物体作为流量检测元件垂直安置于管道流体中，当流体流速达到某一阈值时，在元件的下游端会依次生成旋转涡流。这些涡流随着其尺寸的不断扩大，会脱离元件表面并向下游移动，排列成两排交替出现的涡列，此现象被命名为卡门涡街。这一过程具体表现为涡流的剥离现象。

值得注意的是，涡流剥离的频率，在特定的流速区间内，与流体的流动速度保持严格的线性相关性，这种关系具有高度的独立性，不受流体密度、黏度、压力及温度等物理性质变化的影响，而仅与流体的流速和测量元件的宽度有关。

旋涡发生体的形态虽多种多样，但必须满足以下要求：其设计需为非流线型；具有相同且对称的截面形状；以及流体从旋涡发生体上分离的点需明确且固定。

### 2. 旋涡的检测方法

在管道系统中，当流体运动产生代表其流速或流量的旋涡时，这些旋涡的准确检测成为实现流量变送的关键步骤。当前，业界广泛采用三种主要方法来探测这些旋涡：热敏式检测、磁敏式检测以及压电式检测。

（1）热敏式

热敏式仪表电路的工作原理是通过供给恒定的电流来加热热敏电阻，使其温度维持在高于周围被测介质的水平。当流体中旋涡发生体两侧周期性地产生旋涡时，这些旋涡会在局部形成低电压区，并伴随有流体介质的往复流动通过检测孔。这股流动的流体对热敏电阻进行冷却作用，导致热敏电阻的阻值发生变化。由于阻值的变化，热敏电阻上会产生相应的电压脉冲信号，从而实现对旋涡的间接检测。

（2）磁敏式

将旋涡发生体两侧因旋涡产生而形成的压力差异，通过两个完全隔离的腔室，分别传导至一个能够沿着其轴向方向自由振动的振动元件两侧。在这个振动元件的邻近位置，安装有一个磁检测装置。

随着旋涡的形成，旋涡发生体两侧产生的压力差成为驱动振动元件进行周期性往复振动的力量。由于振动片采用导磁材料制成，其运动会对磁检测器的磁场造成扰动，从而在磁检测器内引发电脉冲。这一过程实现了对旋涡频率的检测。

（3）压电式

压电式仪表的结构与磁敏式仪表极为相近，唯一的区别在于，压电式仪表在振动片相同位置安装了一个压电元件。旋涡引发的压力差直接施加于压电元件的两侧，通过压电效应产生电脉冲信号，从而实现检测功能。

3. 涡街流量计的构造

涡街流量计由核心组件传感器与转换器两大部分构成。依据它们的组装形式，可划分为一体型和分离型两大类：前者是将传感器与转换器直接组装在一起；后者则是将两者分别安装，并通过双芯屏蔽电缆实现连接。在安装方式上，涡街流量计展现出多样性，主要包括圆环式、管法兰式以及插入式三种，这三种均归类为一体型结构。

圆环式涡街流量计采用厚壁不锈钢圆环作为主体，内部嵌入三角柱作为旋涡发生体。圆环的端面上精心加工了多圈同心圆沟槽，以增强密封性能。检测元件巧妙地安置在三角柱内部，而一根金属导管则负责将圆环与仪表信号处理器紧密相连，确保信号的准确传输。圆环式涡街流量计特别适用于管径 25 ~ 200 mm 的管道系统，其独特的设计不仅保证了测量的准确性，还兼顾了安装与维护的便捷性。

管法兰式涡街流量计设计有一短管，其两端配备有法兰连接件，便于安装于管道系统。在短管内部，固定有三角柱作为旋涡发生装置，而检测器则精密地安装在三角柱之中。为了将流量计的信号传递到处理单元，采用了金属接管来连接仪表体与仪表信号处理器。管法兰式涡街流量计特别适用于直径为 200 ~ 450 mm 的中等口径管道。

插入式涡街流量计采用更为紧凑的细长杆结构设计，其一端是检测体，该检测体集成了护套、流量元件及检测器等关键组件，安装时直接插入管道内部。另一端则连接着仪表信号处理器，负责接收并处理来自检测体的流量信号。插入式涡街流量计适用于直径大于 250 mm 的中大口径的管道。

检测器（传感器）的核心功能是捕捉流体中不同频率的旋涡现象，并将这些旋涡的频率变化精准地转化为同频率的电脉冲信号进行输出；转换器的作用是将微小的电脉冲信号放大、滤波、触发整形、变换，输出二次仪表所需的矩形脉冲频率信号、4 ~ 20 mA 直流模拟信号和计数脉冲信号，以满足不同监控和控制系统的需求。

4. 涡街流量计的安装要求

①涡街流量计的上下游要有一定长度的直管段，如表 1–1 所示。

表 1–1 涡街流量计上、下游直管段长度

| 上游阻击件形式 | 上游直管段长度 | 下游直管段长度 |
|---|---|---|
| 同心收缩、全开阀门 | ≥ 15$D$ | ≥ 5$D$ |
| 90° 直角弯头 | ≥ 20$D$ | ≥ 5$D$ |
| 同一平面内两个 90° 直角弯头 | ≥ 25$D$ | ≥ 5$D$ |
| 不同平面内两个 90° 直角弯头 | ≥ 40$D$ | ≥ 5$D$ |

注：$D$ 为管道内径。

②涡街流量计应避免安装在温度变化显著的区域，同时也不适宜于设置在机械振动强烈或存在频繁碰撞的场所，以防止外部环境的不利因素对其测量精度和长期稳定运行造成不利影响。

③仪表壳体上标明的箭头方向应与流体的流动方向保持一致。

④仪表必须与管道同径（指内径）同轴。

⑤流量计可以安装于竖直、水平或任意倾斜角度的位置，但如采用竖直安装方式，需确保流体自下而上流动。

⑥在进行压力与温度的测量时，测压点的选择应位于涡街流量计的下游侧，并且其距离旋涡发生体的位置应在 3.5 ~ 5.5 倍的管道直径（$D$）之间。同样地，测温点也应设置在流量计的下游侧，但其距离旋涡发生体的位置则需更远，建议在 6 ~ 8 倍的管道直径（$D$）之间。

⑦密封垫片不能凸入管内。

⑧在布线时，应尽可能避开大型变压器、电动机及发电机等可能产生电气干扰的设备。若无法避免接近这些设备，则应采用屏蔽线以减少干扰。

5. 涡街流量计的选择

为确保仪表稳定运行并实现精确测量，正确选择涡街流量计至关重要。在选择涡街流量计时，必须综合考虑以下几个关键因素。

（1）检测方式的选择

热敏式流量检测技术的显著优势在于其高灵敏度和宽泛的量程比。然而，其耐腐蚀性和耐脏污性能相对较弱，所以，热敏式流量计更适宜于测量一般性的气

体，特别是在管道内流量较低、其他测量方式可能面临挑战的情况下，热敏式流量计展现出了其独特的优势。

相比之下，压电式流量检测技术则以其卓越的耐脏污性能和强大的耐腐蚀能力著称。同时还具有较高的检测灵敏度，能够精确捕捉流体的动态变化。然而，需要注意的是，压电式流量计在系统受到冲击或振动时，其性能可能会受到一定影响。尽管如此，压电式流量计仍然适用于大多数测量场合。

磁敏式流量计虽然存在灵敏度相对较低和测量范围较小的缺点，但其显著的优点在于耐高温和耐腐蚀性能出色，因此在测量具有腐蚀性介质时，它成为一个理想的选择。

（2）流量测量范围的选择

各种形式、各种类型的涡街流量计都有其固有的测量范围，涡街流量计必须在其自身的测量范围内方能正常工作，因此，在对流量范围进行选取时，必须保证涡街流量计的允许范围覆盖实际的流量范围，不得勉强。

为了使涡街流量计在良好的特性下工作，应尽量选用公称通径小的涡街流量计。

## （五）超声波流量计

1. 超声波流量计的测量原理

一般而言，频率超过 20 kHz 的声波被定义为超声波。超声波流量计的基本运作机制涉及在管道的一侧或两侧安装两个探头，这些探头既能发射也能接收声脉冲。具体而言，一个探头发射的声脉冲会被另一个探头所接收，从而在这两个探头之间形成了一条声道。在极短的时间内，即几毫秒内，两个探头交替执行发射与接收声脉冲的任务。当声脉冲沿着流体顺流方向传播时，其声速会加快，这是由于声速与流体速度叠加，相当于在原有声速基础上增加了一个由气体流动产生的速度分量。相反，当声脉冲沿着逆流方向传播时，其声速会减慢，因为此时需要从声速中减去流体流动所产生的速度分量。这种顺流与逆流方向上声速的差异，直接导致了声脉冲在两个方向上传播所需时间的不同，即形成了明显的时间差。在气体环境中，当气体组分、压力及温度等条件发生波动时，确保超声波脉冲信号的同步精确发送变得至关重要。在此场景下，数字技术因其对超声波速度波动的极高敏感度而展现出其他技术难以企及的优势与卓越性。

此外，得益于信号接收的全面数字化处理能够逐一将每个脉冲信号与预设的标准进行精准对比，从而有效评估信号的质量。这一独特的技术特性，正是确保测量结果达到高水准的关键所在，实现了测量质量的显著提升。

2. 超声波流量计的特点

相较于孔板、涡轮等传统流量计，超声波流量计展现出以下特点。

①适用于各种管径、气体流量的高精度测量，最大管径可达 1600 mm。随着管径和流量的增大，其精确度也随之提升。特别是在管径范围为 100 ~ 1600 mm 且流量较大的情况下，其测量精度可达到或优于被测流量的 0.5%。

②测量范围很宽，通常为 1 ∶ 40 ~ 1 ∶ 160，甚至可以达到 1 ∶ 300。

③重复性很好。

④能实现双向流量计量。

⑤流量计本体无压力损失。

⑥可精确测量脉动流。

⑦不受沉积物或湿气的影响。

⑧所需上下游直管段较短，上游为 10*D*，下游为 3*D*。

⑨不受涡流和流速剖面变化的影响。

⑩可测质量流量。

⑪ 其性能不受压力、温度、相对分子质量及气体组分变化的干扰，确保了测量结果的稳定性和准确性。

⑫ 可允许清管球自由通过。

⑬ 系统内置先进的自我检测功能，能够自动执行自检程序，及时发现并提示可能存在的问题或故障。

3. 超声波流量计按使用范围分类

天然气超声波流量计按其使用范围大致可以分为如下几类。

①用于高压气体流量计量的流量计。

②用于贸易计量的 Q 型超声流量计。

③用于生产过程气体流量计量的流量计。

④用于火炬气体流量计量的流量计。

这些超声波流量计虽属不同类别，但它们的核心工作原理殊途同归，均基于数字式绝对传播时间法。然而，由于各自的应用领域与需求存在差异，它们在结构设计上不可避免地展现出了一些细微而独特的差别。

## 二、天然气质量计量

质量计量能够保障天然气贸易中计量的准确可靠和公平公正，由体积计量方式向质量计量方式的转变是我国天然气计量领域未来发展的方向。

相较于体积流量测量，采用质量流量计来测量气体流量时，无须对测量结果进行温度和压力校正，从而省去了相关的辅助测量设备。这一特点为计量系统提供了一种降低成本和减少维护费用的替代方案。

国际标准化组织所颁布的《天然气质量指标》已成为全球范围内天然气质量控制领域的权威指导原则，同时也是各国间订立天然气贸易合同时不可或缺的参考依据。该标准详尽地界定了天然气在安全性、卫生标准、环境保护以及经济效益等核心领域所必须达到的质量要求，确保了全球天然气市场的规范化运作与可持续发展。

自 20 世纪 80 年代起，我国便致力于天然气质量计量技术的深入探索。经过数十年的不懈努力，研究范围广泛覆盖了天然气产品质量的关键控制指标、计量系统的技术规格要求，以及配套的检测技术和方法。这一长期而系统的研究，在 21 世纪初取得了显著成果，国家相继发布了《天然气》及《天然气计量系统技术要求》等重要标准，为我国天然气行业树立了标准化的标杆。以此系列国家标准为基石，我国不仅构建了一套完善的测试技术与方法体系，还形成了覆盖全面、结构严谨的标准体系，确保了天然气从生产到使用的全链条质量控制。同时，量传溯源体系的建立，进一步增强了标准的可操作性和可追溯性，为我国天然气市场的健康发展提供了坚实的技术支撑和制度保障。

根据科里奥利（Coriolis）效应设计的流量测量系统不需要直管段和整流器来防止气体扰动，因为质量流量计并不依赖于可预知的流体速度剖面来测量流量，有助于节省安装空间。只要流量计的测量管不被流体介质腐蚀、磨损，其性能就不会随着时间的推移而发生偏离。

若被测气体的组分保持稳定，可利用单一气体在标准状态下的密度来推算出该混合气体的标准密度，并将此值输入质量流量计的变送器中，以实现质量流量与体积流量之间的单位转换。在特定情境下，质量流量计还能测量流体的密度，这对于流体组分频繁变动的场合尤为适用。然而，此时获取的流体密度不能直接用于标准状态下的流体计算，而是需要结合气相色谱仪和流量计的输出数据，在流量计算机中进行处理，以实时计算出流体的标准密度。

多变量数字技术的变送器构建于数字信号处理技术之上。其质量流量的信号处理由直接集成于传感器上的处理单元负责完成。变送器接收来自该处理单元的总线数字信号，并将其转换为具有抗干扰能力和高度重复性的标准信号。此标准信号的稳定性独立于流量计的精度，确保了信号的可靠传输。

质量流量计的工作原理是高速流体通过具有一定刚度的细小口径测量管时使之振动，并能依据其产生的微振动性能测得流量计进、出口处正弦波信号之间的相位差，谓之 Coriolis 效应，信号源通常是电磁线圈。

在双管型质量流量计的设计中，介质在入口处分流管的作用下被均匀分配至两根并行的测量管中。随后，这两根测量管受到驱动线圈的激励，围绕各自的支点产生相对振动。当介质流经测量管并挟带一定流量时，会诱发 Coriolis 效应，这一效应是测量流体质量流量的关键原理所在[①]。

因 Coriolis 力作用发生测量变形引起的相位差与流体的质量成正比，所以测量 Coriolis 力引起的相位差即可测出流量：

$$F_c=2Wvm \qquad (1-41)$$

式中，$F_c$——Coriolis 力；

$v$——流体线速度；

$W$——角速度；

$m$——流体通过测量管的质量。

鉴于气体密度较低，为了达到仪表分辨率所规定的质量流量，必须加快流体在测量管中的流速。质量流量计的电子组件灵敏度受到测量管结构及其电子检测能力的共同影响。例如，直管形测量管的最大振幅限制在 0.1 mm 以内，而 U 形测量管则能实现高达 0.8 mm 的最大振幅。

## 三、天然气能量计量

目前，我国天然气计量主要采用体积计量方式。研究分析显示，相较于国内天然气，从国外进口的液化天然气及天然气普遍展现出更高的热值特性，这意味着当前我们采用的天然气计量方式在准确反映其实际价值方面存在局限性。国际上，天然气计量的主流做法是以能量计量为主导，辅以体积计量，这种双重计量体系能够更全面地评估天然气的价值。

鉴于此，我国有必要在维持体积计量作为基本参考的同时，引入能量计量方式，以此实现天然气贸易计量与国际通行做法的接轨。从能源高效利用的角度出发，能量计量不仅能够精准展现天然气的优越能源属性，还能为合理定价天然气提供科学的技术支撑，从而推动天然气销售价格达到一个既公平又合理的水平，促进能源市场的健康发展。

### （一）能量计量原理

天然气中，真正被有效利用的是那些蕴含一定发热量的烃类成分。作为燃料，天然气的商业价值直接体现在其所能提供的发热量上。换句话说，天然气使用的

① 朱铁燕，崔俊辉．浅谈质量流量计在天然气计量的应用 [J]. 甘肃科技，2010，26（7）：34-36.

核心价值在于其蕴含的能量，而非单纯的体积大小。因此，在天然气贸易的结算环节，最符合逻辑且最为合理的方式应当是基于能量单位进行计量和结算，这样能够更加准确地反映天然气的实际价值和使用效果。

天然气的能量计量是一个综合过程，它依赖于两个独立且不直接相关的计量值：一是体积流量或质量流量的计量，这反映了天然气在特定时间内的流动量或质量；二是体积发热量或质量发热量的计量，这代表了单位体积或单位质量的天然气所蕴含的能量。将这两个计量值进行结合与计算，可以准确地得出天然气的总能量值，这一过程即实现了对天然气能量的精确计量：

$$E=Q\times H \tag{1-42}$$

式中，$E$——天然气的能量，MJ；

$Q$——天然气在标准状态下的体积，$m^3$；

$H$——天然气高位发热量，$MJ/m^3$。

在采用能量计量方式进行天然气贸易结算的场景中，交易金额的计算变得直接而简洁：只需将单位能量的价格与所测量的天然气能量值相乘，即可得出交易的总金额。这种模式下，无须对天然气按照其发热量进行复杂的分级处理，而是设定一个发热量的最低限定值作为标准。例如，加拿大诺沃电子公司就明确规定，其管道输送的天然气必须满足高位发热量不低于 36 $MJ/m^3$ 的标准，这一规定确保了天然气的基本品质，同时也简化了贸易结算流程。

天然气能量计量的全面流程涵盖三大关键环节：流量计量、发热量计量以及详尽的组成分析。其中，流量计量作为能量计量的核心组成部分，其技术体系已相对成熟完善，能够确保计量结果的准确性与可靠性。在发热量计量方面，存在直接与间接两种计量方法。直接计量法进一步细分为水流式与气流式两种技术路线。水流式方法以其相对宽松的设备与环境要求而著称，但相比之下，气流式计量法在准确度和灵敏度方面展现出了更为优越的性能。然而，这一优势也伴随着对设备和操作环境有更为严苛的要求，需确保计量过程中各项参数稳定，以充分发挥其高精度特性。

### （二）国际能量计量

在国际上，天然气计量主要包括能量计量和体积计量两大类别。在国际上，为了确保计量的准确性和高效性，许多大型的天然气流量计量站都配备了在线色谱仪，这些设备能够实时分析天然气的组分，从而精确计算其能量值。而对于中小型的计量站，则往往选择从邻近的大型计量站获取天然气组分数据，或者采用实验室色谱仪进行定期的离线分析。在进行流量计量时，无论是大型站还是中小型站，都普遍采用组分分析或物性参数测定数据来计算天然气在标准参比条件下的发热量、密度和相对密度，以及在实际工作条件下的压缩因子或密度①。

1. 英国的测量方法

英国的热能计算规范明确规定，在单个计费区域内，统一采用一个固定的发热量作为贸易结算的依据。为了实现这一规范，发热量的测量可采用以下三种主要方式。

（1）最低发热量

在英国的热能计算规范中，针对一个特定的计费区域，规定了统一的发热量结算方式。一般而言，该流程涉及测量区域内所有交接点的天然气进气发热量，并从中选取每日记录中的最低值，以此作为当天该区域进行能量结算的基准。

（2）指定发热量

在某一计费区域内，确立一个由供应方与需求方共同认可的标准发热量值，此值将作为该区域内进行能量交易和结算的依据。

（3）加权平均发热量

在一个特定的计费区域内，系统同时监测并记录所有交接点的进气发热量以及体积流量，并据此实时计算总能量。随后，通过将该区域每日的总能量除以相应的总体积流量，得出一个平均发热量值。这个每日计算的平均发热量将作为该区域当天能量结算的依据。

2. 意大利的测量方法

在计费区内，根据从特定气相色谱仪站获取的日平均发热量测量值，会进一步计算出一个月的平均发热量值，该值将统一应用于计费区内的所有用户。所涉及的发热量具体分为以下三种类型。

（1）测量发热量

从气相色谱仪站直接获取的、未经调整的发热量数据，结合相应周期内的体积流量测量值，用于计算该周期内的能量总量。这一计算方法确保了能量结算的准确性和一致性。

（2）调整发热量

从气相色谱仪站获取的原始发热量数据，会考虑到从气相色谱仪站到体积测量点之间可能存在的时间延迟或差异，进而对这一发热量进行相应的调整。调整

① 徐婷，宋素合，李宝忠，等．实行天然气能量计量的可行性分析 [J]. 油气储运，2008，27（2）：47-49.

后的发热量将更准确地反映实际状况，并用于计算能量总量，以确保计费区内的能量结算既公正又准确。

（3）校正发热量

从气相色谱仪站获取的发热量数据，会进一步考虑并校正由不可预见的环境因素（如温度波动、压力变化、湿度影响等）导致的偏差。经过这样全面校正后的发热量，被认定为更为精确和可靠，随后将使用这一校正后的发热量来计算能量总量，以确保计费区内的能量结算既科学又公正。

3. 奥地利的测量方法

每个计量站上的计量点，其能量均基于日累积体积量（或月累积体积量）与相应的加权平均发热量来计算。以下是加权平均发热量的具体计算步骤。

①每天都会对每个进气口和出气口的发热量进行测定，并基于这些测定值，计算出当天的加权平均发热量。这个加权平均发热量随后被用作计算当日进气与出气之间所有计量点能量的基准。

②在计算月加权平均发热量时，会将该值与前一个月的加权平均发热量进行比较。如果两者之间的差异超出了预设的误差范围，则采用当月新计算出的加权平均发热量进行后续的能量结算；若未超出误差范围，则继续沿用前一个月的加权平均发热量值，以保持结算的稳定性和连续性。

## （三）我国的能量计量

目前，我国天然气计量的主流方式仍然是体积计量，其中孔板流量计占据了举足轻重的地位，其应用比例约 88%。在孔板流量计的检定上，主要遵循几何检定法，以确保计量的准确性。20 世纪 70 年代以来，我国积极借鉴国际先进经验，参照国外系列标准，对天然气仪表的设计选型、使用、安装、维护、管理以及气质分析等多个环节进行了全面而深入的研究与实践。通过不懈的努力，我国不仅积累了丰富的经验，还取得了一系列重要的研究成果和结论，并制定了标准——《用标准孔板流量计测量天然气流量》。

近年来，我国在天然气流量计量领域的研究取得了瞩目成就，涵盖一系列关键领域和技术创新。这些研究不仅深入探索了天然气、空气、水等不同介质对孔板流量计性能的具体影响，还推动了天然气计量技术的全面进步。其中，气体超声流量计的测试与现场应用研究取得了显著成果，为天然气流量的高精度计量提供了有力支持。

此外，新型流量计及新型整流器的研发与应用也是我国天然气流量计量研究的亮点之一，这些创新技术不仅提升了流量测量的准确性和稳定性，还优化了设备的整体性能和使用寿命。同时，针对安装条件对孔板流量计影响因素的深入研究，为我国天然气计量系统的优化设计提供了重要参考，确保了计量结果的可靠性和一致性。

随着我国天然气计量与国际接轨，今后我国天然气计量将向着以下几个方面发展。

①随着电子技术、计算机技术及互联网技术的飞速进步，天然气计量技术正逐步迈向在线化、实时化、智能化的新阶段。这些技术革新不仅极大地提升了计量的精确度和效率，还依托强大的网络能力，实现了远程通信、智能控制及高效管理，其中监控与数据采集（supervisory control and data acquision，SCADA）系统以及智能涡轮、超声波流量计智能系统的应用尤为突出。在诸如“西气东输”“冀宁联络线”等重大管道项目中，SCADA 系统已被广泛采纳，用于实时监控和管理天然气流量，而超声波流量计则以其高精度和稳定性成为计量的核心设备。

②传统上，流量计的检定方法主要依赖于静态单参数检定方式，如标准孔板便是通过严格的几何检定法，校验其八个关键的几何静态参数，以此确保流量计的准确度。然而，随着国内外实流检定技术的日益成熟与完善，天然气流量的溯源方式正经历着深刻的变革，逐步转向更为精准和贴近实际工况的实流检定模式。在这一模式下，检定过程直接采用实际天然气作为介质，并在尽可能接近实际现场操作条件的环境下，对气体的多个关键分参数（包括但不限于压力、温度、气体组分以及流量总量）进行动态的量值溯源。

③以往，流量仪表的选择相对有限，但近年来，随着流量计技术的持续深入研究和创新突破，市场上出现了众多类型的流量计产品，每种流量计都具备独特的特性和最适合的应用场合，促使流量仪表的选择向更多元化、更精细化的趋势发展。具体来说，在处理中低压力、中小流量的应用场景时，智能型速度式流量计（如涡轮流量计、旋进旋涡流量计）因其高精度测量和快速响应的特点，成为这些场合的首选。而对于高压、大流量的工况，气体超声流量计则凭借其非接触式测量、耐高压、高精度等优势成为首选。

此外，还出现了一种新型流量计——内文丘利管流量计，它专为流量变化范围较大的中低流量工况设计。这种流量计结合了传统内文丘利管流量计和现代传感技术的优点，能够在较宽的流量范围内保持较高的测量精度，为复杂多变的流量测量提供了新的解决方案。

④我国的天然气计量标准体系正处于一个持续演进、日益丰富与完善的阶段。通过积极吸收并转化国际先进标准，我国已构建起一套相对完备的天然气计量标

准框架，正稳步从单一标准模式向多元化、多层次标准体系转变，以适应并引领行业发展需求。

⑤在天然气贸易领域，我国遵循的是以法定质量指标为基础，按体积进行计量的方式。随着市场经济的不断深化与国际化程度的提升，我国天然气贸易计量方法正面临与国际标准接轨的紧迫需求，以确保交易的公平、透明与高效，促进国内外市场的深度融合与发展。

## （四）我国开展能量计量的可行性和将要开展的工作

### 1. 开展能量计量的可行性

天然气作为清洁能源的精髓，其核心价值体现在其高效供能所释放的发热量上。近年来，我国天然气贸易量持续攀升，彰显了其在能源结构中的重要地位。而随着《天然气能量的测定》这一标准的正式落地，标志着我国天然气计量领域将迎来重大变革。该标准旨在推动天然气交接方式由传统的体积计量向更为科学合理的能量计量转变，这一转变将更准确地反映天然气的实际价值，促进天然气市场的公平交易和高效运作。

21 世纪初期，中国石油天然气股份有限公司的天然气与管道分公司及西南油气田公司积极响应《天然气能量的测定》标准，率先在西气东输一线及川渝地区的管网系统中，依据各输气管线计量站点的具体配置、输配站的规模（输气量大小）以及用户群体的多样性，精心挑选了一批具有代表性的计量站点，开展了天然气能量计量技术的实地应用试点。在试点过程中，为了确保测量数据的准确性与广泛性，特别选用了市场上广泛应用的在线色谱仪型号，包括 AC 6890、ABB 8000 以及 DANIEL 570 等，这些色谱仪以其高精度和稳定性在多条管线上发挥了重要作用。同时，针对不同管线的特点和需求，还配备了多样化的流量计设备，既有历史悠久、应用广泛的孔板流量计，也有新建管线中更受青睐的超声波流量计和涡轮流量计，这些流量计共同构成了完善的流量测量体系。此外，试点项目还覆盖了多样化的用户类型，包括工业领域的化肥生产企业、发电厂等，以及城市燃气供应系统，确保了能量计量技术应用的全面性和实用性。结果表明，国内各计量站已具备实施能量计量的条件。

### 2. 今后将要开展的工作

当前，我国已初步具有了实施天然气能量计量的基础条件，为此，应不失时机地启动试点项目，通过实践探索积累宝贵经验，并持续优化完善相关设施，为后续的大规模推广应用奠定坚实基础。为了确保未来我国能够顺利过渡到以能量计量方式为主导的天然气贸易交接模式，应当积极部署并推进以下几项关键工作。

①积极致力于天然气计量相关标准的完善与制定工作，尤其是要加速推进天然气能量计量标准的研发与出台，同时，不容忽视的是，天然气产品质量标准及其配套的检测方法标准也需尽快被提上议程并得到有效制定。

②致力于深入开展天然气能量计量配套技术的研发与创新工作，并积极倡导与实施天然气能量计量体系的全面应用。在此过程中，积极引进并整合国际领先的在线气相色谱仪与流量计算机等高端设备，旨在借助这些先进工具提升我国能量计量系统的技术水平与效能。

③积极推动天然气能量计量的试点工作，通过实践探索与验证，逐步建立起一套科学、合理的能量计量体系。同时，应适时出台具有法规性质的天然气能量计量管理文件，为能量计量的规范化、制度化提供有力保障。

④能量计量的实施必须建立在坚实的法制基础之上，以确保其准确性、公正性和普遍适用性。此外，还要实施能量计量的技术经济综合评估，旨在全面分析其在技术可行性、经济效益和社会效益等方面的综合表现。

## 四、天然气流量计算机

流量计算机是针对流量贸易计量提出的。大型贸易计量站，作为城市或地区能源供应网络中的核心节点，其流量计量的准确性直接关系到经济利益的重大平衡。即便是计量精度上微不足道的偏差，也可能在庞大的能源交易体系中累积成巨大的经济损失，对地方经济稳定与发展产生深远影响。所以，大型贸易计量站对流量的计量提出了非常高的要求。

在我国国家标准《天然气计量系统技术要求》中，对流量计量系统进行了严谨的分级，其中 A 级计量系统作为最高级别，对各项测量参数的精度提出了严格的要求。具体而言，该系统要求温度测量精度达到 0.5℃，压力测量精度为 0.2%，密度测量精度需控制在 0.25%，发热量（热值）的测量精度为 0.5%，而在实际工况下的体积流量测量精度则需达到 0.75%。值得注意的是，除了压缩因子这一参数外，上述所有精度要求均可通过配置相应等级的测量装置或仪器来实现。然而，随着计算机技术的飞速进步，高精度计算与实时数据处理能力得到了显著提升，这为压缩因子的实时高精度补偿提供了可能，流量计算机应运而生。

### （一）流量计算机功能描述

典型的流量计量站，其上游门站作为气源接入点，可能汇集来自多个不同供应商的天然气。这些气源在温度、压力、组分构成、密度及热值等方面存在显著差异。因此，为确保供气质量与安全，必须针对每一路进入站内的气源，逐一实施温度、压力、密度、热值及组分的详细分析。

为了实现这一目的，通常会采用一系列先进的测量与分析设备。在线气相色谱仪被用来精确分析气体的各组分及其具体含量；热值分析仪则负责测定天然气的高位热值和低位热值；密度计用于直接测量天然气的密度；同时，压力传感器或变送器以及温度传感器或变送器分别负责监测并记录天然气的实时压力和温度。天然气从进入计量站开始，直至最终出站供应给用户，其间会经过大口径管道、小口径管道、调压装置以及储气罐等多种设施。这一过程中，天然气的温度和压力会因环境条件和设备操作而发生变化。在面向不同用户供气时，除了采用流量计精确计量每位用户的天然气用量外，还需再次确认并调整天然气的温度和压力，以确保其符合用户端的使用标准和安全要求。

基于上述描述，流量计量站需装备一系列高精度的设备与仪器，包括但不限于在线气相色谱分析仪、热值分析仪、密度计、众多温度与压力传感器或变送器，以及各类流量计，以应对不同的测量需求。这些复杂多样的设备与仪器，通过一台或多台流量计算机及上位机监控管理软件，实现了集中、高效的管理。为了进一步增强管理效能，实现对多个流量计量站的远程集中监控与管理，流量计算机还需具备出色的远程通信能力。

### （二）流量计算机的实际应用

1. 流量计算机的工作流程

在该实际工程中，在长输管线的各个分输站点，均广泛采用了流量计算机作为关键计量设备。其中，两款主流的流量计算机品牌备受青睐，它们分别是丹尼尔（Daniel）公司的 S600 系列与埃尔斯特（Elster）公司的 F1 系列。为了深入解析流量计算机在该工程中的实际应用，以下将以 Elster 公司的流量计算机为例进行详细说明。

计量撬、流量计算机机柜和分析小屋构成了一套计量系统。流量计算机在计量系统中扮演着核心角色，负责执行精确的流量计算和能量计算任务。该系统不仅自主完成这些计算，还实时将包括气体流量、压力、温度、组分含量及热值在内的原始数据传送至站控系统的可编程逻辑控制器（PLC）。PLC 接收到这些数据后，会进一步执行流量比对计算，以确保计量的准确性和可靠性。

此外，计量撬作为集成化计量设备，其上装备了先进的测量与控制元件，如涡轮流量计用于精确测量气体流量，温度变送器和压力变送器分别负责监测并转换气体的温度和压力信号为可处理的电信号，同时还有各种阀门及必要的辅助设备，共同构成了一个完整、高效的计量与控制单元。

在流量计算机机柜内部，集成了流量计算机、网关以及一系列辅助设备，共同构成了一个高效的数据处理中心①。而在专门的分析小屋内，则安装了在线气相色谱分析仪及其配套辅助设备，用于精确分析气体成分。涡轮流量计作为流量测量的关键设备，负责将实时采集的流量信号直接传输给 F1 流量计算机。F1 流量计算机接收到这些原始流量数据后，会进一步结合来自温度变送器、压力变送器的环境参数信息，以及通过网关远程接收到的气体组分数据，进行综合分析与修正计算并进行累积。

涡轮流量计在运行时，会同时输出两个独立的流量脉冲信号。F1 流量计算机接收到这两个信号后，会立即启动一个精密的比较机制。如果这两个信号之间的差值保持在预设的允许范围内，F1 流量计算机会优先选择第一路信号作为基准，进行后续的流量计算。然而，一旦检测到两个信号之间的差值超出了允许范围，F1 流量计算机会立即发出警示，并自动切换至数值较大的信号进行计算，以确保流量数据的准确性和可靠性。

在正常情况下，F1 流量计算机会依赖于气相色谱分析仪实时提供的精确气体组分数据，来计算压缩因子。这是确保流量计量精度的关键环节。但考虑到设备可能发生的故障情况，F1 流量计算机还设计有备用方案：一旦气相色谱分析仪出现故障无法正常工作，F1 流量计算机会迅速响应，自动回退到上一次气相色谱分析仪分析并保存的结果，继续进行计算，以保证流量计量工作的连续性和稳定性。

为确保天然气分输过程的高度可靠性，每套计量系统均采用了先进的“一用一备”双流路设计模式。在常规操作模式下，系统会选择其中一路作为主计量分输通道，而另一路则保持待命状态，作为备用通道随时准备接管工作。当需要根据实际调度需求进行流路切换时，操作人员可以通过精确控制入口阀和出口阀的开启与关闭状态，实现两路之间的平稳过渡。

2. 流量计算机在该工程中的应用情况介绍

在实际应用场合中，整个计量系统展现出了极高的精确度，完全达到了设计初期设定的严格标准。经过一年多的连续运行与实际验证，各个分输站场的反馈均显示，F1 流量计算机性能稳定，故障发生率极低，体现了其非常高的可靠性。截至目前，尚未有因 F1 流量计算机自身问题导致的故障报告，这进一步印证了其卓越的品质与稳定性。

F1 流量计算机在操作层面也极具人性化设计，其操作菜单借鉴了广受欢迎的 Windows 系统界面风格，使得操作人员能够迅速上手，降低了学习成本。此外，

① 王博. 流量计算机在西气东输工程中的应用 [J]. 中国计量，2012（2）：68-69.

该计算机还具备强大的数据存储与查询功能，不仅能够实时记录每小时的详细参数，还能汇总每日的分输量数据，为用户提供了极大的便利。当需要回顾以往的分输数据时，用户只需简单操作即可快速定位，同时，系统还保留了报警记录，便于用户追溯历史运行情况，为故障排查与性能优化提供了有力支持。

F1 流量计算机的自诊断能力相当出色，它能够即时且准确地反馈系统中的错误情况。操作人员和维护人员可以便捷地利用 F1 流量计算机前面板上直观易懂的状态指示灯系统，迅速把握其当前的工作状态。这些指示灯不仅能够帮助他们即时识别是否存在故障或错误，还能清晰地指示错误的性质及严重程度。此外，通过查看错误列表，他们能够初步判断错误原因，从而高效地进行问题排查与维护工作。

F1 流量计算机在设计上极大降低了维护负担，对于站场日常运营人员来讲，几乎无须进行定期维护。而对于专业的维修团队来说，其维护工作也仅限于简单的电池更换或熔断器替换，进一步简化了维护流程，提高了整体运营效率。

使用过程中，同样也发现 F1 流量计算机有些不足之处。例如，F1 流量计算机在用户体验上存在一些局限性。首先，它不支持快捷键设置，导致用户在进行常用操作时无法享受快速便捷的操作体验。其次，每当用户需要查看历史记录时，都必须通过烦琐的菜单层级逐一进入，缺乏一键直达的便捷性。最后，对于 F1 流量计算机的远程操作，目前仅能通过速度相对较慢的电话线进行，这在一定程度上限制了远程操作的效率和实时性。然而，就整体使用效果而言，F1 流量计算机依然是一个值得考虑的良好选择。

## 第四节　天然气的重要地位

### 一、天然气的发现和早期应用

在公元前 6000 年至公元前 2000 年的历史时期，伊朗地区率先见证了天然气从地表自然渗出的奇观。众多古代文献记载显示，中东尤其是现今阿塞拜疆的巴库一带，常有原油与天然气从地表自然溢出。渗出的天然气刚开始可能用作照明，崇拜火的古代波斯人因此拥有了永不熄灭的火炬。相比之下，中国对天然气的利用可追溯至约公元前 900 年，能源利用历史十分悠久。尤为值得一提的是，据历史文献记载，中国在公元前 211 年取得了技术上的重大突破，成功钻探了第一口深度达到惊人 150 米的天然气气井，这一成就标志着中国在天然气开采领域的早期探索与实践。在今日重庆的西部，人们通过用竹竿不断撞击找到了天然气。天然气用作燃料来干燥岩盐。随着时间的推移，钻井技术不断进步，钻井深度显著增加，最终达到并超越了1000米的里程碑。至1900年，钻井活动蓬勃发展，累计已完成了超过1100口钻井，这一数字彰显了当时石油与天然气开采行业的繁荣景象。

尤为值得一提的是，据历史文献记载，中国在公元前211年取得了技术上的重大突破，成功钻探了第一口深度达到惊人150米的天然气气井，这一成就标志着中国在天然气开采领域的早期探索与实践。在今日重庆的西部，人们通过用竹竿不断撞击的方式找到了天然气。天然气用作燃料来干燥岩盐。随着时间的推移，钻井技术不断进步，钻井深度显著增加，最终达到了1000米的里程碑。至1900年，钻井活动蓬勃发展，累计已完成了超过1100口钻井，这一数字彰显了当时石油与天然气开采行业的繁荣景象。

直至1659年，英国首次发现了天然气的存在，这一发现才逐渐让欧洲人对其有了初步的认识。然而，尽管有所认知，但是天然气并未得到广泛普及与应用，其影响力相对有限。相反，自1790年起，煤气逐渐崭露头角，以其独特的优势逐步取代了其他能源形式，一跃成为欧洲城市街道及家庭照明的主导燃料，为当时的社会生活带来了显著的变革。在北美，石油产品的商业化应用则始于1821年的纽约弗洛德尼亚地区，当时人们开始利用天然气。通过铺设小口径的输送管道，天然气被直接送到用户家中，主要用于照明和烹调等日常生活需求，这一举措标志着天然气在北美地区商业化应用的开端。

## 二、全球能源低碳转型中天然气需求先增后降

推动增长的主要动力源于发电与工业领域为应对气候变化所采取的积极措施，这客观上促使了煤炭消费的显著减少乃至逐步淘汰。然而，鉴于可再生能源（如风能、太阳能）的电力输出具有随机性、间歇性和波动性，当前电化学储能、抽水蓄能等储能技术仍面临技术经济上的挑战或应用场景的局限，同时低碳氢能与绿色氨能等新型能源载体的制储运技术尚未达到高度成熟阶段，因此在可预见的较长时间内，天然气作为过渡能源，将在全球能源转型过程中发挥重要的支撑作用。

根据2023年《BP世界能源展望》中的预测，在全球能源发展的新动能情景下，全球天然气需求展现出长期的增长态势，预计到2030年将攀升至4.20万亿立方米，并在2050年进一步增长至4.62万亿立方米。而在加速转型的情景中，

全球天然气需求将经历先升后降的过程，于 2030 年暂时维持在与 2021 年相近的 4.07 万亿立方米水平，但随后在 2050 年显著减少至 2.42 万亿立方米。这一变化主要受到全球能源转型的推动，尤其是在中国、印度等新兴市场，经济的快速增长与工业化、城镇化的深入发展将持续刺激天然气需求的增加。然而，欧洲、日本等发达经济体因致力于低碳转型而减少的天然气需求，在一定程度上抵消了部分增长动力。从消费领域的增长动力来分析，预计在 2030 年之前，天然气的主要增长动力将源自工业部门，特别是在新动能情景下，工业领域的天然气需求预计将增加 1760 亿立方米。然而，到了 2030 年之后，随着发达经济体在工业和建筑领域对天然气需求的显著减少，发电领域将接棒成为天然气需求增长的主要驱动力。在新动能情景下，至 2050 年，发电领域的天然气需求相较于 2030 年将大幅增加 3050 亿立方米，这一增量占总增量的 74%。就资源潜力而言，根据美国《油气杂志》发布的 2023 年《全球油气储量报告》，截至 2022 年，全球各国剩余的探明天然气可采储量达到了 211 万亿立方米，储采比接近 50 年。这一庞大的资源基础为持续且大规模地利用天然气提供了坚实的保障。

## 三、伴随可再生能源发电成为主体，气电将升至第二大装机地位

2022 年全球电力能源结构显示，总装机容量达到了 8643 GW，其中可再生能源以 42%的占比跃居首位，成为最主要的电源类型。紧随其后的是煤电，占比 26%，位列第二。气电装机量为 1875 GW，占据了 22%的市场份额，而核电的装机占比则稳定在 5%。在发电量方面，全年各类机组共产生 29 033 TW · h 的电力，平均年发电时间达到 3359 h。值得注意的是，虽然可再生能源装机份额领先，但其发电量占比仅为 29.6%，较装机份额低了 12.6 个百分点，这主要归因于其年均发电时间相对较短，仅为 2370 h。相比之下，天然气发电的表现与其装机份额相匹配，全年发电量达到 6500 TW · h，占比 22.4%，且年均发电时间为 3466 h，与整体机组的平均发电时间相近。而煤炭发电则继续占据重要地位，发电量占比高达 35.9%，其平均发电时间更是达到了 4663 h，是平均值的 1.39 倍，显示出煤炭发电在稳定供电方面的优势。面对气候变化加速的新挑战与地缘政治格局的深刻变革，各国纷纷加强能源安全战略部署，加速推进可再生能源的发展，并致力于提升终端能源消费的电气化水平。在这一过程中，天然气发电以其清洁性和灵活性优势，预计将逐步超越煤电，成为仅次于可再生能源的第二大装机电源。国际能源署在最新发布的《世界能源展望 2023》中，基于“国家政策”“宣誓”及“净

零”三种不同情景，对全球电力装机和发电量进行了更为乐观的预测。

预计到2050年，全球电力装机容量将为25 965 GW～36 959 GW，相当于2021年的3.0～4.3倍（见表1–2）。同时，发电量也将大幅增长至53 985 TW·h～76 838 TW·h，为2021年的1.9至2.6倍（见表1–3）。在国家政策主导的情景下，2050年天然气发电的装机容量将达到2259 GW，是2021年的1.2倍，发电量则为6150 TW·h，接近2021年的95%。然而，随着可再生能源比例的增加，天然气发电的平均发电时间预计将下降至2720 h。而在更为激进的“宣誓”情景下，天然气发电的发电时间可能会进一步降低至1089 h，这主要是因为其在电力系统中更多地承担起调峰和应急支撑电源的角色，以适应更加灵活多变的能源需求。

表1–2 国际能源署2050年全球发电装机展望

| 项目 | 国家政策情景 | 宣誓情景 | 净零情景 |
|---|---|---|---|
| 电力总装机/GW | 25 965 | 32 100 | 36 959 |
| 可再生能源占比 | 73.70% | 79.10% | 81.90% |
| 核能占比 | 2.40% | 2.40% | 2.50% |
| 煤炭占比 | 5.30% | 3.30% | 1.10% |
| 天然气占比 | 8.80% | 4.40% | 1.90% |
| 石油占比 | 0.70% | 0.50% | 0.10% |
| 储能占比 | 9.10% | 9.70% | 11.40% |
| 氢和氨占比 | 0.10% | 0.60% | 1.20% |

表1–3 国际能源署2050年全球发电量展望

| 项目 | 国家政策情景 | 宣誓情景 | 净零情景 |
|---|---|---|---|
| 总发电量/（TW·h） | 53 985 | 66 760 | 76 838 |
| 可再生能源占比 | 70.50% | 82.60% | 89.10% |
| 核能占比 | 8.10% | 8.00% | 7.80% |
| 煤炭占比 | 9.20% | 3.40% | 0.80% |
| 天然气占比 | 11.50% | 5.00% | 0.70% |
| 石油占比 | 0.50% | 0.20% | 0.00% |
| 氢和氨占比 | 0.20% | 0.90% | 1.50% |

# 第二章　天然气的应用

随着全球经济的持续发展和科技的不断进步，能源作为推动社会进步和经济发展的重要基石，其地位日益凸显。在众多能源类型中，天然气作为一种环保、经济实惠的优质能源，正逐步成为全球能源结构中的重要组成部分，并得到了较为广泛的应用。本章主要围绕天然气的生活应用和天然气的工业应用两部分内容展开研究。

## 第一节　天然气的生活应用

### 一、天然气做城镇燃气

#### （一）天然气做城镇燃气的优势

天然气作为一种储量丰富、运输便捷、成本效益显著的优质能源，以其节能环保的特性、高热值输出以及燃烧后对环境较低的污染影响，成为现代城镇燃气供应的理想选择。在全球能源转型与优化的浪潮中，将天然气确立为城镇燃气的主要气源，不仅是顺应时代发展趋势的必然之举，也是实现可持续发展的重要途径。在我国，过去十多年间，众多具备条件的城市，如北京、天津、成都等，纷纷把握住这一能源转型的机遇，通过构建完善的输送网络，将周边气田的天然气资源引入城市，作为城镇居民日常生活及工业生产的燃气供应源。

相比于液化石油气，天然气用作城镇燃气时具有以下优点。

①天然气因其密度较轻（为空气密度的 0.55 ~ 0.85 倍）故在泄漏时会自然上升并扩散至空气上层，不易积聚，从而降低了爆炸的风险。相反，液化石油气因其气体密度远大于空气（约为空气密度的 15 ~ 20 倍）泄漏后会下沉并可能沿低洼处流动，容易在通风不良或难以扩散的区域积聚，增加了事故发生的可能性。

所以，一旦发现室内有天然气或液化石油气泄漏，首要的安全措施便是立即开窗通风，以加速气体扩散。特别地，对于天然气燃具，应着重关注并确保室内上部的良好通风；而对于液化石油气燃具，则需特别留意并改善室内下部的通风状况，以防止潜在的安全隐患。

②天然气与人工燃气类似，均通过管道系统直接输送至用户家中，实现了便捷的供应，与需要钢瓶装载和定期更换的液化石油气相比，省时、省力且便利。对于居住在高层楼宇的居民，尤其是那些行动不便或需要特别关照的老弱病残群体而言，天然气的优势尤为显著，极大地提升了生活的便捷性。

当然，对于分散居住、不受特定居住区域和条件限制的用户而言，瓶装液化石油气因其灵活性依然是一种便利的选择，能够满足他们在不同环境下的能源需求。

③天然气以甲烷（$CH_4$）为主要构成成分，其独特的化学结构——碳原子与氢原子的比例在所有烃类分子中最低，意味着甲烷燃烧后产生的烟气中，二氧化碳的含量相对较少。相比之下，液化石油气的主要成分如丙烷（$C_3H_8$）、丙烯（$C_3H_6$）、丁烷（$C_4H_{10}$）和丁烯（$C_4H_8$），它们的碳氢比更高，完全燃烧后释放的二氧化碳量自然也多于甲烷。这一特性使得天然气在燃烧过程中产生的二氧化碳远低于液化石油气，对于缓解全球温室效应具有显著贡献。

进一步而言，天然气本身含有较少的硫和氮元素，因此其燃烧产物中的二氧化硫和氮氧化物等有害气体也相应减少。这些污染物对环境质量构成威胁，而天然气作为家用燃气的普及应用，有助于减少这些污染物的排放，从而更好地保护我们赖以生存的自然环境。

④一般情况下，通过管道输送到城镇的天然气供应在一段时间内能保持相对稳定的组分，这意味着用户在通过调风板（又称风门）将燃气器具的火焰调整至最佳状态后，无须频繁调整调风板开度，为用户带来了极大的便利。然而，对于储存在钢瓶中的液化石油气而言，情况则截然不同。液化石油气在钢瓶中的状态随使用而发生变化。初始使用时，瓶内释放出的气体中，低沸点的丙烷、丙烯占比较高；随着时间的推移，高沸点的丁烷、丁烯等成分逐渐增多，最终瓶内可能残留大量高沸点、常温下难以气化的液体。

所以，即便用户在液化石油气初用时已调整好燃具的调风板以获得理想的火焰质量，但使用一段时间后若不调整调风板，可能会出现火焰变黄的现象。黄色火焰的出现，是液化石油气中丁烷、丁烯等组分增多，燃烧所需空气量增加的直接反映。此时，为了维持充分燃烧，用户需要适当增大调风板的开度，以吸入更多空气，确保燃烧过程的完整性和效率。

## （二）天然气民用燃具

在我国，常见的民用及公用事业燃气用具包括家用燃气灶、烤箱、燃气饭锅以及热水器等。这些设备均以燃气为燃料，通过燃烧与热交换来工作。燃气用具的广泛应用充分展示了气体燃料的优势，对人们的生活质量、城市环境改善以及能源消耗模式产生了深远影响。就出口而言，我国主要出口的燃气用具是灶具，而进口则以热水器、采暖炉等为主。出口市场主要集中在北美、中东；而进口的燃气用具则主要来自德国、日本、韩国。

1. 燃具质量的评价标准

我国《质量管理和质量保证》（GB 6583.1—86）对质量有非常明确的定义，即"产品、过程或服务满足规定或潜在要求（或需要）的特征和特性总和"。燃具质量的定义：燃具满足规定要求的特征和特性总和。在燃具产品标准中应规定各项度量质量的要求。因此，评价燃具质量有以下几方面。

（1）安全性

安全性指的是产品在制造、存储及使用过程中，能够确保人员安全与环境免受损害的程度，这是在国内外市场竞争中的核心要素。首先，确保产品的气密性；其次，各类安全保护装置必须能够正常且有效地发挥作用；此外，控制燃气灶、燃气饭锅在使用过程中产生的烟气中 CO 含量以及噪声水平，使之不超过规定标准，也是保护人员安全与环境免受危害的重要指标。

（2）可用性

燃具的可用性，核心在于其能否在既定条件下稳定且有效地执行预设功能。首要条件便是确保燃气能够顺畅、稳定地燃烧，并维持一个持续、稳定的火焰状态。在规定的操作环境中，这种燃烧状态是不允许出现中断或熄灭现象的，以此保障燃具的可靠运行与高效使用。

（3）耐用性及可靠性

耐用性指标具体衡量的是燃具主要部件所能承受的使用次数，这一标准直接反映了燃具在长期使用中的稳定性和耐久性。而可靠性则是评估燃具在既定的操作条件和限定的时间范围内，准确无误地完成预定功能的能力。这两个指标共同构成了评价燃具性能与品质的关键维度。

（4）经济性

经济性主要体现于燃具的高热效率上，这意味着该燃具能够以最小的能源消耗，实现最大的热能输出，从而有效地节约能源，降低使用成本。

（5）可观赏性

在确保燃具的安全性、可用性、耐用性及可靠性的基础上，其外观设计应追求简约而不失大方的风格，同时注重美观与实用性的完美结合。这样的设计理念旨在使燃具不仅能够高效稳定地运行，还能紧跟时代潮流，满足用户对美好生活的追求与向往。

2. 天然气民用燃具检测要求

①燃气用具的输气管道、阀门及其配件的连接部位应当确保紧密无泄漏。在进行气密性测试时，需将燃气输气系统充入 42 kPa 的空气，此时漏气量应小于 0.07 L/h。具体操作方法是在燃具的燃气入口处接入 42 kPa 的空气，以此检测燃具密封阀的密封性能。

②对于配备有安全装置的燃具，当燃气阀门处于开启状态时，通入 42 kPa 的空气，其漏气量应小于 0.55 L/h。这一测试通过使用 42 kPa 的空气，并利用泄漏仪来检测燃具中起控制作用的阀门的气密性。

③燃具从燃气阀门后的入口至燃烧器火孔，在燃气额定压力下点燃时，应确保无燃气泄漏。测试时，需点燃全部燃烧器，并从燃具的旋塞阀到燃烧器火孔，使用检漏液进行泄漏检测。

3. 天然气民用燃具燃烧工况

（1）火焰传递

点火操作需严格遵循各燃具标准所规定的点火方法执行，在点火启动后，预期目标是在不超过 4 s 的时间内，火焰能够稳定且顺畅地传递至燃烧器的每一个火孔，实现全面而均匀地燃烧。具体而言，当主燃烧器的一处火孔被成功点燃后，立即开始计时，并仔细观察记录试验火焰向所有剩余火孔传播的时间。同时，特别注意监听并检查是否有爆鸣声产生。出现任何异常的爆鸣声均应立即停止试验，并进行相应的检查与调整，直至确保点火及火焰传播过程完全符合安全标准与性能要求[①]。

（2）离焰

其试验方法为：在冷态条件下点燃主燃烧器，经过 15 s 后，通过肉眼观察，若发现有超过 1/3 的火孔出现火焰脱离火孔的现象，即判定为离焰。

① 刘方，杨宏伟，韩银杉，等．天然气掺氢比对终端用气设备使用性能的影响 [J]. 低碳化学与化工，2023，48（2）：174-178.

（3）熄火

在燃烧过程中，熄火现象是不被允许的。其试验方法是：在主燃烧器被点燃后的 15 s，通过肉眼观察每个火孔，确保它们都有火焰在持续燃烧。

（4）火焰均匀性

该检测主要关注燃具在燃烧过程中的火焰状态。具体操作是：在主燃烧器被点燃后，通过肉眼观察火焰是否清晰、分布是否均匀，以及是否有火焰相互连接（连焰）的现象出现。

（5）回火

若可燃气体混合物在燃烧火孔出口处的流速低于回火极限，火焰将会退缩回火孔内。其试验方法为：在主燃烧器被点燃并保持燃烧 20 min 后，通过肉眼观察火焰是否出现了回火现象。

（6）燃烧噪声

燃烧时产生的噪声应当低于 65 dB。试验方法是先将所有燃烧器点燃并保持燃烧 15 min，然后测量包括燃烧噪声在内的最大噪声值。

（7）熄火噪声

熄火噪声应＜ 85 dB。试验方法按 GB/T 16411—2023 进行。

（8）干烟气中一氧化碳含量

在民用燃具的燃烧过程中，为确保使用安全及环境保护，其排放的烟气中一氧化碳（CO）的含量必须严格控制在特定标准之下。具体来说，该含量应小于烟气在过剩空气系数（$\alpha$）等于 1 的条件下的干烟气中 CO 含量的 0.05%。其试验方法按《家用燃气灶具》（GB 16410—2020）和《家用燃气燃烧器具的通用试验方法》（GB/T 16411—2023）进行。

（9）黄焰与黑烟

在空气供应不足的情况下，火焰会呈现出黄色；若空气不足的情况进一步加剧，黄焰会随之扩大，并伴随黑烟的产生。这种状况不仅会导致烟气中的 CO 含量超出标准，从而污染环境，而且黑烟还会在锅底和热交换器上形成积碳，进而降低传热效率并缩短相关用具的使用寿命。试验方法按 GB 16410—2020 和 GB/T 16411—2023 进行。

（10）点火燃烧器火焰燃烧稳定性

测试其有无熄火和回火现象。试验方法按 GB 16410—2020 和 GB/T 16411—2023 进行。

（11）点火器的着火率及性能

对于点火性能的要求，设定了明确的测试标准：在进行 10 次点火尝试中，至少有 8 次能够成功点燃，即成功率需达到或超过 80%。同时，为了确保点火的稳定性和安全性，规定不得出现连续两次点火失败的情况。此外，在整个点火过程中，必须杜绝爆燃现象的发生，以保障使用的安全性与周围环境的稳定性。

4. 城镇民用天然气安全设计

在城镇民用燃气系统中，引入高效的安全联锁设计机制，能够迅速响应燃气泄漏事件，通过集成可燃气体报警器、精密报警控制器及紧急切断阀等核心设备，实现即时报警与供气线路的自动联锁切断。这一设计特别针对新建生产指挥中心厨房操作间等高风险区域，旨在预防火灾、爆炸等灾难性事故的发生，确保人员安全与财产安全。

该安全联锁设计方案涵盖三个关键环节：一是仪表的精心选型，确保各组件具备高灵敏度、高可靠性的特性；二是设计过程中需严格遵循安全与功能性注意事项，如系统冗余设计以防单点故障导致失效；三是联锁控制逻辑的精确构建，确保一旦检测到燃气泄漏，能立即触发报警并自动执行切断操作，形成闭环的安全防护网。通过实施此安全联锁设计，不仅显著降低了城镇民用燃气系统因泄漏而引发重大事故的风险，还为后续类似项目的安全设计树立了典范，提供了宝贵的经验参考与技术支持。

随着经济水平的大幅度提高，人民的生活也在不断地改善，城镇民用燃气应用范围也随之不断扩大。在使用民用燃气的过程中，如果发生泄漏就会引起火灾、爆炸等重大事故。

为预防类似事故的发生，必须在潜在燃气泄漏的风险点部署可燃气体报警器，实现实时监测与及时报警。一旦检测到燃气泄漏，立即触发报警机制，并通过与报警控制器相连接的自动联锁系统，迅速且准确地切断燃气线路的控制阀门，从而有效隔离并消除安全隐患，确保现场安全。

（1）可燃气体报警器原理

可燃气体报警器由两部分组成：检测和声光报警器。可燃气体报警器的检测核心在于其传感器设计，该传感器构建了一个由检测元件、固定电阻及调零电位器共同组成的检测桥路。此桥路的核心是铂丝催化元件，通电后铂丝逐渐升温至稳定的工作状态，此时空气（无论是否含有可燃性气体）会通过自然扩散等方式抵达元件表面。在无可燃性气体存在时，桥路保持平衡状态，输出为零。

然而，一旦空气中的可燃性气体接触到检测元件，这些气体就会在铂丝催化作用下发生无焰燃烧，导致元件温度上升，进而引起铂丝电阻的增加，打破桥路的平衡状态，产生与可燃性气体浓度成正比的电压信号。此信号经过放大、模数转换处理后，最终通过液晶显示屏直观展示可燃性气体的浓度。至于声光报警器的运作机制，则是基于一个预设的阈值系统。当检测到的可燃性气体浓度超过这一限定值时，经过放大的桥路输出电压会与电路中的探测设定电压进行比较。一旦前者超过后者，电压比较器便会触发方波发生器输出一组方波信号。这组信号随即控制声、光探测电路，激活蜂鸣器发出响亮的警报声，同时点亮发光二极管，以视觉和听觉双重方式发出明确的探测信号，提醒相关人员注意并采取相应措施[①]。

（2）可燃气体报警器选型依据

①在选择报警器时，必须确保其防爆等级符合或超越所处危险区域的防爆要求。具体而言，应根据目标检测的可燃性气体的具体类别、级别及组别来确定报警器的防爆等级，确保所选报警器的这些参数不低于使用环境中可能遇到的可燃性气体的相应参数，以保障使用安全。

②可燃气体报警器的主流选择是催化燃烧型，其中隔爆型尤为推荐，因其设计能有效防止爆炸性气体混合物引起的爆炸传播。然而，使用此类报警器时需留意催化剂中毒的风险，特别是在含硫或卤化物的环境中，避免使用或选择具备抗毒化能力的报警器。此外，根据实际需求，探索并选用其他类型的检测器也是一个可行的方案。

③考虑到现场操作的便捷性与安全性，根据具体场景优先选用非接触式的报警器，如磁棒式或遥控式，这些设计允许在不打开报警器外壳的情况下进行现场校验，大大提升了工作效率与维护的安全性。

④鉴于报警器存在零点漂移和使用寿命限制，为确保其长期稳定运行和准确报警，必须实施定期的校验与维护计划。同时，保持报警器扩散口的畅通无阻也是至关重要的，以确保可燃性气体能够顺畅地到达检测元件，避免误报或漏报的情况发生。

（3）报警控制器选型依据

①声报警信号能手动消除，再次有报警信号输入时仍能发出警报。

②电源电压发生 ±10%变化时，指示报警精度不得降低。

③报警控制器应具有联锁保护用的开关量输出功能。

④报警控制器应具有相对独立、相互之间不受影响的报警功能，并且可以区别和识别报警场所位号。

⑤报警控制器应具有通过通信线实现与上位机进行通信的功能。

---

① 董新．城镇民用燃气安全联锁设计 [J]. 电子设计工程，2011，19（6）：63-65.

设计选用 8 通道壁挂式报警控制器，该控制器具有以下特点。

①通道卡可接收 4 ~ 20 mA 信号和开关量信号（带检线功能）输入。

②能够无缝对接包括可燃气体探测器、有毒有害气体探测器、氧气探测器以及火焰探测器、烟感探测器在内的多种安全监测设备，实现全面而灵活的安全监控方案。

③数据单位提供了多样化的选择，包括百万分之一体积浓度（ppm）、爆炸下限百分比（%LEL）、体积百分比（% VOL）以及空白模式，确保测量结果的准确性和适用性。

④系统支持 1 ~ 8 个通道的可选配置，用户可根据实际监测需求灵活设置，实现多点同时监测，提高监测效率与覆盖面。

⑤各通道卡均具备独立显示功能，能够直观展示各通道的监测信息，采用 4 位有效浓度数字显示，确保读数精确至 0.000 至 9999 范围内，为用户提供详尽准确的监测数据。

⑥主控卡配备中文液晶操作界面，界面友好，便于用户操作与查看。该界面不仅集中监管并显示各通道的系统信息，还集成了整机报警与故障继电器输出功能，一旦发生异常情况，能够迅速发出警报并触发相应的故障处理机制，确保安全监控的即时性与有效性。

⑦主控卡可通过 RS–485 与上位机通信。

⑧通道卡和主控卡均可进行数据设置和查询。

⑨每通道设定三级报警值，不同声光信号指示不同报警级别。

⑩报警模式包括上升报警、下降报警、上下限报警 3 种，不同的探测器可以采用不同的报警模式。

⑪ 每通道有 3 个无源继电器输出，5 A/250 V，对应三级报警及故障可选。

⑫ 每通道独立输出对应 4 ~ 20 mA 模拟信号。

城镇民用燃气安全联锁系统的设计精准契合了城镇燃气安全使用的严苛要求，该系统在稳定性、准确性及可靠性方面均卓越地达到了预设的设计标准与性能指标，为城镇燃气供应提供了坚实的安全保障。

## 二、天然气空调

燃气空调，就是指以燃气为能源而发展起来的新型的空调设备。从广义视角来看，燃气空调涵盖多元化的实现方式，包括但不限于燃气直燃机、燃气锅炉配合蒸汽吸收式制冷机、燃气锅炉与蒸汽透平驱动离心机的组合、燃气吸收式热泵，以及 CCHP（combined cooling heating power，楼宇冷热电联产系统）等先进模式。其中，燃气直燃机作为燃气空调的典型代表，主要通过直接燃烧可燃气体来高效转换能源，以满足制冷、供暖及生活热水的多元化需求。其特点在于能源转换路径直接高效、技术体系成熟稳定，并展现出良好的行业增长态势与广泛的应用前景。因此，在日常语境中提及的"燃气空调"，往往特指这类功能全面、性能优越的燃气直燃机。

如今，空调系统中天然气的应用展现出了三种主要形式：第一，通过天然气燃烧产生的热量来驱动的吸收式冷热水机组，这种机组利用热能转换实现制冷与供暖；第二，利用天然气发动机作为动力源的压缩式制冷机，它直接转化天然气能量为机械能，进而驱动制冷循环；第三，利用天然气燃烧后的余热进行除湿冷却的空调机，这种设计有效回收了热能，提高了能源利用效率。

在当前的应用实践中，以水－溴化锂为工作介质的直燃型溴化锂吸收式冷热水机组占据了主导地位，其普及程度最为广泛。该机组的工作原理在于，溴化锂稀溶液直接受到天然气燃烧产生的高温加热，进而产生高压水蒸气，这些水蒸气随后在冷却水的作用下凝结为冷凝水，同时释放出大量潜热。随后，水在低压环境下蒸发，此过程中吸收周围环境的热量，从而实现冷冻水的降温效果。蒸发后的水蒸气再被溴化锂浓溶液重新吸收，形成一个连续的制冷循环过程，以此不断为空调系统提供所需的冷量。在冬季供暖需求下，直燃型溴化锂吸收式冷热水机组通过燃烧天然气来加热溴化锂稀溶液，这一过程中产生的水蒸气在凝结时会释放大量热能，这些热能随后被用来加热采暖用水，从而形成了一个高效的供热循环。由于溴化锂水溶液在发生器内需要吸收热量以产生水蒸气，所以直接燃烧天然气成为一个理想的热量来源，使得该机组能够作为以天然气为燃料的直燃系统，既满足制冷需求，又胜任供暖任务。更为巧妙的是，通过在高压发生器上增设一个热水换热器，该机组还能同时供应生活热水，实现了制冷、供暖和供应热水的"一机三用"功能。这种设计不仅提升了设备的利用率，还显著降低了能耗，达到了节能减排、经济高效的目的。

此外，采用天然气的直燃型溴化锂吸收式冷热水机组具备以下显著优势：①该机组直接利用天然气燃烧产生的热量加热吸收器内的溴化锂溶液，省去了传统锅炉产生蒸汽再加热溴化锂溶液的复杂过程，这一创新设计显著提高了传热效率。同时，由于省去了锅炉设备，不仅大幅减少了占地面积，还降低了设备购置、安装及土建初期的投资成本，展现出极高的经济性和实用性。②通过直接燃烧天然气提供热量，避免了使用燃煤或燃油锅炉可能带来的环境污染问题，如颗粒物、二氧化硫和氮氧化物等有害物质的排放显著减少，有助于降低温室效应，实现环境友好型发展。此外，这种能源利用方式也促进了能源结构的合理调整，提升了能源利用效率。③直燃型溴化锂吸收式冷热水机组在运行过程中，除了功率较小的泵外，几乎不启用其他运动部件，这一特点使得机组的噪声和振动水平相比传统制冷技术大幅降低，为用户提供了更加宁静舒适的使用环境。④该机组采用吸收器和发生器替代了传统压缩机，这一技术革新极大地降低了电力消耗。在制冷或制热过程中，主要依赖热能转换而非电力驱动，从而实现了能源的高效利用，降低了运行成本，符合现代节能减排的发展趋势。

燃气空调与电力空调相比具有如下优势：功能齐全、设备利用率高、综合投资省；设备能源利用率高、运行费用省；作为新兴的清洁能源，天然气燃烧后产生的有害气体的量要少得多；机械运动部件少、振动小、噪声低、磨损小、使用寿命长；制冷工质为溴化锂的水溶液，价格经济无污染；至关重要的是，广泛采用燃气空调不仅能够有效缓解电力供应的紧张局势，还在提升电力负载率、优化电力峰谷平衡率上产生显著成效。这一举措不仅促进了能源的多元化利用与资源的合理配置，还极大地提高了电力设备的运行效率，遏制了电力设备投资的盲目扩张，从而降低了电力成本，增强了供电的稳定性与可靠性，带来了可观的经济与社会双重效益。此外，燃气空调的大规模应用对于燃气供应的季节性峰谷平衡具有重大意义，能够显著提升燃气管网的利用效率，减少供气过程中的综合成本。

## 第二节　天然气的工业应用

### 一、天然气锅炉供气系统

#### （一）天然气锅炉简介

1. 天然气锅炉的产生

环境保护部（生态环境部前身）颁布的《京津冀大气污染防治强化措施（2016—2017 年）》中，明确提出了加速推进散煤清洁化替代的紧迫任务，当前，“煤改气”项目已全面铺开并深入实施。在政策的有力驱动下，众多燃煤锅炉正逐步被天然气锅炉所取代，天然气等清洁燃料的环保型供热系统在城市集中供热系统中占据了越来越重要的地位。

2. 天然气锅炉的优势

燃气锅炉不仅以其清洁高效的特性著称，还持续向小型化、轻量化、高效能、低排放、高组装化及高度自动化的方向迈进。尤为值得关注的是，新型燃烧技术与强化传热技术的创新应用，使得燃气锅炉的体积显著缩小，而锅壳式蒸汽锅炉的热效率更是攀升至92%～93%的高水平。这一系列技术进步带来的经济、安全与实用性优势，具体体现在以下几个方面。

①效率高。环保型燃气锅炉，凭借创新的低阻力火管传热技术以及对流受热面设计的优化——具体体现为低阻力与高扩展性的紧凑型尾部受热面结构，成功实现了与大容量工业锅炉相媲美的排烟温度效率。这一卓越设计使得锅炉的排烟温度能够稳定维持在130～140℃，充分体现了其在节能减排与高效利用能源方面的显著优势。

②结构简单。燃气锅炉在受热面设计上采用了多种简化而高效的结构。具体而言，锅壳式锅炉采用了简洁的燃烧系统，包括单波形炉胆和双波形炉胆，结合强化型传热、低阻力的火管设计，以及优化的低阻型扩展尾部受热面，进一步提升了热效率。此外，该类型锅炉还具备灵活性，能够根据实际需求选配低温（低于250℃）过热器受热面，以满足不同工况下的热量输出需求。而水管式锅炉则采用更为先进的膜式壁型炉膛结构，搭配紧凑布局的对流受热面，可配备引风装置。同样地，水管式锅炉也支持定制化配置，可根据具体工况要求选配高温（250℃及以上）过热器受热面，以满足高温蒸汽或热水供应的需要。

③使用简易配套的辅机。给水泵、鼓风机等关键辅机与锅炉主体实现无缝对接，一体化装配设计，同时强化运输过程中的稳固性与可靠性。

④全智能化自动控制并配有多级保护系统。系统内置先进的全自动燃烧控制装置，结合多级安全保护系统，实现锅炉运行的全面智能化监控。该体系具备锅炉缺水预警、超压保护、超温防护、熄火自动重启、精细点火程序控制等功能，以及直观的声、光、电多重报警功能，全方位保障锅炉运行安全。

⑤特别配备高效燃烧器（含送风机）与烟道消声系统，有效减少锅炉运行过程中的噪声污染，营造更加宁静的工作环境。

⑥配备有自动化的加药系统与高效的水处理装置。

⑦配备一系列精密的监测与限制装置，包括但不限于压力、温度、水位等关键参数的实时监控，确保锅炉能在无人直接监督的情况下，连续、稳定、安全地运行24 h。

### （二）供气系统的设计

天然气供气系统作为天然气锅炉房的核心构成部分，其设计环节的重要性不容忽视，必须予以充分的关注与审慎考量。一个设计合理的天然气供气系统，不仅对于确保整个系统的安全稳定运行起着至关重要的作用，同时也直接关系到供气系统建设及后期运营的经济性。

锅炉房供气系统，通常由供气管道进口装置、锅炉房内燃气配管系统以及吹扫和放散管道等组成。

供气管道进口装置有以下设计要求。

①在锅炉房的燃气管道设计中，若考虑到经济性和常规运行需求，通常推荐采用单母管系统。然而，在需要实现全年不间断供热的场景中，为了确保系统的可靠性和灵活性，则更适宜采用双母管配置。在双母管的设计中，每一根母管的流量应独立计算，并建议按照锅炉房最大可能耗气量的75%来确定，以平衡供气能力与系统冗余，保证在任一母管故障时，另一根母管仍能满足基本的供热需求。

②当调压装置的进气压力超过0.3 MPa，并且调压比较大时，这样的工作条件往往会导致管道内产生显著的噪声。为了有效阻止这些噪声沿着管道传播至锅炉房，影响工作环境和设备正常运行，建议在调压装置之后设置一段长度为10～15 m的管道，并采用埋地敷设的方式。

③在燃气母管进口处应装设总关闭阀，并装设在安全和便于操作的地方。在燃气质量存在不确定性的情况下，为了保障燃气系统的正常运行并延长设备寿命，建议在调压装置之前或在燃气母管的总关闭阀之前安装必要的预处理设备。这些设备包括除尘器、油水分离器以及排水管。

④燃气管道系统应配备必要的放散管、取样接口以及吹扫接口，以确保管道运行的安全性与维护的便捷性。

⑤在构建锅炉房供气系统时，特别是在需要连接引入管与锅炉间的供气干管以服务于四台或更多锅炉的场景中，存在两种关键的连接策略：一种是端部连接，而另一种则是中间连接。为了确保每台锅炉都能获得均衡且相近的供气压力，从而优化燃烧效率和系统稳定性，当锅炉数量达到或超过四台时，强烈推荐采用从中间位置将燃气引入干管的连接方式。

锅炉房内燃气配管系统有以下设计要求。

①为确保锅炉能够安全、稳定且高效地运行，供气管路及其上所有附件的连接必须达到高度的严密性和可靠性，以承受系统运行时可能遭遇的最高使用压力。在设计燃气配管系统时，除了满足这些基本要求外，还需充分考虑未来对管路进行检修和维护的便捷性。

②管件及附件不得装设在高温或有危险的地方。

③为了确保燃气配管系统的安全操作与高效管理，建议选用明杆阀或阀杆上

带有清晰刻度的阀门，便于操作人员直观地识别阀门的开关状态，从而准确控制燃气流动，提高操作的安全性和便利性。

④当锅炉房内安装的锅炉数量较多时，为了优化供气效率和便于管理维护，可以将供气干管根据实际需要，通过阀门分隔成若干段。每一段干管建议供应 2～3 台锅炉，这样既能保证供气的均衡性，又能简化检修和维护工作。

⑤在通向每台锅炉的支管上，必须安装关闭阀门和快速切断阀。同时，还应配置流量调节阀和压力表等装置，以便对锅炉的燃气供应进行精确控制和实时监测。

⑥在支管通向燃烧器之前的配管系统中，必须安装一个关闭阀，以确保在必要时能够迅速切断燃气供应。紧接着关闭阀之后，应串联安装两只切断阀，以增强系统的安全性和可靠性。同时，为了安全排放两切断阀之间的残余燃气，防止其积聚引发风险，应在此区间设置放散管，并配备手动阀或电磁阀以便灵活调节放散过程。特别需要注意的是，靠近燃烧器的一只安全切断阀的安装位置应尽量接近燃烧器，以最大限度缩短二者之间的管段长度，减少燃气在该段管道内停留的时间，从而降低燃气渗入炉膛的可能性，保障锅炉运行的安全。此外，当选择使用电磁阀作为切断装置时，应避免在切断阀旁设置旁通管，避免不必要的风险隐患。

锅炉房的供气系统设计中，不可或缺地需要配置吹扫与放散管道。这一设置至关重要，原因在于当燃气管道因维护或检修需求而停止运行时，为确保后续工作的安全性，必须将管道内部残留的燃气彻底吹扫清除。此外，当天然气管道在经历较长时间的停运后重新投入使用时，为了防止因管道内残留燃气与空气混合形成爆炸性混合物，并在进入炉膛时引发爆炸事故，必须先进行吹扫操作。这一过程通过引入外部空气或惰性气体，将管道内的可燃混合气体置换并排放至大气中，从而确保管道内部环境的纯净与安全，为后续的正常供气运行奠定坚实的基础。

燃气管道完成安装后，正式进入油漆防腐工程施工之前，至关重要的是执行严格的吹扫与试压程序。只有当吹扫与试压均达到合格标准，确认燃气管道系统内部清洁无虞且结构完整无损后，方可允许该系统投入正常运转。

在完成燃气管道的清扫工作之后，紧接着需要进行的是强度试验和密闭性试验，这两项测试是确保管道安全运行的必要步骤。这些试验可以灵活选择在全线范围内同时进行，也可以根据实际情况分段进行，以便更精确地定位潜在问题。在进行试验时，常用的试压介质是压缩空气。

## 二、天然气工业炉供气系统

天然气工业炉主要由炉膛、燃气燃烧装置、余热利用装置、烟气排出装置、炉门提升装置、金属框架、各种测量仪表、机械传动装置及自动检测与自动控制系统等部分组成。

### （一）炉膛内热工作过程

工作炉的热处理效能，深受其核心组件——炉膛的显著影响。炉膛作为关键区域，直接承载着物料干燥、加热以及熔炼等一系列关键工艺步骤的顺利进行。所以，应了解工作炉的热工作过程，在一定的工艺条件之下，增强传热，以提高生产效率。

炉膛内的热交换过程极为繁复，它涉及多种能量的传递与转换。在这个过程中，炉气充当了关键的热源角色，而处于较低温度的物料则是主要的热量接收体。燃料燃烧时释放的巨大热能，被炉气所吸收并携带至炉膛内部。随后，热能开始发挥其作用：有的直接传递给待加热的物料，促进物料的温度提升；有的则因炉体散热效应而流失至炉膛外部环境中；有的则是随着炉气在炉膛内经历热交换后温度逐渐降低，最终伴随炉气的排出而离开炉膛系统。

另外，炉壁在热交换过程中扮演着热量传输桥梁的角色，它本身并不直接参与热量的存储或转换，而是作为媒介，使热量能够间接地从炉气传递到物料上。炉气向物料传递热量主要有两种辐射路径：一种是直接的炉气到物料，另一种则是炉气先通过炉壁再传递给物料。此外，炉气还利用对流的方式直接向物料传递热量。

在实际生产过程中，为了满足不同工艺的具体需求，可以针对不同类型的工作炉采取多样化的措施，以赋予炉膛辐射热交换各具特色的性能。总体而言，可以归纳为以下三种主要情况。

①炉膛内炉气均匀分布。当炉膛内的炉气分布达到均匀状态时，炉气对单位面积炉壁和物料的辐射热量保持相等。这种辐射热量的均匀分配现象被称为均匀辐射传热，它确保了炉膛内各区域受热的一致性。

②高温炉气在物料表面附近。此时，炉气对单位面积物料的辐射热量显著大于对单位面积炉壁的辐射热量。这种辐射热量主要集中于物料表面的现象，被称为直接定向辐射传热，它提高了物料表面的加热效率。

③高温炉气在炉壁附近。这时炉气对单位面积炉壁的辐射热量超过了对单位面积物料的辐射热量。这种辐射热量首先作用于炉壁，再通过炉壁间接传递给物料的传热方式，被称为间接定向辐射传热。

### （二）炉内气流组织

为了优化炉内传热效率、精确控制炉压并显著减少炉内气温的波动，深入了解气体在炉膛内部的流动特性是至关重要的。根据具体工作炉的运行需求，合理规划和组织这些流动特性是不可或缺的步骤。

为此，需要熟练掌握一系列基础物理原理，包括但不限于：气体浮力与重力压头的作用机制、气体与炉膛内固体结构间摩擦力的影响、气体黏性的行为规律，以及气体在热交换过程中展现出的热辐射特性。

气体流动的方向和速度取决于压力差、重力差、阻力及惯性力。在有射流作用的炉膛内，若重力差可以忽略，则炉气流动的方向和速度主要取决于压力差、惯性力和阻力。

影响炉气循环的主要因素如下。

①限制空间的尺寸。关键因素在于炉膛与射流喷口之间的横截面积比例。显然，当这一比例显著增大时，炉膛对射流的约束效应减弱，使得射流行为趋近于自由射流状态，无法有效形成回流现象。相反，若比例大幅减小，则循环路径上的阻力显著增加，导致参与循环的气体量大幅减少。在极端情况下，气流流动可能转变为类似管道内的直线流动模式，同样无法形成有效的回流。

②排烟口与射流喷入口的相对布局考量。当射流喷入口与排烟口被设计在同一侧时，会显著增强炉膛内的循环气流强度。这是因为，在同一侧进行排烟与射流喷射，使得气流在回流循环过程中遇到的阻力达到最小化，从而促进气流的循环。

③射流特性对循环气流的影响。射流的喷出动量、其与炉壁形成的夹角，以及多股射流之间可能发生的相交情况，这些因素都是决定炉膛内循环气流状态的重要因素。为了准确评估这些影响，需要依据具体的炉膛结构和操作条件，进行针对性的分析和实验验证。

炉膛内气流的循环强度与炉膛上下部的温度均匀性密切相关。循环越剧烈，上下温差越小。所以，在诸如低温干燥炉和热处理炉等应用中，为了实现炉内气温的均匀分布，经常采取炉气再循环的技术手段，以强化气流的循环流动，从而达到理想的温度均匀性效果。

## 三、天然气发电系统

燃气轮机驱动系统由三大核心部件构成：燃气轮机、压缩机及燃烧室。其工作原理精妙而高效，具体过程如下：首先，叶轮式压缩机作为系统的“呼吸器官”，负责从周围环境中汲取大量空气，随后通过其内部机制对空气进行强有力的压缩，使空气的体积减小、密度增加，并将这股蕴含着巨大能量的压缩空气导向燃烧室。与此同时，系统精确控制燃料的喷入，将适量的燃料送入燃烧室内。在燃烧室内，高温高压的压缩空气与燃料相遇，二者在特定的条件下迅速而充分地混合，在保持压力恒定的条件下进行燃烧反应。这一过程产生的高温高压烟气随后进入燃气轮机内部，驱动其膨胀做功，促使动力叶片以高速旋转，从而转化为机械能。最终，经过燃气轮机做功后的乏气（废气）被排放至大气中，或者进一步加以回收利用，以提高能源利用效率。

燃气轮机所排出的高温高压烟气可进入余热锅炉产生蒸汽或热水，用于供热、提供生活热水或驱动蒸汽吸收式制冷机供冷，也可以直接进入排气补燃型吸收机用于制冷、供热和提供生活热水。

目前，应用燃气轮机的发电系统主要有以下几种形式。

### （一）简单循环发电

一个由燃气轮机与发电机分别独立运作构成的循环系统，通常被称作开式循环系统。该系统的显著优势在于其快速的安装部署能力、灵活的启动与停止操作，这些特点使其特别适用于电网调峰任务以及交通、工业等领域的动力需求场景。

当前市场上，通用电气（GE）公司推出的 LM6000 轻型燃气轮机是开式循环系统中效率表现较为突出的一款产品，其运行效率高达 43%，展现了该技术在高效能应用方面的领先地位。

### （二）前置循环热电联产

由燃气轮机、发电机与余热锅炉紧密协作构成的循环系统，实现了高效的能源回收与利用。该系统巧妙地将燃气轮机排放的富含余热的高温烟气，通过余热锅炉进行转换，生成蒸汽或热水，这些热能资源被广泛应用于热电联产领域。

此外，部分系统还创新地将余热锅炉产生的蒸汽重新注入燃气轮机，以此进一步提升燃气轮机的运行效率。前置循环热电联产技术以其卓越的性能著称，整体效率普遍超过 80%，展现了高效的能源转换能力。

为了增强供热的灵活性和适应性，大多数前置循环热电联产机组还引入了余热锅炉补燃技术[①]。这一技术的应用，使得系统总效率能够跃升至 90% 以上，显著提升了能源利用的经济性和环保性。该系统的核心在于燃气轮机与余热锅炉的紧

---

① 李雨朋．火电厂热动系统节能优化思路与举措 [J]. 现代工业经济和信息化，2018，8（15）：44-45.

密配合，由于省去了传统系统中蒸汽轮机的环节，所以被称为前置循环系统。余热锅炉无须生产高品位蒸汽以推动蒸汽轮机的高品位蒸汽，从而减少系统投资成本，提升整体经济效益。

为了提高其供能可靠性以及热、电、天然气的调节能力，在实际运行过程中往往加入蒸汽回注、补燃等技术。

## （三）联合循环发电或热电联产

燃气轮机、发电机、余热锅炉与蒸汽轮机或供热式蒸汽轮机共同组成循环系统，该学院将燃气轮机排出的做功后的高温乏烟气通过余热锅炉回收转换为蒸汽，再将蒸汽注入蒸汽轮机以发电，或将部分发电做功后的乏汽用于供热[①]。其形式有燃气轮机、蒸汽轮机同轴推动一台发电机的单轴联合循环系统，也有燃气轮机、蒸汽轮机各自推动各自发电机的多轴联合循环系统，主要用于发电和热电联产，发电时效率最高的联合循环系统是 GE 公司的 HA 燃气轮机联合循环电厂，效率达到 62.2%。余热锅炉除了提供余热用于供暖、提供热水外，还向蒸汽轮机提供中温中压以上的蒸汽，再推动蒸汽轮机发电，并将做功后的乏烟气用于供热。此系统以其卓越的发电效率和高能量转换率著称，从而实现了显著的经济效益。在后置蒸汽轮机的选择上，存在抽汽凝汽式和背压式两种类型。然而，背压式蒸汽轮机由于其较为严苛的使用条件，在调节电网、热网及天然气管网方面显得不够灵活，除非是在企业自身具备稳定用气用电需求的热电厂环境中应用。对于常规的燃气—蒸汽联合循环电厂而言，普遍采用的设计方案包括：配置两套或更多套燃气轮机和余热锅炉，以拖带一台或两台抽汽凝汽式蒸汽轮机；在余热锅炉中采用补燃技术；引入双燃料系统来提高对电网、热网及天然气管网的调节能力和供能可靠性。

## （四）核燃联合循环

一个创新的发电循环系统，集成了燃气轮机、余热锅炉、核反应堆及蒸汽轮机，正处于试验性开发阶段。该系统的工作流程巧妙设计：燃气轮机在运行过程中产生的高温烟气被导入余热锅炉，利用这些废热在热核反应堆中进一步加热并产生蒸汽。这一过程不仅提升了核反应堆所产生蒸汽的温度与压力，还直接促进了蒸汽轮机运行效率的提升，有助于降低蒸汽轮机部分的初始投资与运营成本，展示了该系统在能源转换效率与经济性方面的潜在优势。然而，由于该系统的复

① 裴宏峰．燃用低中热值煤气的燃气轮机机组结构特性及运行维护要点 [J]. 冶金动力，2004（6）：4-8.

杂性与新颖性，目前仍需通过持续的试验与优化来验证其可行性与稳定性。

### （五）燃气烟气联合循环

一个独特的循环系统，结合了燃气轮机和烟气轮机，旨在高效利用燃气轮机排放烟气中蕴含的剩余压力和热焓能。该系统通过烟气轮机进一步转化这些能量为电能，实现了能源的最大化回收。其显著优势在于整个发电过程无须依赖水资源，符合节水环保的理念。然而，尽管具备这样的环保与经济潜力，由于烟气轮机的制造成本相对较高，目前该系统尚未能广泛普及和应用。

### （六）燃气热泵联合循环

该系统集成了燃气轮机、烟气热泵，以及可选的烟气轮机、余热锅炉、蒸汽热泵或蒸汽轮机等多种组件，构成了一个高度灵活的能源利用循环体系。在燃气轮机、烟气轮机、余热锅炉及蒸汽轮机等核心设备完成其主要能量转换与利用后，该系统巧妙地引入热泵技术，对烟气、蒸汽、热水及冷却水中蕴含的余热进行深度挖掘与回收利用。

此外，部分动力还可直接用于驱动热泵，实现能量的高效转换与利用。此系统具备广泛的应用潜力，能够灵活适应热电联产、热电冷联产、热冷联产、电冷联产、直接供热或直接制冷等多种能源需求场景，展现出极高的热效率与能源综合利用率。它不仅有效提升了能源系统的整体效能，还促进了能源结构的优化与升级，是未来能源利用领域的重要发展方向之一，对于推动社会经济的绿色可持续发展具有深远意义。

## 四、天然气化工工业

天然气化工工业，作为化学工业的一个重要分支，专注于以天然气这一清洁能源为基石，通过一系列复杂的化学过程转化为各类化工产品的生产领域。这些转化过程涵盖净化分离、裂解、蒸汽转化、氧化、氯化、硫化、硝化、脱氢等多种化学反应，能够生成诸如合成氨、甲醇及其下游产品（如甲醛、醋酸等）、乙烯、乙炔、二氯甲烷、四氯化碳、二硫化碳、硝基甲烷等一系列重要的化工原料和中间体。

此外，天然气还能通过绝热转化或高温裂解技术高效地制备氢气，满足能源与化工领域的多元化需求。鉴于天然气与石油均为地下蕴藏的烃类资源，且常在同一地质构造中共存，两者在加工工艺和产品链条上存在紧密的联系与互补性，因此，从广义上讲，天然气化工产业亦可被视为石油化工工业体系中的一个重要组成部分，共同推动着全球化学工业的创新与发展。天然气化工工业一般包括天然气的净化分离、化学加工。天然气化工工业的应用主要有以下 3 条途径。

①制备合成气，由合成气制备大量的化学产品（甲醇、合成氨等）。

②直接用来生产各种化工产品，如甲醛、甲醇、氢氰酸、各种卤代甲烷、芳烃等。

③部分氧化制乙烯、乙炔、氢气等。

我国天然气化工产业自 20 世纪 60 年代初期萌芽，历经发展，现已构建起一定的产业基础，其布局主要聚焦于四川、黑龙江、辽宁及山东等省份。在中国，天然气的主要应用领域之一是氮肥的生产，占据主导地位，随后则广泛应用于甲醇、甲醛、乙炔等有机化工原料的制造，同时还包括二氯甲烷、四氯化碳、二硫化碳、硝基甲烷、氢氰酸、炭黑的生产，以及氦气的提取。20 世纪 70 年代以来，我国加快了天然气资源利用的步伐，相继建立了多座依托天然气及油田伴生气作为原料的大型及中小型合成氨工厂，显著提升了天然气在全国合成氨生产原料构成中的占比，目前这一比例已稳定在约 30%。

此外，还建立了专门利用天然气生产乙炔的工厂，这些乙炔不仅用于维尼纶和乙酸乙烯酯的生产，其生产过程中产生的尾气还实现了资源的再利用，被转化为甲醇。值得一提的是，我国还采用了先进的天然气热氯化技术，生产二氯甲烷，作为溶剂供感光材料工业使用。

天然气化工工业已牢固确立为全球化学工业的关键支柱之一，其重要性不言而喻。当前，全球范围内，约有 80% 的合成氨和 90% 的甲醇生产均依赖于天然气作为核心原料。特别是在美国，这一趋势更为显著，超过 75% 的乙炔生产采用天然气作为原料。天然气在化工原料中的应用有以下几方面。

①在氮肥生产过程中，合成氨占据着不可替代的核心地位。鉴于石油价格持续高企，进而推高了重油成本，以天然气为生产原料的化肥相较于重油基化肥，展现出了显著的成本优势。所以，化肥生产领域正逐步聚焦于气头化肥的发展。得益于技术进步，将原本依赖重油的生产线转型为以天然气为原料的生产线已变得相对成熟和可行。

②甲醇作为碳化学领域的核心产品，其重要性不言而喻，它不仅是化工行业的基石原料，更被视为未来清洁能源的重要一员。甲醇的应用领域极为广泛，从塑料、合成纤维、合成胶等基础材料，到染料、涂料、香料等精细化学品，再到饲料、医药、农药等多个行业，均可见其身影。此外，甲醇还具备与汽油混合使用或直接替代汽油作为动力燃料的潜力，为能源领域带来了新的可能。

③天然气化工与氯碱工业的融合发展正展现出新的活力。在我国，氯碱工业的核心产品——聚氯乙烯（PVC）的年产量已超过 200 万吨大关。然而，值得注意的是，这其中超过半数仍依赖于传统的电石法生产，该方法虽广泛应用，但面

临环保挑战。相比之下，利用乙烯法制备PVC受限于乙烯原料的供应，仅占市场份额的30%~35%。而通过进口氯乙烯单体（VCM）或二氯乙烷（EDC）生产的PVC，则占据了15%~20%的市场份额。鉴于电石法的环境污染问题日益凸显，受到环保政策的严格约束，探索替代路径成为当务之急。天然气制乙炔进而转化为PVC的路径，不仅在成本上与电石法相抗衡，更在环保层面展现出显著优势，成为绿色发展的优选方案。

④近年来，随着国际天然气合成油技术的突破性进展及其配套技术的日益成熟，天然气转化为合成油的技术已逐渐具备市场竞争力。这种由天然气精制而成的合成油，以其不含有害环境成分如芳烃、重金属及硫等特质，被誉为环保型的优质能源，为能源市场注入了一股清流。其广阔的消费市场潜力，正随着人们对清洁、高效能源需求的日益增长而不断释放。

⑤在天然气制氢方面，中国科学院大连化学物理研究所创新性地提出了一种天然气绝热转化制氢技术，该技术巧妙地利用了成本低廉的空气作为氧源，实现了经济效益与环境友好的双重目标。其设计的反应器内置了先进的氧分布器，这一创新设计有效解决了传统催化剂床层中常见的热点问题，并确保了反应过程中能量的合理分配与高效利用。由于床层热点的显著降低，催化材料的反应稳定性得到了显著提升，延长了催化剂的使用寿命，降低了运行成本。尤为引人注目的是，该技术的核心优势在于其大部分原料反应过程本质上属于部分氧化反应，这一特性使得控速步骤转变为快速的部分氧化反应，从而极大地加速了整个制氢过程的反应速率，促进了生产效率的飞跃。

除此之外，一些新技术如等离子体技术等也开始应用在天然气化工工业领域中。等离子体技术是实现C—H键活化的一种新技术，而实现甲烷中C—H键的选择性活化和控制反应进行的程度是甲烷直接化学利用的关键。C—H键的活化方法多样，其中常规催化活化、光催化活化以及电化学催化活化是广泛采用的方法。然而，与这些传统方法相比，等离子体技术作为一种先进的分子活化技术，展现出了独特的优势。该技术通过其高能量特性，能够直接作用于反应分子，促使其激发、离解甚至电离，进而将反应物置于一种高度活化的状态。

## 五、天然气交通运输

### （一）天然气汽车

天然气汽车是指以天然气作为燃料产生动力的汽车，目前天然气汽车的主要应用方式为在汽车上装备天然气储罐，以压缩天然气（CNG）的形式储存，压力一般为 20 mPa 左右。车用天然气可用未处理天然气经过脱水、脱硫净化处理后，经多级加压制得。

1. 天然气汽车的特点

①燃烧性能稳定，避免了爆震现象，同时支持顺畅的冷热启动过程。

②压缩天然气的储运、减压及燃烧过程均在严格的密封体系中完成，极大地降低了泄漏风险。此外，天然气储罐历经严苛的特殊破坏性测试，确保了其使用过程中的高度安全性与可靠性。

③压缩天然气燃烧效率高且清洁，有效减少积碳形成，从而降低了气阻与爆震的发生，这对于延长发动机各部件的使用寿命、减少维护保养频率以及显著降低维护成本具有积极作用。

④采用压缩天然气作为燃料，有助于减少发动机对润滑油的消耗，进一步提升运行经济性。

⑤与汽油相比，压缩天然气作为燃料能显著减少一氧化碳、二氧化硫、二氧化碳等有害气体的排放，同时完全不含苯、铅等已知致癌及有毒物质，有效保护了人类健康，减少了对环境的污染。

2. 天然气汽车的优势

与利用汽油和柴油作为燃料的汽车相比，天然气汽车具有以下优势。

（1）天然气汽车是清洁燃料汽车

天然气驱动的汽车在排放控制方面展现出显著优势，其尾气污染远低于传统汽油和柴油汽车。具体而言，天然气汽车尾气中完全不含硫化物和铅等有害物质，同时一氧化碳排放量降低了 80%，碳氢化合物排放量减少了 60%，氮氧化合物的排放量也下降了 70%。鉴于这些显著的环保效益，众多国家已将推动天然气汽车的发展视为减轻大气污染、改善环境质量的关键策略之一。

（2）天然气汽车有显著的经济效益

采用天然气作为汽车燃料，能够显著削减营运成本。由于天然气价格远低于汽油和柴油，通常能够节省约 50%的燃料费用，从而大幅降低整体营运开支。鉴于油气之间的价格差异，将汽车改装为天然气驱动所需的费用往往能在一年内通过节省的燃料成本得到回收。

此外，使用天然气还带来了维修费用的降低，因为天然气作为燃料时，发动机运行更为平稳，噪声减少，且不易产生积碳。这种清洁的燃烧方式延长了发动机的使用寿命，减少了更换润滑油和火花塞的频率，进而实现了超过 50%的维修费用节约。

（3）天然气本身是比较安全的燃料

这主要体现在以下几个方面：首先，天然气具有高燃点特性，其燃点超过650℃，远高于汽油的427℃，这意味着相较于汽油，天然气更难以被点燃，提升了使用安全性；其次，天然气密度低，与空气的相对密度仅为0.5548，一旦泄漏，能迅速在空气中扩散，难以达到足以支持燃烧的浓度；再者，天然气辛烷值极高，可达到130，远超当前的汽油和柴油，因此具有出色的抗爆性能；此外，其爆炸极限相对狭窄，为5%～15%，在自然环境中，这种条件的形成极为不易；最后，当压缩天然气从容器或管道中释放时，这一过程是吸热的，会在泄漏点周围迅速形成一个低温区域，进一步加大了天然气燃烧的难度。

（4）天然气汽车所用的配件比汽油和柴油汽车的要求更高

国家针对天然气汽车领域，制定并实施了极为严格的技术标准体系，这一体系覆盖了从加气站设计、储罐生产、改车部件制造直至安装调试的每一个环节，确保每个环节都遵循高标准的技术规范。在设计过程中，特别注重了安全性的全面考量，采取了多重安全保障措施。对于高压系统所使用的关键零部件，其安全系数均被设定为1.5～4的高标准，以确保在极端条件下仍能稳定运行。

此外，减压调节器和储罐等重要部件均配备了安全阀，以应对可能的超压情况。在控制系统中，更是集成了紧急断气装置，一旦检测到异常情况，能够迅速切断气源，防止事态扩大。在储罐出厂前，还需经历一系列严苛的特殊检验流程。除了常规的检测项目外，还需进行包括火烧、爆炸、坠落、枪击等在内的极端条件测试，以确保储罐在各种复杂环境下的安全性和可靠性。只有通过这些严格测试的储罐，才能被允许出厂并投入使用。回顾天然气汽车的发展历程，至今尚未发生过因天然气爆炸或燃烧而导致车毁人亡的严重事故。这一事实充分证明了天然气汽车在安全性能上的卓越表现。

（5）与汽油和柴油汽车相比，天然气汽车的动力性略有降低

但需要指出的是，天然气汽车的使用会受到天然气的价格以及供需状况的很大影响。当天然气供应出现短缺时天然气汽车则无法工作，同时随着天然气价格的上涨，天然气汽车的使用成本也会有所增加。天然气加气站的建设情况也决定了天然气汽车的普及程度。

3. 天然气汽车改装系统组成

天然气汽车可以轻松地从普通汽油车转变而来，这一过程无须完全替代原有的供油系统，而是巧妙地在其基础上增加一套专门的车用压缩天然气转换装置。改装的核心部分主要包含以下三个系统。

（1）天然气系统

它主要由充气阀、高压截止阀、天然气储罐、高压管线、高压接头、压力表、压力传感器及气量显示器等组成[①]。

（2）燃气供给系统

它主要由燃气高压电磁阀、三级组合式减压阀、混合器等组成。

（3）油气燃料转换系统

它主要由三位油气转换开关、点火时间转换器、汽油电磁阀等组成。

天然气储罐的设计充分考虑了安全性，特别是在罐口处配备了易熔塞和爆破片两种高效的防爆泄压装置。当储罐内部温度异常升高至 100℃以上，或压力超过安全限值 26 MPa 时，这些装置会自动启动，通过破裂的方式迅速释放压力，有效防止了储罐因超压而引发的危险。此外，减压阀上也安装了安全阀，作为另一重安全保障，确保在减压过程中压力始终保持在安全范围内。在安装天然气储罐及高压管线时，还特别采用了防震胶垫，并通过卡箍进行牢固固定，这不仅增强了系统的稳定性，也进一步提升了整体的安全性能。

当汽车采用压缩天然气作为动力源时，该清洁能源需经历三级精密减压过程，随后通过高效的混合器与空气充分融合，最终进入气缸。在此过程中，压缩天然气从额定的进气气压平滑降低至负压状态，其真空度精准控制在 49 ~ 69 MPa。减压阀与混合器的精密配合，确保了发动机在不同运行状态下均能获得最佳混合气体浓度，从而优化性能。减压阀总成中特别集成了怠速阀，专为发动机怠速时提供稳定的气量支持。值得一提的是，减压过程中伴随着膨胀做功，这一过程从环境中吸收热量，为此减压阀上还巧妙设计了利用发动机循环水进行加热的装置，以维持减压过程的稳定性。为了提升驾驶的便捷性与灵活性，驾驶室内装备了油气燃料转换开关，实现了对油气电磁阀及点火时间转换器的集中控制。点火时间转换器则凭借先进的电路系统，自动调整以适应不同燃料所需的点火提前角。仪表板上，气量显示器以五盏红绿灯直观展现储罐的剩余气量，而燃料转换开关上更设有便捷的供气按钮，专为发动机快速供气而设。

因此，整个系统布局合理，功能全面，操作简便。当燃料选择开关被设定为天然气模式时，电磁阀会立即响应并开启其通路，而与此同时，汽油阀则会自动关闭，确保燃料供给系统的单一性和安全性。随后，存储在储罐中的天然气开始流动，它首先通过总气阀的调控，再经过滤清器的精细过滤，以清除可能存在的杂质，保证燃气的纯净度。之后，天然气进入电磁阀，进一步控制其流量，随后

① 高广颜，杨来武．预混合点燃式 CNG/ 汽油双燃料汽车改装应用 [J]. 中国青年科技，2003（6）：58-59.

流向减压器。在减压器内，天然气经历多级减压过程，直至其压力被调整至适合发动机燃烧的负压状态。减压后的天然气通过动力阀精准控制其进入混合器的时机与量，与此同时，空气滤清器对进入发动机的空气进行净化处理，确保混合气体的清洁与高效。在混合器内，减压后的天然气与净化后的空气充分混合，形成可燃混合气。这一混合气随后被点燃，产生强大的爆发力，这股力量直接作用于发动机的曲轴上，推动其旋转，进而驱动汽车前行，为车辆提供持续而稳定的动力输出。

混合器凭借其智能调节功能，能够根据减压器的设定，灵活响应发动机在不同运行状态下产生的不同真空度变化，自动调节天然气的供气量，确保天然气与空气在混合过程中达到均匀一致，完美契合发动机的动力需求。这一过程中，燃料转换开关扮演着核心角色，它通过精准控制汽油电磁阀和燃气电磁阀的开启与关闭，实现供油与供气之间的无缝切换，为驾驶者提供了便捷的燃料选择功能。

天然气汽车的工作原理，从根本上讲，与传统的汽油或柴油汽车并无二致。其核心在于，天然气在四冲程发动机的气缸内与空气充分混合后，经由火花塞的火花点燃，瞬间产生的高温高压气体推动活塞进行往复运动，进而转化为驱动车辆前进的动力。虽然天然气与汽油或柴油在可燃性和点火温度等物理特性上存在一定差异，但天然气汽车在设计上巧妙地吸收了汽油或柴油汽车的成熟技术，采用了高度相似且行之有效的运行方式，确保了其动力输出的稳定性和可靠性。

## （二）天然气船舶

### 1. 天然气船舶的定义

天然气船舶是指以天然气作为驱动发动机燃料的船舶，而船载天然气的形式通常又为液化天然气（LNG），因此天然气船舶也称为LNG动力船。我国近海、内河航运资源丰富，拥有大、小天然河流5800多条，总长约43万千米，液化天然气的水上应用对减少大气污染、保护水域环境，具有十分深远的现实意义。天然气船舶的推广和实施将促进国家清洁能源政策的落实和环境优化治理。

目前，天然气船舶正受到越来越多的关注，随着大气污染和水污染防治工作的不断深化，我国推广天然气船舶工作有了实质性的进展，试点、示范工作积极推进，相关政策、标准、规范等正陆续出台，并已设定排放控制区。

### 2. 天然气船舶的优势

与将柴油等其他燃料作为发动机燃料的船舶相比，天然气船舶具有以下优势。

①燃料成本低，液化天然气的市场价格远低于普通燃油，使用液化天然气作为燃料可以大大减少运行成本。

②船用天然气发动机与燃油发动机相比，其运行时长明显长得多，因此可以说船用天然气发动机具有较高的保值率，使用寿命更长。

③相较于同等能量功率输出的石油，天然气在环境友好性方面展现出了显著优势。具体而言，其二氧化碳排放量仅为石油排放的71.34%，实现了大幅度的减排。同时，在氮氧化物排放方面，天然气更是减少了高达80%，显著降低了对空气质量的负面影响。

此外，微小颗粒物的排放量也大幅降低，相较于石油减少了92%，进一步提升了排放的清洁度。天然气船舶的环境友好性要远远高于传统燃油动力船舶。

液化天然气作为船用燃料的广泛应用面临的主要障碍在于其所需的庞大且复杂的基础设施投资。这些基础设施涵盖广泛的网络，包括大量的液化天然气加注站、接收站、浮式仓储设施，以及与之紧密相连的输送管线、槽车运输系统等。为了推动液化天然气作为船用燃料大规模使用，构建一个完善且高效的物流链至关重要，然而，这一物流链的建设成本极为高昂，成为供应商面临的首要难题。在液化天然气作为船用燃料尚未实现大规模商业化应用之前，相应的物流链体系难以迅速形成规模。这种物流链的缺失，反过来又成为制约液化天然气船用燃料市场发展的关键因素。除此之外，液化天然气的储存问题也是以天然气作为发动机燃料的另一难题。

# 第三章　天然气开采技术

随着全球经济的持续发展，能源需求不断增长，尤其是清洁、高效的能源需求日益迫切。天然气作为一种重要的清洁能源，在全球能源消费结构中的地位日益凸显。随着环保意识的提高和能源结构的优化，天然气开采技术的发展成为满足能源需求、减少环境污染的重要途径。本章围绕陆上天然气开采技术、海上天然气开采技术、国内外天然气开采技术发展趋势与挑战等内容展开研究。

## 第一节　陆上天然气开采技术

### 一、常规天然气开采

#### （一）概述

常规天然气开采技术，简而言之，是在地质构造相对简单、储层具备较高压力和良好渗透性的区域，通过钻探作业构建井眼，进而实现地下天然气资源直接提升至地面的过程。此技术的核心在于依赖地层内禀的高压力梯度，自然驱动天然气流向井口，随后经井口设施输送至地表。由于较为理想的地质条件，该技术通常具备成本优势及较高的开采效率。但是，常规天然气资源储量终归有限，且随着开采活动的持续，储层内的压力与渗透率会逐渐衰减，这一趋势直接加剧了开采的复杂性与成本负担。

面对这一挑战，对常规天然气开采活动实施科学规划与精细管理变得尤为重要，旨在确保资源开采的可持续性。与此同时，为应对资源枯竭及开采成本上升的问题，积极探索并应用创新技术与策略亦不可或缺，旨在提升开采效率的同时，有效控制开采成本，为天然气行业的长远发展奠定坚实基础。

## （二）开采步骤

1. 地质勘探

地质勘探是一项至关重要且首要的环节，在天然气开采过程中占据着举足轻重的地位。这一阶段的核心任务是对预定目标区域进行全方位、系统的地质调查研究，这包括但不限于地球物理勘探，如地震勘探、重力勘探、磁法勘探等多种勘探方式，以及实际的钻探作业（如钻探井）。通过这些综合性的手段，目的是深入了解和掌握地下地质结构、地层岩性、储层特性等详尽而全面的信息。这些地下数据的收集与分析工作，对于工程师们来说，是确定天然气藏的具体位置、储量规模以及潜在储量等信息的关键。

这些精确的数据和信息，无疑为后续的天然气开采作业提供了坚实的科学保障和理论依据。

2. 钻井工程

钻井工程是天然气开采过程中不可或缺的一个环节，它紧跟在地质勘探之后，承担着将天然气从地下储层带到地面的重任。当地质勘探已经确定了天然气藏的确切位置后，钻井工程师们便依据这些精确的勘探数据，进行深入的研究和分析，从而设计出最佳的井位和井深方案。这一步非常关键，因为合理的井位和井深不仅能提高天然气的开采效率，还能有效避免对周边环境的破坏。

在实际的钻井实施过程中，工程师团队依赖尖端的导航科技，引领钻头精确无误地穿透天然气储层。这一过程不仅高度依赖于详尽且精确的地质信息作为导航蓝图，更要求钻井工程师们具备深厚的专业功底与敏锐的应变能力。面对地下复杂多变的地质构造及可能突发的各种状况，他们需凭借丰富的实战经验，迅速而准确地做出调整策略，确保钻井作业在挑战中稳健前行，最终实现安全、高效的钻井目标。

此外，钻井过程中还存在着诸如井喷、井漏等风险，这些都可能对施工安全带来威胁，甚至可能导致整个钻井作业的失败。因此，钻井工程师必须采取严格的施工控制措施，对钻井过程中的每一个环节进行仔细的监控和控制，确保施工的安全和效率。这不仅需要先进的设备和技术支持，还需要钻井工程师的高度专业素养和责任心。

3. 完井作业

在油气勘探与开发的深入进程中，钻井作业仅仅是开启地下资源探索大门的初步步骤。紧随其后，一系列高度复杂且精密的完井操作接踵而至，这些环节构成了油气开采流程中不可或缺的关键部分。具体而言，完井作业涵盖多个核心步骤，如下套管、固井、射孔等。每一环节均承载着确保油气开采安全、高效进行的重大责任，对整体开采效率与经济效益具有决定性的影响。

首先，下套管是将一根根厚重的钢制套管逐节下入已经钻好的井中。这一步骤的主要目的是保护井壁，防止井壁在油气开采过程中发生塌陷，同时也可以隔离不同地层的流体，防止它们相互干扰。这是一项技术要求极高的任务，需要精确计算套管的长度和数量，确保套管能够紧密贴合井壁。

接下来，固井作业则是通过向套管与井壁之间的环形空间注入水泥浆，使套管与井壁紧密结合，形成坚固的井壁。这个过程可以确保油气在开采过程中能够安全稳定地流动，同时也可以防止地层流体逆向流动，保证开采的安全性。

最后，射孔作业则是利用射孔枪在套管和地层之间打出小孔。这些小孔可以使地层中的天然气顺利流入井内，是油气顺利开采的关键。射孔作业需要精确控制射孔的位置和深度，以确保天然气能够高效地被采集。

总的来说，这些完井作业是油气钻探和开采过程中不可或缺的一部分，它们为后续的开采工作提供了安全可靠的通道，保证了油气的高效和安全开采。

4. 采气作业

在完成了完井作业之后，采气作业阶段就紧接着开始了。采气作业的核心目的是通过自喷或者抽气等不同的方式，把地下的天然气有效地采集到地面上来。其中，自喷方式是依靠地层自身所具有的压力，让天然气自然地喷射出来；而抽气方式则是运用抽油泵等机械设备，将天然气从地下抽取到地面。采集来的天然气还必须经历一系列的处理过程，如脱水、脱硫、除杂等，目的是去除天然气中的水分、硫化物以及其他各种杂质，确保其品质能够满足用户的需要。经过处理之后的天然气，会通过管道或者船舶等运输方式，被输送到用户手中。在采气作业的过程中，还需要不断地监测地层的压力、流量等关键参数，以确保采气过程的稳定性以及安全性，避免出现风险和意外。

## （三）技术特点

1. 适用于地质条件简单的区域

在地质构造相对简单的地域，如广袤的平原或起伏的丘陵地带，地下岩层展现出良好的连续性，为钻井作业铺设了顺畅的道路，显著降低了设备故障及人为操作失误的风险。这些区域的地质特征往往表现为地下结构明晰、断层与裂缝稀少，以及岩石层的稳定性高，这些优势条件共同有效减少了开采过程中可能遭遇的技术障碍，促进了开采效率的提高。

因此，在选择适宜的开采技术时，针对这类地质条件简单的区域，可以优先考量那些能够充分发挥其优势、进一步降低开采难度与成本的技术方案。

2. 开采成本相对较低，技术成熟

针对地质条件相对简单的区域，所采用的天然气开采技术往往历经了岁月的洗礼与实践的锤炼，构建起了一套成熟完备的技术体系。这种成熟性不仅体现在技术本身的完善与稳定，更在于它能够精确地把控开采过程中的各项成本，有效遏制不必要的资源消耗与浪费。同时，由于这些技术的广泛普及，市场上相关设备与专业人才供应充足，进一步降低了企业在开采初期的投入成本及后续运营中的维护费用。

另外，在当前天然气市场竞争白热化的背景下，成本控制已成为企业生存与发展的核心要素之一。选择那些成本效益高、技术成熟度好的开采技术，不仅能够显著提升企业的市场竞争力，还能在长期发展中为其奠定坚实的经济基础。所以，对于天然气开采企业而言，采取这样的战略决策无疑具有深远的意义，是其在激烈的市场竞争中保持领先优势的关键所在。

3. 供应稳定，是天然气市场的主要供应来源

采用专为地质条件简单区域设计的天然气开采技术的项目，往往能够享受较长的开采寿命周期与稳定的产量输出，这一特性极大地增强了天然气供应的连续性与可靠性，有力满足了市场日益增长且持续的能源需求。在全球能源结构向低碳、环保转型的大潮中，天然气作为清洁高效的能源形式，其重要性日益凸显，市场份额持续扩大。

这些先进的开采技术不仅为天然气市场构筑了坚实可靠的供应基石，促进了市场的繁荣与发展，还通过稳定供应有效缓解了市场波动，为消费者带来了更为平稳的天然气价格环境。在环保政策与能源转型的双重驱动下，这些技术的广泛应用无疑为天然气行业的可持续发展注入了强劲动力。

## 二、非常规天然气开采

### （一）概述

非常规天然气开采，作为一种新兴且日益受到重视的能源开发方式，主要是指在地质条件较为特殊、复杂，以及渗透率相对较低的地区，通过一系列创新且高度专业化的技术手段来开采天然气资源。这类天然气资源通常不同于传统意义上的天然气田，它们往往隐藏在更为坚硬、难以渗透的岩层中，需要采用特定的技术来有效地提取和利用。

在非常规天然气资源的开采版图中，页岩气与煤层气构成了两大核心板块。页岩气，这一深藏于页岩层中的天然气宝藏，以其庞大的储量规模和诱人的开发潜力，近年来在全球范围内引发了广泛的关注与探索。其作为清洁能源的重要一员，正逐步成为全球能源供应结构中的关键组成部分。煤层气，顾名思义，是蕴藏于煤层之中的天然气资源。其开采活动不仅是对煤炭资源深度利用的一次革新，更是对环境保护作出的积极贡献。通过有效开采煤层气，能够在煤炭开采过程中显著减少瓦斯排放，从而减轻对大气环境的污染，促进绿色矿业的发展。因此，煤层气的开采不仅具有经济价值，更承载着重要的环保使命。

非常规天然气开采技术的迅猛发展，不仅极大地拓宽了全球天然气资源的供应渠道，还深刻促进了能源结构的优化调整与可持续发展路径的探索。随着科技的不断革新与成本的有效控制，这一领域正日益成为能源行业的焦点与未来趋势。通过持续的技术创新与成本削减，非常规天然气开采正逐步展现出其巨大的市场潜力与经济价值，为全球能源转型与绿色发展贡献着不可或缺的力量。

## （二）开采技术

1. 页岩气开采技术

水平井技术是一种先进的钻井技术，它的核心原理是通过开展水平钻井作业，以此来极大地扩大钻井与页岩层之间的接触面积。通过这种方式，不仅可以更高效地采集天然气资源，同时也能显著提升资源的开采效率，进而实现资源的高效利用。这一技术的关键在于，通过水平井的钻探，使得钻井能够更深入地穿透页岩层，从而增加了与天然气储层的接触面积，提高了天然气的采集效率。同时，水平井技术还能减少对环境的破坏，因为它可以减少钻井的数量，从而降低对土地和生态环境的影响。总的来说，水平井技术是一种能够提高天然气采集效率，同时也能保护环境的高新技术，具有广泛的应用前景。

多段压裂技术，是一种利用高压水力或气体压裂手段的技术，它的主要作用是对页岩层中的微小裂缝进行打开。这项技术的实施，需要通过高压水力或气体压裂手段，对页岩层进行深入的加工，以便能够打开那些微小的裂缝。一旦这些微裂缝被成功打开，天然气的流动就会变得更加顺畅，这样可以大大提高天然气的开采效率。这种技术的主要优势在于，它能够在不破坏页岩层整体结构的前提下，有效地提高天然气的开采效率。这对于我国来说，不仅能够提高天然气的开采效率，还能减少对传统能源的依赖，有利于我国能源结构的调整和优化。

为了显著提升页岩气的开采效率，可以采纳并实施一系列具有针对性的增产策略。这些策略的主要目标是调整和优化地下压力环境以及改善流体的物理性质，进而通过对天然气的深入开采，实现产量的显著增加。具体的增产措施包括但不限于向地下注入气体或水等介质，通过这种方式可以有效地改变地下的压力状态，促进天然气从岩石中释放出来。

此外，注气技术如二氧化碳注入和氮气注入等，也被广泛应用于提高页岩气的采收率，这些方法通过增加地下气体总量和改善岩石孔隙中的流体饱和度，从而提高生产效率。同时，注水也是一种常用的增产手段，通过增加地下水压来推动天然气向生产井移动，提高产量。这些措施的实施，需要基于对地质条件的深入研究和分析，以及精确的工程操作，以确保安全、高效地增加页岩气的产量。

2. 煤层气的开采技术

煤层气的开采技术主要是基于地面钻井或者井下钻孔的方式，来实现对存在于煤层中的气体的有效抽离。在这个过程中，需要运用一系列专业的技术手段，以确保煤层气能够被高效、安全地开采出来。这些技术手段包括但不限于：煤层气的勘探技术、煤层气的钻井技术、煤层气的完井技术、煤层气的开采技术以及煤层气的监测技术等。通过这些专业的技术手段，可以确保煤层气的高效开采，同时也可以确保开采过程的安全性，减少事故的发生。

煤炭开采过程中，采用了多种先进的技术来提高生产效率和保障安全。其中，排水降压法是一项非常重要的技术。这种技术的核心原理是，通过精确和有效地移除煤层中的水分，有效地减轻煤层的整体压力。一旦煤层中的水分被排出，煤层本身的稳定性 就会增强，从而降低了煤层在开采过程中发生意外的风险。

此外，水分的减少也意味着煤层中的气体能够更自由地流动，这不仅有助于提高煤层气的开采效率，而且还可以降低煤层气开采过程中的能耗，进一步提高生产效益。总的来说，排水降压法不仅提高了煤层气的开采效率，也为煤矿生产提供了更加安全和稳定的环境。

还在广泛应用的另一种技术，就是注气增产法。该方法的核心原理是向煤层中注入氮气、二氧化碳等气体，以此来增加煤层气的采收率。通过这种技术的应用，不仅能够显著提升煤层气的产量，同时还能有效地提高开采过程的安全性。这一技术在实际应用中，通过向煤层注入特定的气体，可以有效地改善煤层气的流动性能，从而提高其采收率。同时，这种方法还可以降低煤层中的压力，从而减少煤层气泄漏的可能性，提高开采的安全性。总的来说，注气增产法是一种能够提高煤层气产量和开采安全性的有效技术。

## （三）技术特点

本技术特别适用于那些地质条件极为复杂的区域。在这些区域，常规的开采技术往往难以适应复杂的地质环境，而非常规的天然气开采技术则可以轻松应对。无论是断层纵横、岩层变幻莫测，还是地下水系错综复杂，非常规的天然气开采技术都能做到游刃有余。通过对地质条件的深入研究和精准把握，非常规的天然气开采技术能在这些看似不可能的区域实现高效的开采。

开采难度较大，对技术要求高。开采区域地质条件的复杂性，导致开采难度较大。这就要求具备高超的技术水平。从地质勘探、矿井设计，到矿石提取、废弃物处理，每一个环节都需要精准把握，精细操作，以确保开采的顺利进行。同时，这也对非常规的天然气开采技术研发提出了更高的要求，必须不断创新，提升技术水平，以应对日益复杂的开采环境。

资源储量丰富，具有巨大的开发潜力。所面对的开采区域，资源储量极为丰富，具有极大的开发潜力。这意味着，只要能够克服技术难题，就能够实现对这些资源的充分利用，为社会经济发展提供强大的动力。而且，随着技术的不断提升，有望进一步挖掘这些资源的潜力，使其发挥出更大的价值。

对环境和技术安全要求较高，需采取严格的环保和安全措施。在开采过程中，环保和安全极其重要，因此必须采取严格的环保和安全措施。无论是废气、废水、废渣的处理，还是矿井的通风、防火、防爆，都必须做到严格把关，确保不对环境造成污染，确保开采过程中的安全。同时，还必须对从业人员进行严格的安全培训，提高他们的安全意识和操作技能，以降低事故发生的概率。

总体而言，我国在陆上天然气的开采领域已经形成了较为完善的分类技术体系，这两大类技术是常规天然气开采技术和非常规天然气的开采技术。在常规天然气的开采技术方面，我国已经达到了相对成熟的水平，这一类技术以成本效益高、供应稳定为特点，为我国天然气市场提供了坚实的基础。这种技术的成熟性表现在其能够以较低的成本获取天然气资源，并且在供应方面具有较高的可靠性，从而在市场竞争中占据了有利地位。

然而，非常规天然气的开采则是一个技术挑战较大的领域，其开采难度相对较大，成本也相对较高。这种高成本和技术难度主要是由非常规天然气资源本身的特性所决定的，如资源储量的巨大和开发潜力的深厚。这些资源的开发需要更为复杂和精细的技术手段，因此在成本和技术上存在较大的挑战。

展望未来，随着科技的不断进步和环境保护意识的不断增强，我国天然气开采技术的发展趋势将更加注重环境保护、生产安全和效率提升。这意味着，天然气开采行业将面临创新的压力和机遇，需要不断探索和研究新的开采技术，以实现更加环保、安全和高效的开采方式。这不仅是市场需求的驱动，也是响应环保政策的需要，更是实现可持续发展的必然选择。因此，我国天然气开采技术的未来发展，必将走向一条技术创新和环境保护并重的道路，以期达到创造经济效益和承担社会责任的双重目标。

## 第二节　海上天然气开采技术

### 一、深海天然气开采

在海洋资源的开发利用中，深海天然气开采技术占据着重要的地位。深海天然气资源具有储量大、分布广、压力高、温度高等特点，因此，深海天然气开采技术具有较高的难度和挑战性。为了有效开发深海天然气资源，我国科研团队不断探索创新，形成了一系列具有自主知识产权的深海天然气开采技术。

#### （一）深海天然气勘探技术

在海洋深处，隐藏着丰富的天然气资源，这些资源的开发利用对于缓解全球能源危机、优化能源结构具有重要意义。深海天然气勘探技术，正是探索这些深海宝藏的利器。该技术主要通过高精度地球物理勘探和地质评价技术等手段，对深海天然气资源进行系统调查、评估和预测。这不仅包括对已知天然气藏的深入研究，还包括对新地区的探索和潜在资源的发现。

在这一过程中，先进的三维地震技术发挥着至关重要的作用。通过这项技术，能够更加精确地描绘出深海天然气储层的结构和分布特征，从而大大提高资源预测的精度。这对于深海天然气的开发具有重要意义，因为它为开发者提供了关于储层性质的详细信息，有助于制订更为科学、合理的开发方案。

此外，深海天然气勘探技术的发展，还有助于降低勘探风险。在深海环境中，地质条件复杂，探险难度大，风险也相对较高。而通过应用高精度的地球物理勘探技术和地质评价技术，可以更为准确地判断出有价值的目标区域，从而减少无效勘探，降低投资风险。

总的来说，深海天然气勘探技术的发展，不仅有助于提高深海天然气的开采效率，降低开发成本，也为深海天然气勘探和开发提供了更加精确和可靠的技术支持。这无疑将推动我国深海天然气资源的开发利用，为我国的能源安全和经济发展做出更大的贡献。

### （二）深海天然气钻井技术

为了应对深海复杂地层条件所带来的挑战，我国科研团队致力于研发了一系列适用于深海的钻井工具、钻井液体系以及钻井工程设计方法。这些创新技术的应用，使得深海天然气钻井作业更加高效、安全、准确。

在钻井工具方面，我国科研团队通过深入研究，成功研发了适用于深海的钻井工具。这些钻井工具具有高强度、高耐磨、抗冲击等特点，能够在深海恶劣环境下保持稳定性能，提高钻井作业效率。同时，钻井工具的设计还考虑了节能减排，以降低深海钻井对环境的影响。

在钻井液体系方面，我国科研团队针对深海地层特点，研发了一种具有优异抑制性能、防塌性能和携岩性能的钻井液。这种钻井液能够有效应对深海地层压力变化，保证钻井作业的安全性。此外，钻井液还具有较好的生物降解性能，减少对海洋生态环境的影响。

在钻井工程设计方法方面，我国科研团队采用高精度导向技术，实现了深海天然气钻井的高效、安全、准确。通过精确计算和分析深海地层参数，为钻井作业提供科学依据。同时，结合实时监测技术，对钻井过程中的各项参数进行实时监控，确保钻井作业的顺利进行。

综上所述，我国在深海天然气钻井技术方面取得了显著的成果。通过不断研发创新，我国深海天然气钻井技术已达到国际先进水平，为我国深海资源开发提供了有力保障。

### （三）深海天然气开采技术

深海天然气开采技术是一项涵盖了水下天然气生产、天然气处理与输送、海底设施的防腐与维修等多个方面的综合技术。在这个领域中，需要充分考虑深海高压、高温、高腐蚀等极端环境因素，并采取相应的措施来确保开采系统的稳定运行。

水下天然气生产技术是深海天然气开采技术的重要组成部分。由于深海环境的特殊性，需要研发出能够在高压、高温、高腐蚀等极端条件下正常工作的生产设备。此外，由于深海中的天然气往往伴随着大量的海水，因此如何有效地将天然气与海水分离，提高天然气的纯度，也是需要解决的关键问题。

天然气处理与输送技术也是深海天然气开采技术的重要组成部分。在深海环境中，天然气中的水分、硫化氢等有害物质需要被有效去除，以保证天然气的质量。同时，由于深海环境的高压、高温等特点，需要研发出能够适应这些条件的天然气输送管道和设备。

海底设施的防腐与维修技术也是深海天然气开采技术的关键。在深海环境中，海底设施面临着极高的腐蚀风险，因此需要采取有效的防腐措施，以延长海底设施的使用寿命。同时，由于深海环境的特殊性，海底设施的维修也面临着极大的挑战，因此需要研发出适合深海环境的维修技术。

总的来说，深海天然气开采技术是一项极具挑战性的技术，但同时也是一项具有巨大潜力的技术。只有通过不断的研究和实践，才能克服深海环境带来的种种困难，实现深海天然气的有效开发和利用。

### （四）深海天然气环境保护技术

在深海天然气的开采过程中，必须不折不扣地遵循国家的环保法规，并采取一系列有效的措施，以此来最大限度地减少对海洋生态环境的影响和破坏。这不仅是承担环保责任的体现，也是对人类赖以生存的地球环境的尊重和保护。为此，需要从以下几个方面入手。

1. 采用绿色钻井液

在钻探作业中，优选采用绿色钻井液，相较于传统钻井液，这种创新材料在环境保护方面展现出显著优势，能大幅减轻给海洋生态环境带来的负担与破坏。同时，应高度重视钻井废弃物的处理与排放问题，因为未经妥善处理的废弃物将对海洋生态系统造成难以估量的损害。

为此，要致力于实施严格的废弃物管理策略，力求最小化排放，并借助先进的科技手段对产生的废弃物进行高效、环保的处理，从而将钻井作业对海洋环境的影响降至最低，确保钻探活动与自然环境的和谐共存。

2. 加强海底沉积物的保护

海底沉积物是构成海洋生态环境的重要因素，在海洋生态系统中扮演着不可或缺的角色。其保护工作的实施，对于保持海洋生态平衡，促进海洋资源的可持续利用具有极其重要的意义。

因此，必须采取科学有效的措施，对海底沉积物进行严格保护，特别是在海洋天然气资源的开采过程中，要特别注意避免对海底沉积物造成破坏。要通过加强海底沉积物保护的科研工作，不断提高保护能力，为我国海洋资源的可持续开发和海洋环境的保护做出积极的贡献。同时，还需要加强公众的海洋环保意识，让更多的人了解和关注海底沉积物的保护，共同为维护我国海洋生态环境的和谐与稳定而努力。

总的来说，深海天然气环境保护技术的应用，是对海洋生态环境负责的体现。

只有通过采取有效的措施，才能在实现深海天然气资源开发的同时，保护好赖以生存的海洋生态环境。这是每一个人的责任，也是共同的目标。

## 二、海底天然气开采

海底天然气资源具有独特的开发特点，如海底地形复杂、海底沉积物稳定性差、天然气水合物易形成等。为了高效、安全地开发海底天然气资源，我国科研团队在海底天然气开采技术方面取得了重要突破。

### （一）海底天然气勘探与评价技术

在深海资源开发的领域中，海底天然气勘探与评价技术显得尤为关键。为了确保对海洋底部天然气资源的精准把握，我国科研团队采用了一系列高精度、前沿的地球物理勘探技术和地质评价方法。

1. 高精度的地球物理勘探技术

高精度的地球物理勘探技术是挖掘海底天然气资源的关键手段。通过使用尖端仪器和设备，能够深入探究海洋底部的地质结构和岩石属性，从而对潜在的天然气资源进行初步评估。这些技术包括重力勘探、磁力勘探、电磁勘探等，它们提供了大量的地质信息，助力绘制出海底地形的详细蓝图。这些地球物理勘探技术在海洋资源开发和地质研究方面发挥着至关重要的作用。通过对海底天然气资源的精确探测，可以为国家的能源供应和经济发展做出贡献。同时，这些技术也有助于更好地了解地球的构造和演变过程。

2. 精准的地质评价方法

精准的地质评价方法对于全面评估海底天然气资源的状况具有至关重要的作用。该方法主要依赖于在收集到地球物理勘探数据的基础上，运用专业的地质分析软件以及一系列科学的方法，对海底地质结构进行细致且深入的研究和解读，从而对天然气的储量和品质做出科学的评估。

这一过程包括但不限于对海底岩石的种类、储层的厚度、孔隙度、渗透率等至关重要的地质参数进行详尽的分析。这些地质参数对于准确评估天然气资源的状况和潜力具有决定性的影响。通过这种精确的地质评价方法，可以确保对海底天然气资源的评估结果具有高度的准确性和可靠性，从而为我国的海底天然气资源开发和利用提供有力的技术支持。

3. 三维地震技术

三维地震技术是一种先进的技术，它在提高对海底天然气储层的预测准确度方面发挥着重要作用。这项技术利用了一系列复杂的算法和处理流程，能够对地震数据进行深入分析和解读，从而获取更加详细和准确的地质结构信息。这些信息包括储层的形态、分布、厚度等关键参数，对于制订科学合理的开发计划至关重要。

三维地震技术能够提供高分辨率的地下图像，使人们能够更加清晰地了解海底天然气储层的详细情况。通过这项技术，可以准确地识别储层的边界，评估储层的规模和潜力，以及分析储层的物性特征。这些信息对于勘探团队来说是非常宝贵的，可以帮助他们确定最有潜力的勘探目标，并制定相应的开发策略。

三维地震技术还能够帮助人们更好地理解天然气储层的动态特性。通过监测储层的变化，可以评估储层的开采效果，及时调整开发方案，并优化生产策略。这对于实现高效、可持续的天然气开发具有重要意义。

三维地震技术为海底天然气储层的勘探和开发提供了有力的技术支持。通过获取详细准确的地质结构信息，可以更好地理解储层的特性，提高预测准确度，为制订科学合理的开发计划提供重要依据。这项技术的应用不仅有助于提高天然气资源的开发效率，也有助于减少勘探和开发的风险，为我国天然气产业的发展提供强大的技术支撑。

综上所述，海底天然气勘探与评价技术是一个复杂而精细的过程，需要综合运用多种技术手段。通过采用高精度的地球物理勘探技术和精准的地质评价方法，能够有效地发现并详细评估海洋底部的天然气资源，为海底天然气的开发提供可靠的地层信息，确保开发计划的科学性和实用性。

## （二）海底天然气钻井与完井技术

### 1. 海底钻井工具的创新

面对海底复杂地层的挑战，我国的科研人员和技术团队不懈努力，开发了一系列专为海底环境量身定制的钻井工具。这些工具包括能够承受高压、高温和高盐度条件的钻头和钻杆，它们具备出色的耐磨性和耐腐蚀性，能够精准地钻进海底地层，从而提高钻井效率。这些创新工具不仅能够应对复杂多变的海洋环境，还能够提高钻井速度和安全性，为我国海底资源的开发提供了强有力的技术支持。

### 2. 钻井液体系的研究与应用

钻井液体系在海底钻井中扮演着至关重要的角色，它的作用不可或缺。为了适应海底地层的复杂性和特殊性，我国科研团队研发了具有优良稳定性、抗污染性和润滑性的钻井液。这些钻井液能够有效地携带岩屑、冷却钻头，维持井壁稳定，为钻井作业提供必要的保障，使得钻井作业能够顺利进行。

3. 钻井工程设计的优化

在进行海底钻井工程设计时，必须将地层的复杂性和不确定性作为首要考虑因素。为了应对这些挑战，我国科研人员和技术团队投入了大量的时间和资源，研究和开发了先进的数值模拟和仿真技术。这些技术能够模拟地层的复杂性和不确定性，从而能够更好地预测钻井过程中可能出现的问题，并提前采取措施进行解决。通过这种方式，能够确保钻井作业的安全性和高效性，同时降低成本，提高经济效益。

此外，对钻井过程进行了全面的优化。通过精确的预测和优化，制订了最佳的钻井方案，从而提高了钻井作业的效率。对钻井设备进行了优化，使其能够更好地适应海底钻井的特殊环境。对钻井作业的人员进行了专业的培训，以确保他们能够熟练地操作钻井设备，并能够在紧急情况下迅速采取措施进行处理。

总的来说，海底钻井工程设计的优化是一个复杂而烦琐的过程，需要投入大量的时间和资源。但是，通过采用先进的数值模拟和仿真技术，并对钻井过程进行全面的优化，能够确保钻井作业的安全性和高效性，同时降低成本，提高经济效益。

4. 高精度导向技术的引入

在进行海底钻井作业时，安全始终是首要考虑的问题。为了保障钻井作业的安全性，引入了高精度导向技术。这项技术主要通过使用高级导航系统和传感器设备来实现对钻井作业状态和参数的实时监测，从而确保精确控制钻井方向。引入高精度导向技术之后，即使在复杂的海洋环境中，也能精确地控制钻井方向，有效避免意外事故的发生。此外，该技术的应用还能大大提高钻井效率，实现安全与效率的双重提升。

总的来说，海底天然气钻井与完井技术的深入研究和创新，为我国海底天然气的开发提供了有力的技术支持。这些技术的不断发展和完善，将进一步提高海底天然气钻井作业的效率和安全性，推动我国海洋能源事业的发展。

## （三）海底天然气生产与输送技术

1. 海底天然气勘探与开采的重要性

海底天然气资源的开发与利用对现代能源工业至关重要。海底天然气的勘探与开采是一个复杂而烦琐的过程，需要对海底地质结构有深入的了解和认识。这需要地质学家进行详细的地质调查和研究，以确定可能的天然气藏位置。同时，开采海底天然气需要使用先进的钻井和完井技术，以确保天然气能够有效地被提取出来。这些技术要求高度的专业知识和技能，以确保开采过程的安全和效率。

此外，海底天然气的勘探与开采还需要考虑环境保护和可持续性。由于海洋生态系统对环境变化非常敏感，因此需要在开采过程中采取措施以减少对环境的影响。这包括对海底生态系统的保护和恢复，以及对海洋环境的监测和评估。因此，海底天然气的勘探与开采不仅对能源供应具有重要意义，也涉及环境保护和可持续性发展的问题。

2. 海底天然气处理与输送的挑战

海底极端的环境条件，如高压力、高温度、强腐蚀性，对天然气的处理和输送提出了极为严苛的要求。为了应对这些挑战，必须研发和应用能在这些极端条件下稳定运行的设备和技术，这是保障天然气处理和输送效率的核心。这不仅需要在材料科学、机械设计、工程技术等领域进行深入研究，还需要在自动化控制、智能监测、故障诊断等方面取得重要突破。

3. 海底设施的防腐与维修技术

针对海底设施所面临的严重腐蚀问题，必须采取一系列高效的防腐措施，如应用高性能的防腐涂层技术、实施阴极保护技术等，以最大限度地延长海底设施的使用寿命。与此同时，为了确保海底天然气的生产与输送过程的稳定性和可靠性，定期对海底设施进行细致的维修和检查是极其重要的。

通过对海底设施进行全面而深入的防腐和维修，能够在很大程度上降低设施出现故障的风险，提升其运行效率。这不仅保障了我国海底天然气资源的开发和利用，也为我国海洋事业的可持续发展提供了强有力的支撑。同时，这一做法还体现了对海洋环境保护的责任和担当，为国家的海洋事业的健康发展奠定了坚实的基础。

4. 海底天然气生产与输送技术发展的综合考虑

海底天然气生产与输送技术是一项复杂的系统工程，它涉及众多的环境因素和挑战，需要在考虑这些极端环境因素的基础上，进行全面的分析和研究。需要综合运用多学科的知识和技能，包括物理学、化学、生物学、工程学等，以开发和应用最先进的技术。

在这个过程中，必须注重环境保护和资源的可持续利用，以确保海底天然气与输送技术不仅能够有效地生产和输送天然气，同时也能保护宝贵的海洋环境，维护生态平衡。这是对自然资源的一种负责任的态度，也是对后代的一种责任。

海底天然气技术发展还应该着眼于为我国的能源安全做出贡献。随着我国经济的快速发展，能源需求也在不断增加，因此，确保能源供应是至关重要的。通过开发和应用先进的海底天然气生产与输送技术，可以有效地增加我国的能源供应，确保我国的能源安全。

目标是在保护环境和实现可持续发展的同时，通过技术进步，提高我国的海底天然气生产与输送能力，满足我国的能源需求，推动我国能源事业的发展。

总的来说，海底天然气生产与输送技术是一个系统工程，它要求在充分考虑海底高压、高温、高腐蚀等极端环境因素的基础上，综合运用多学科知识，开发和应用先进的技术，确保开采系统的稳定运行，同时也要注重环境保护和资源的可持续利用，为我国能源安全做出贡献。

## （四）海底天然气开采中的环境保护技术

1. 海底天然气环境保护技术的重要性

我国辽阔的海域之下，蕴藏着丰饶的海底天然气资源，这些资源对于支撑我国日益庞大的能源需求、稳固国家能源安全基石具有无可替代的战略价值。但是，在追求能源开发的同时，必须清醒地认识到海底天然气开采活动对海洋生态环境可能造成的深远影响，这一议题不容忽视。

为此，加强海底天然气开采过程中的环境保护技术研究与应用，成为确保资源可持续开发的关键路径。必须严格遵守国家环保法规，将环保理念深植于开采作业的每一个环节，通过实施一系列科学有效的措施，最大限度地减少对海洋生态环境的扰动与破坏。这不仅是积极响应国家环保政策、践行绿色发展理念的体现，更是我们作为时代责任人，对自然环境、对未来世代的庄严承诺与负责态度。

海底天然气开采中的环境保护技术的重要性体现在以下几个方面：首先，海底天然气开采过程中可能产生的泄漏、溢油等事故，对海洋生物资源和海洋生态环境造成严重破坏，影响渔业、旅游业等相关产业的可持续发展。其次，海底天然气开采产生的废弃物、废水等污染物，如果处理不当，可能导致海洋污染，影响海洋生态环境平衡。再次，海底天然气开采过程中产生的噪声、振动等干扰，可能对海洋生物的生存和繁殖产生负面影响。因此，研发和应用先进的环保技术，有助于降低海底天然气开采过程中对海洋生态环境的影响，实现能源开发与环境保护的和谐共生。

为了更好地进行海底天然气资源开采过程中的环境保护，需要从以下几个方面着手：一是加强海底天然气环境保护技术的科研投入，推动技术创新，不断提高开采过程中的环保水平。二是完善相关法规制度，确保海底天然气开发企业在开采过程中严格遵守环保法规，切实履行环保责任。三是加大监管力度，建立健全海底天然气开采环境监测体系，对开采过程中的环境污染及时发现、处理和修复。四是加强国际合作与交流，学习借鉴发达国家在海底天然气开采中环境保护方面的先进经验和技术，不断提升我国海底天然气开采中环境保护水平。五是加强环保宣传教育，提高全社会的环保意识，形成共同参与、共同保护的良好氛围。

2. 海底天然气开采中的环境保护技术的应用

（1）绿色钻井液的应用

环保型钻井液因其对环境的较小影响而受到广泛关注和喜爱。在石油钻探过程中，绿色钻井液的应用可以有效地减少对海洋生态系统的干扰和破坏，保护海洋生物的生存环境，维护生态平衡。

此外，绿色钻井液的广泛使用不仅可以降低石油钻探过程中对环境的污染，还可以提高资源利用效率，减少废弃物排放，从而实现石油钻探的绿色化、环保化。

绿色钻井液的广泛应用对于我国石油工业的可持续发展具有重要意义。它有助于提高我国石油工业的国际竞争力，推动我国石油工业向绿色、环保、高效的方向发展。同时，绿色钻井液的应用也有利于促进我国海洋石油勘探技术的创新和发展，提高我国海洋石油勘探的效率和环保水平。

因此，应该大力推广应用绿色钻井液，加强绿色钻井液的研发和生产，提高绿色钻井液的技术水平和性能，以满足我国石油工业和海洋石油勘探的需求。同时，还应该加强绿色钻井液的推广和宣传，提高人们对绿色钻井液的认识和了解，使其在石油钻探领域得到更广泛的应用。

（2）钻井废弃物排放的控制

为了保护宝贵的海洋生态环境，需要对钻井过程中产生的废弃物进行严格控制。在钻井作业中，会产生大量的废弃物，如泥浆、岩屑等，这些废弃物如果直接排放到海洋中，将对海洋生态环境造成严重污染。因此，必须采取有效措施，对钻井废弃物的排放进行严格控制。

首先要制定严格的钻井废弃物排放标准，确保所有的废弃物排放都符合相关法规和标准。同时，还要通过技术手段对废弃物进行处理，如对泥浆进行化学处理，对岩屑进行固化等，以减少废弃物对海洋环境的污染。

其次要加强对钻井废弃物排放的监管，确保所有的钻井作业都能按照相关要求进行废弃物处理和排放。对于违反规定的行为，要严肃处理，以起到警示作用。

最后积极开展钻井废弃物处理和利用的技术研究，探索更加环保、高效的处理方法，以降低钻井废弃物对环境的影响。

总的来说，要通过制定标准、加强监管和技术研究等多方面的努力，实现钻井废弃物排放的有效控制，保护海洋环境。

（3）海底沉积物保护

应该高度重视海底沉积物的保护，因为沉积物是海洋生态环境的重要组成部分。合理管理和保护海底沉积物，不仅能够维护海洋生物的栖息环境，还能够维持整个海洋生态系统的平衡。

海底沉积物是海洋生物的重要栖息地，许多海洋生物都在这里找到了适合自己生存和繁衍的环境。然而，由于人类活动的干扰，海底沉积物的生态环境正在遭受破坏。例如，过度开采海底资源、随意排放污染物等行为都会对沉积物造成破坏，影响海洋生物的生存。

海底沉积物还具有重要的生态功能。海底沉积物可以吸收和降解有机物质和有害物质，净化海水。同时，海底沉积物中的有机物质还可以作为海洋生物的食物来源，维持海洋生态系统的能量流动。

需要采取有效措施，保护海底沉积物。这包括加强海底资源的监管，防止过度开采；加大对污染物的排放管控，减少对沉积物的破坏；开展海底沉积物的科学研究，提高对沉积物保护的认识和能力。

只有这样才能保护好海底沉积物，维护海洋生物的栖息地和海洋生态的平衡，为人类和海洋生物提供一个健康的生存环境。

（4）实现环境保护与资源开采的双赢

通过执行严格的环境保护措施，能够实现海底天然气资源的有效开采，同时确保海洋生态环境得到充分保护，从而达成环境保护与资源开采的双赢局面。这种做法不仅有助于推动能源开采活动的持续发展，而且还有利于促进我国能源结构的优化升级，为实现经济社会的可持续发展奠定坚实基础。在这个过程中，需要科技创新和政策引导双管齐下，确保在享受海洋资源带来的经济效益的同时，最大限度地减少对海洋环境的破坏。通过这种方式，有望在确保能源安全的同时，守护好美丽的海洋家园，让子孙后代能够继续享有清洁的海洋环境和丰富的海洋资源。

3. 我国海底天然气开采保护技术的进步与展望

总体来说，我国在海底天然气开采保护技术方面已经取得了显著的成就。不仅成功地开发出了适用于深海环境的天然气开采保护技术，还实现了对海底天然气资源的高效、安全和环保的开采。这些成果不仅提高了我国海洋资源的开发利用效率，也为全球海洋资源的开发利用提供了宝贵的经验和技术支持[①]。

① 温海明. 海洋资源开发利用与环境可持续发展问题研究 [J]. 绿色科技，2012（10）：116-119.

展望未来，我国将继续加大科研力度，推动海上天然气开采保护技术的进步。将继续探索深海天然气资源的开发利用新技术，提高天然气开采效率，降低开采成本，同时注重环境保护，减少对海洋环境的负面影响。还将积极开展国际合作，分享我国在海底天然气开采保护技术方面的成果和经验，为全球海洋资源的开发利用做出更大的贡献。相信通过不懈努力，我国海底天然气开采保护技术将取得更大的突破，为我国和全球的能源安全、经济发展和环境保护做出更大的贡献。

## 第三节 国内外天然气开采技术发展趋势与挑战

在全球能源结构持续转型与环境保护意识普遍增强的背景下，天然气以其清洁、高效的特性，成为国内外能源领域研究的焦点。然而，天然气开采技术的发展并非一帆风顺，尤其是在深海、高温高压等极端复杂环境下的作业，更是对技术创新能力提出了前所未有的挑战。

### 一、国内外天然气开采技术发展趋势

#### （一）深海天然气开采技术

随着海洋资源探索与利用的不断深化，深海天然气资源的开采已跃升为一项至关重要的战略任务。鉴于深海环境的极端复杂性和挑战性，这一任务对开采技术的精度与适应性提出了前所未有的高标准。展望未来，深海天然气开采技术将步入一个更加智能化、高度自动化且环保友好的新时代。其中，引入深海机器人进行作业成为关键一环，它们将显著提升开采作业的效率与精确度，同时最大限度地减少人类活动对脆弱海洋生态环境的影响，推动深海资源开采向更加可持续的方向发展。

#### （二）水平井开采技术

水平井开采技术已成为显著提升天然气开采效率与采收率的核心策略。展望未来，该技术的演进将更加注重与智能化、信息化技术的深度融合，旨在通过精准化开采与实时监测系统的构建，进一步优化开采流程，提高作业效率，并同时强化生产作业的安全性。

#### （三）新型完井技术

完井技术作为天然气开采流程中的枢纽，其重要性不言而喻。展望未来，随

着科技的不断进步，一系列创新型的完井技术，如智能完井技术与多层完井技术等，将如雨后春笋般涌现。这些新兴技术不仅有望显著提升完井作业的效率与采收率，更将致力于降低整体开采成本，为天然气开采行业带来前所未有的变革与效益提升。

### （四）环保开采技术

环保开采技术正逐步确立为未来天然气采掘领域的核心发展趋势。展望未来，这一领域将愈发聚焦于环境保护与生态修复，具体措施涵盖采用环境友好型钻井液、研发并应用创新型环保材料，以及确保开采过程中产生的废弃物能够得到有效且无害化的处理，最大限度地减轻天然气开采活动对自然环境的负面影响，推动行业向更加绿色、可持续的方向迈进。

## 二、天然气开采技术面临的挑战

### （一）技术创新难度大

天然气开采技术是一个综合性极强的领域，它广泛涵盖地质勘探、钻井工程、完井工程等多个专业领域，因此，其创新发展离不开跨学科、跨领域的紧密合作与知识融合。但是，这一领域的技术创新之路并非坦途，技术本身的复杂性和高难度，加之高昂的研发与投入成本，共同构成了诸多挑战与障碍，使得技术创新进程面临重重困难。

### （二）复杂环境挑战

天然气资源虽然分布广泛，但通常深藏于深海、高温高压等极端且复杂的地质环境中。这些特殊条件不仅对天然气开采技术提出了更为严苛的标准与要求，同时也极大地提升了开采作业的复杂性和挑战性，增加了操作过程中可能遇到的风险与不确定性。

### （三）环保要求严格

随着全球环保意识的日益觉醒，天然气开采活动对自然环境的潜在影响正逐渐成为公众关注的焦点。因此，开发并实施环保开采技术已成为未来研究不可或缺的重要方向。然而，这一进程并非一帆风顺，它将伴随着更加严格且细致的环保法规与标准的出台，对开采技术的环保性能提出更为苛刻的要求，从而构成了新的挑战与考验。

### （四）国际竞争激烈

天然气作为一种全球共享的能源资源，其开采技术的发展自然置身于激烈的国际竞争环境之中。为了在全球能源市场中脱颖而出，持续提升开采技术的先进性和效率性成为必然之选。

面对挑战，需要双管齐下：一方面，强化科技创新力度，不断探索新技术、新工艺，为开采技术的飞跃提供不竭动力；另一方面，加强政策引导与支持，为技术创新营造良好环境，促进科技成果的转化与应用。在此过程中，更应铭记环境保护与可持续发展的重要性，力求实现天然气开采与环境保护的和谐共生，达到双赢的局面。

# 第四章 天然气开采方案设计

在当今全球能源格局中，天然气作为一种清洁、高效、相对环保的化石能源，其地位日益凸显。随着全球环境保护意识的增强和能源转型的加速推进，天然气作为从煤炭向可再生能源过渡的桥梁，其重要性不言而喻。因此，科学合理地设计天然气开采方案，不仅关乎能源供应的稳定与安全，更与环境保护、经济可持续发展息息相关。本章围绕天然气开采方案设计的任务与特点、天然气开采方案设计的前期工作、天然气开采方案设计的主要内容、天然气开采方案设计的基本程序等内容展开研究。

## 第一节 天然气开采方案设计的任务与特点

气田开发是一项复杂的系统工程，涉及的技术面广、综合性强，且研究对象的生产动态不断变化，因此，在气田投入开发之前，必须编制天然气开采总体建设方案作为开发工作的指导性文件，以提高气田开发的总体经济效益。

天然气开采工程方案是围绕天然气工程方案而制订的，它紧密结合地质特征和储层特性，旨在实现天然气开采经济、高效的目标。这一方案不仅是一套综合性的技术设计，还涵盖了与天然气开采作业相关的所有配套技术。它与气藏工程方案和地面建设工程方案紧密相连，共同构成了天然气开采方案的总体蓝图，这一蓝图是指导天然气科学、合理开发的关键性技术指南，确保了天然气开采过程的系统性、协调性和高效性。

### 一、天然气开采工程方案设计的任务

天然气开采工程方案设计的基本使命在于，针对特定气藏的地质特性与储层属性，通过详尽的气井生产系统节点及室内岩心实验数据分析，精心策划出主体

工艺方案，以支撑气藏的经济、高效开发。此方案不仅规划了核心开采流程，还构建了相应的生产能力体系，确保气藏资源被最大化地控制与利用。

为了实现这一目标，天然气开采工程必须将各单项工艺技术巧妙融合，构建一个协同作用的整体系统。这一系统需精准地作用于气藏，通过精心设计的方案实施，有效控制并高效动用气藏储量，从而达成高效开发的既定目标。

天然气开采工程方案的研究焦点深植于地下，其核心在于深入理解和把握气藏的独特生产特性。在借鉴已验证的天然气开采工程技术成功经验的同时，方案的设计还需依托一系列前沿导向技术的深度探索与先导性实验成果，旨在提出一套能够确保气藏开发指标圆满达成的先进采气工程配套技术设计方案。

所以，天然气开采工程方案设计不仅是气藏开发总体蓝图中的关键组件与执行核心，还是推动气藏总体开发方案落地、达成天然气生产指标的重要工程技术支柱。此外，它也为地面工程的设计与建设提供了坚实的依据，对于提升气藏开发的最终采收率及整体经济效益具有不可估量的价值，是气藏开发过程中不可或缺的一环。

## 二、天然气开采工程方案设计的特点

### （一）综合性

天然气开采工程方案的设计过程是一个深度综合性的考量，它不仅仅局限于分析影响各工艺方案决策的技术要素，还必须全面探究经济可行性、管理效率以及一系列综合性的外部因素。这要求设计者不仅要深入理解各类工艺措施的技术发展趋势、其在实际应用中的适应性和效果，还需具备将技术、经济与管理等多维度因素融合分析的能力。

因此，天然气开采工程方案设计本质上是一项跨学科、跨专业的综合性研究工作，它需要综合运用多个学科领域的知识与工具，以确保设计方案的全面性、科学性和前瞻性。

### （二）特殊性

我国拥有众多类型各异的气藏，这些气藏在地质成因、岩层特性、物理性质、所含流体类型以及驱动机制上均展现出显著的多样性。鉴于这些显著差异，制订天然气开采工程方案时，必须精确匹配每类气藏的具体类型与独特特征，量身打造相应的采气策略、工程措施及配套技术解决方案，实现气藏资源的高效、经济开发，确保开采过程的科学性与可持续性。

### （三）系统性

天然气开采工程方案的设计研究及优化是一项复杂而多维的任务，它涉及多个目标和众多影响因素的综合考量。此过程不仅聚焦于单项工艺技术的先进性与操作可行性，更强调这些技术集成后的整体协同效应与实际应用效果。同时，还需深入探索设计方案对气藏工程特性的适应性，以及如何有效满足地面建设工程的特定要求与潜在影响，力求在全方位评估与权衡中，实现天然气开采工程方案整体效能的最优化。

### （四）超前性

天然气开采工程方案设计是在新气藏进入正式开发阶段之前的关键前置工作，这一过程显著体现了其前瞻性与预见性。为了确保设计方案的精确性、可靠性，并成功达成既定的开发指标，设计者必须广泛搜集并深入分析各类信息资料，力求全面把握。在此基础上，需运用科学方法预测气藏在不同开发阶段可能面临的主要矛盾与挑战，从而有针对性地拟定研究专题，并提前做好充分的技术准备，为气藏的高效、安全开发奠定坚实基础。

### （五）优化性

在天然气开采工程方案设计的研究领域内，涉及的专题极为广泛且深入，每一个专题都蕴含着复杂多变的技术挑战与解决方案。鉴于这种多样性，对于每一种情况，都可能面临多个潜在的解决方案。

因此，为了确保方案的科学性、经济性和可持续性，必须进行一项系统而全面的工作：即针对所有提出的方案进行深入的分析、细致的对比和科学的评价。通过严谨的数据分析、模型模拟和专家评审，可以更加清晰地认识到每个方案的优缺点，进而在众多选项中优选出最适合当前条件与环境限制的最优方案。

## 第二节　天然气开采方案设计的前期工作

天然气开采工程方案设计的前期工作是搞好方案设计编制的基础。天然气开采工程方案设计的前期工作主要包括以下几个方面。

### 一、导向技术研究和先导性试验

导向技术研究，本质上是一种策略性的科研活动，它紧密围绕气藏的独特性、开采过程中各阶段的核心问题，以及现有工艺技术的短板，将研究焦点集中于那些能够引领天然气开采工艺技术未来走向的关键议题上。这一研究旨在从宏观层面对技术发展路径进行把控与引导，确保采气工艺能够紧密贴合天然气开采进程的动态变化，实现技术与实际需求的精准对接。

在此基础上，采取“以点带面、先试先行、逐步推广”的策略。即首先通过集中力量攻克少数几个具有前瞻性和代表性的先导性试验项目，实现技术上的重大突破。随后，将这些成功经验和技术成果作为样板，逐步向更广泛的领域推广应用，从而带动整个天然气开采工艺技术体系的全面升级。

## 二、采气工程技术现状调研

为了确保天然气开采工程方案的制订紧密贴合目标气藏的具体特征，并为方案编制奠定坚实的技术与数据基础，对天然气开采工程技术现状进行全面而深入的调研显得尤为重要。

采气工程技术现状调研工作的核心内容聚焦于以下几个方面①。

①设计气藏的类型划分、储层的地质属性（如孔隙度、渗透率等）、独特的地质构造特征、流体（天然气及伴生流体）的物理化学性质，以及油水分布的空间关系，为后续工程设计提供精确的地质模型。

②评估并明确油藏开发的关键性能指标，如采收率、开发周期等；探讨技术政策的制定依据，预测开发过程中可能遭遇的主要技术挑战与矛盾，并预先规划相应的技术解决方案与策略。

③设计气藏内气井的试油、试采历史数据，评估其产能规模及稳定性，识别影响气井长期稳产的关键因素，如地层压力变化、储层伤害等，为优化生产制度提供依据。

④调研当前天然气开采工程的技术水平，包括成熟技术的应用效果及局限性；探索新工艺、新技术在目标气藏中的潜在应用前景，明确需要重点研究与配套开发的技术专题，以促进技术创新与升级。

⑤广泛收集并分析国内外同类型气藏开发的成功案例与失败教训，提炼可借鉴的先进理念、管理模式及技术措施，为设计方案提供国际视野下的最佳实践参考。

## 三、重点专题研究

天然气开采工程方案的设计基石是坚实的科研成果，它要求以高适应性的配

① 杨川东，蒲蓉蓉．采气工程方案设计的研究及应用 [J]. 钻采工艺，2000，23（3）：37-40.

套技术作为支撑，确保天然气开采工程方案达到高水平。针对现状调研中识别出的对天然气开采效益具有关键影响且需广泛应用的工艺技术，需深入开展专题研究，加速其技术成熟与配套化进程，以便这些技术能够迅速转化为提升天然气开采工程效率与效益的实际力量。

## 第三节　天然气开采方案设计的主要内容

### 一、完井工程及开发全过程的气层保护技术

基于气藏工程与采气工程的严格规范，精心挑选适用于新开发井的钻井策略，包括适宜的钻井方法、钻井液配方，以及完井方法与完井液体系。同时，还需精心设计井底结构与套管安装程序，以确保钻井作业的安全与高效。在固井作业中，制定详尽的技术标准，明确检测方法与质量要求，以保障固井质量的稳定可靠。

此外，针对储层特有的岩性、物性特征及流体性质，制定一系列全面而具体的保护措施，贯穿于完井与开发的全过程，旨在精心呵护气层，有效防止因作业活动可能导致的气层损害，从而最大化地保护气藏资源，提升开采效益。

### 二、射孔设计

在射孔完井作业中，需运用节点分析技术来精准选定射孔方式、射孔枪弹类型及射孔液配方，以此为基础优化各项射孔参数。同时，积极探索并研发能够有效减轻对产层造成损害的射孔新工艺，旨在实现更加精细、高效的射孔作业，保护储层完整性，提升油气井产能。

### 三、气井采气工艺方式与设计

针对各类型气藏独特的开发地质特性与既定的气藏工程规划，需量身定制相应的采气工艺技术方案及其配套体系。这一过程包括精心选择最适宜的自喷管柱设计，以最大化自然能量的利用效率；随后，在自喷能力减弱或终止后，科学优选人工举升方案，如气举、泵抽或压缩机增压等，以确保持续高效的气田开采。

此外，还需综合考量并引入必要的配套工艺技术及设备，包括但不限于防腐防垢处理系统以应对地层流体对管线的侵蚀，高效分离技术以提升产品纯度与回收率，以及智能监控系统来实时监测生产状态，及时调整操作参数，保障生产安全与效率。

## 四、增产措施设计

基于储层物性特征、岩性构成以及产层所受损害的具体类型与严重程度，需精心筛选并应用最为适宜的压裂、酸化等增产工艺措施，同时确定恰当的施工工艺方式、施工参数及所需设备。在此过程中，尤为重要的是制定并执行一系列预防措施与技术规范，旨在避免施工过程中所使用的各类井液对产层造成二次损害。

## 五、生产动态监测技术

按照气藏特性及天然气开采工程的具体需求，需明确在天然气开采全过程中，以试井和生产测井为核心的生产动态监测与井下状况评估技术方案①。此外，还要精心挑选并配置与之相适应的先进设备与仪器、仪表。

这些设备与仪器、仪表包括但不限于高精度压力计、流量计、温度记录仪等，用于精确测量并记录井下的压力、流量、温度等关键参数；同时，还将采用先进的测井技术，如生产测井、核磁测井等，以获取更全面的井下信息，包括流体分布、储层物性变化等。

## 六、气井修井和井下作业技术

基于天然气开采的地质特征深入分析以及储层流体性质的全面了解，需要对采气井在生产周期内可能面临的修井作业和井下维护工作的主要任务量进行前瞻性预测。这一过程将涉及评估井筒完整性、地层稳定性、流体流动特性等因素对生产作业的影响，从而明确修井作业的频率、类型及复杂程度。

针对预测的工作量，规划并组建具备相应专业能力和经验的作业队伍，包括但不限于修井工程师、井下作业技术人员、设备操作员等。同时，为确保作业的高效与安全，配置符合技术要求和质量标准的装备，如修井机、井下工具、测试仪器等，并确保这些装备处于良好的维护和校准状态。

## 七、其他配套工艺技术

在天然气开采作业中，针对频繁出现的产层砂粒侵入、管道内水合物凝结、管壁结垢积累以及硫化氢与二氧化碳导致的严重腐蚀等核心挑战，人们致力于深

① 杨桦，杨涛，王顺云，等．优化采气工程方案设计确保气田科学高效开发——关于宣传贯彻《采气工程方案设计编写规范》管见 [J]. 钻采工艺，2004，27（6）：99-103.

化其内在机理的探究工作，旨在全面剖析这些不利现象的根本成因及其背后的多重影响因素，以期达到对其发生发展规律的科学认识。

### 八、经济分析

秉持以效益为核心的原则，对气藏开发生产过程中涉及的天然气开采工程方案进行全面细致的经济评估。这一评估过程涵盖各项工艺技术措施的选择、装备的配置以及科研费用的投入等多个方面。在确保达成气藏开发既定指标的基础上，通过精细化的预算管理，优化资源配置，力求使整体方案的技术经济效果达到最优。通过对不同方案进行成本效益分析，比较其投资回报率、运营成本、风险水平等因素，从而选择出最具经济性的实施路径。

## 第四节　天然气开采方案设计的基本程序

天然气开采工程方案设计的基本程序主要是指设计的原则和依据、主体工艺方案的分析与设计、方案的经济分析及评价。

### 一、天然气开采工程方案的设计原则

在规划天然气开采工程方案时，需紧密围绕气藏开发的总体战略目标，以气藏独特的地质特征和详尽的气藏工程分析为基础，将提升经济效益作为核心驱动力，进行全面而周密的整体设计。为确保天然气开采工程方案的可行性与高效性，必须坚守以下几项基本原则。

①科学性原则：设计方案需基于严谨的科学方法，确保技术路线合理、数据准确、分析透彻。

②针对性与完整性原则：方案内容需精准针对气藏特性，同时覆盖开发全过程的各个环节，保持设计的系统性和完整性。

③敏感性分析与优化原则：加强对关键参数的敏感性分析，通过多方案比选与优化，确保决策的科学性和最优性。

④符合性原则：方案设计需充分满足气藏工程及地面建设的技术要求与规范，确保各环节的协调一致。

⑤可操作性原则：方案实施路径需清晰明确，具备高度的可执行性和灵活性，以应对实际开发过程中的各种挑战。

⑥高效经济性原则：坚持“少投入、多产出”的开发理念，通过技术创新与精细化管理，实现气藏开发的经济效益最大化。

## 二、天然气开采工程方案的设计依据

### （一）气藏类型及储层参数

①气藏类型及特征：储层类型、压力系统等。

②储层岩心分析及流体组成与性质：孔隙度、渗透率、含水饱和度、天然气相对密度、硫化氢含量、二氧化碳含量、地层水性质、预测气水界面等。

### （二）气藏开发方案

1. 气藏开发方案关键指标

包括明确开发单元划分、选定开发层系、设定合理的产能规模目标、规划完井总数、已获气井数统计、正钻井数跟踪、未来部署井数预测、总生产井数规划、设定采气速度以控制开采速率、预计稳产年限及其相应经济与技术指标，以全面指导气藏的科学开发与管理。

2. 试采结果深入剖析

通过试采阶段的实践，全面了解和掌握气藏中流体的相态特征、气井的实际产能表现、压力场与温度场的动态变化特性。这一过程不仅加深了对气藏地质构造特征的理解，还帮助识别开采工程中的主要矛盾，明确技术操作界限，并为制定更为合理的经济政策提供科学依据。

3. 气井开发方式选定

依据气藏工程设计的综合评估，针对特定气藏的开发方式，筛选出最适宜的气井开发方式。

4. 特殊环境条件下的适应性考量

在天然气开采方案的设计与实施过程中，必须充分考虑项目所在地的特殊环境条件，如生态保护要求、气候变化影响、地形地貌限制等。

### （三）主体工艺分析与论证

基于气藏工程方案所明确的开发方式及一系列备选方案，进行深入的分析与严谨的论证。这一过程中，综合考虑气藏的地质特性、流体行为、经济效益及可行性等多个维度，旨在选定最为适宜的主体天然气开采工艺及其配套的辅助技术。

在明确主体天然气开采工艺的基础上，进一步细化天然气开采工程方案的编制工作，拟定详尽的方案编制大纲。该大纲不仅涵盖天然气开采工艺的核心内容，如井口装置的选择、井筒完整性管理、流体采集与处理等，还详细规划了配套技术的实施路径，包括但不限于防砂技术、防腐技术、生产监测与调控系统等。

### （四）开发全过程的气层保护技术

在涵盖钻井、完井、增产处理、正常采气以及修井作业等气田开发的全生命周期中，实施全面且有效的气层保护措施，是减轻对生产层段的潜在损害、充分挖掘并释放其生产潜能，进而提升整体气田开发经济效益的关键策略之一。

1. 气层损害评价方法

气层损害的评价方法主要分为三大类：矿场试井定量评价法、室内岩心流动试验法以及毛细管压力曲线分析法。这些方法各有侧重，共同构成了全面评估气层损害状况的技术体系。在众多评价指标中，表皮系数与产率比因其直观性和实用性，成为最为常用的两个关键指标。

2. 气层损害评价依据

在进行各种工作液适应性评价时，需紧密依据储层的独特特征，采用岩心试验作为核心分析手段。这一过程中，将重点考察工作液对储层可能引发的多种敏感性损害，包括但不限于水敏性、速敏性、酸敏性和盐敏性。

### （五）完井工程设计

天然气开采工程方案中的完井工程设计主要包括完井方式选择、套管程序设计、固井设计和射孔设计等内容。

1. 完井方式选择

气井完井技术不仅涵盖传统的裸眼完井、衬管完井、套管射孔完井及尾管射孔完井这四种基本方式，还针对特殊产层创新性地发展出了一次性永久性完井、一井多层分采完井技术，以及针对大斜度井与水平井的专属完井新工艺。

在选择最适宜的完井方式时，需综合考虑多方面因素以进行优化决策。这包括但不限于气藏的具体类型、储层的岩性和物理特性、产层可能遭受的损害程度、所采用的天然气开采工艺技术及其适应性、增产措施所需的工艺条件、生产井的试采效果评估、实际操作中的可行性与便捷性，以及经济成本效益分析等。

2. 套管程序设计

在通常情况下，合理的套管程序及其尺寸选择应当基于全面考虑，这包括但不限于气藏所在区域的地质特征与构造复杂性、完井、修井、采气工艺以及增产作业等采气工程及其配套技术的具体需求。

同时，还需评估外挤压力、内压拉力、轴向压力等力学因素，以及气藏开采过程中地层压力的动态变化对套管性能的影响。此外，经济性和安全性也是决策过程中不可或缺的重要考量因素。综合上述所有因素，进行科学分析和优化决策，以确保所选套管程序及尺寸符合技术要求。

3. 固井设计

固井设计是一项至关重要的工作，其核心目标在于确保固井质量能够充分满足天然气开采工艺、增产策略以及修井作业等各类井下作业的实际需求。为实现这一目标，固井设计需涵盖多个关键要素，具体包括：前置液的选择与配制、水泥浆的密度设定、水泥浆的稠化时间控制、水泥石抗压强度的确保、水泥返高的精确计算，以及扶正器深度的合理安排等。这些设计参数的精确设定与优化，对于保障固井作业的成功实施及后续井下作业的安全高效进行具有决定性作用。

4. 射孔设计

（1）射孔参数优化

借助先进的射孔优化设计软件，人们对影响气井射孔效果的关键因素进行了全面的敏感性分析。这些因素包括但不限于孔径大小、孔眼密度、相位角设置以及布孔的具体格式等。通过软件内置的算法与模型，系统地模拟不同参数组合下的射孔效果，以量化评估它们对气井产能、流体流动效率及地层伤害程度等方面的影响。人们在深入分析各因素敏感性的基础上，遵循最大化气井产能、最小化地层损害的原则，对射孔参数进行了精细化的优化调整。最终，成功优选出一套合理的射孔参数方案，该方案在孔径、孔眼密度、相位角和布孔格式等方面均达到了最优配置，能够显著提升气井的射孔效果，为后续的采气作业奠定坚实的基础。

（2）射孔工艺选择

在准备进行射孔作业时，首先根据气藏特性和生产需求，精心选择最适合的射孔方式以及相匹配的管柱设计。确定负压值的适宜范围，负压值的选择对于控制射孔过程中地层流体的涌入、保护井筒稳定至关重要。在射孔液的选择上，遵循经济、高效、环保的原则，优选出既能保护储层、减少地层伤害，又能有效携带射孔碎屑、维护井筒清洁的射孔液配方。根据射孔作业的具体要求，选择性能优越、可靠性高的射孔枪和射孔弹。

## （六）采气工艺方式选择

在选择采气工艺方式时，遵循的基本原则是“少井高效、经济实用”。这一原则旨在通过最少的井数实现最大的产能，同时确保工艺的经济性和实际应用中的可行性。设计采气工艺的依据主要包括对气藏地质特征的深入研究、气藏工程设计的精细规划，以及气田生产所处的地面条件的全面考量。

1. 气井生产系统节点分析及主要数学模型

气井生产系统的节点分析是一种综合性的研究方法，它将从气藏到分离器的整个生产流程视为一个紧密相连的压力系统。在此框架下，分析聚焦于各环节在生产运行过程中产生的压力损耗，进行详尽的量化评估。通过这种全面的压力损耗分析，能够预测在调整主要运行参数或改变工作制度后，气井产量可能发生的变化趋势。这一分析方法为采气工艺的优化设计以及地面工程设施的合理配置提供了坚实的技术支撑，确保了技术决策的科学性与可靠性。

气井生产系统节点分析一般包括：油管尺寸分析、井口压力分析、地层压力分析等。

节点分析中使用的主要数学模型为：天然气的物性参数计算方法、气井的IPR曲线方程、气井油管流出动态关系式、气嘴的节流方程等。

2. 自喷采气方式的优选

（1）采气井口装置选择

在选择采气井口装置的型号、压力等级以及尺寸系列时，首要考虑的是地层所承受的最高压力，以及地层流体中硫化氢和二氧化碳的具体含量。这些参数是确保井口装置安全、稳定运行的基石。同时，还需充分考虑到未来可能实施的增产措施及后期修井等生产工艺的需求，确保所选装置不仅满足当前开采条件，还具备足够的灵活性和适应性，以应对未来可能的变化和挑战。

（2）油管尺寸敏感性分析

采用节点分析技术，设定井口作为核心计算节点，通过精确计算，在给定井口压力条件下，模拟各类气井在使用不同规格油管时的生产产量。随后，运用对比分析方法，深入剖析各油管尺寸对产量的具体影响，综合评估经济效益、技术可行性及操作便捷性等多方面因素，最终优选出最适合当前气井条件且效益最优的油管尺寸。

（3）采气管柱的强度校核与评价

在井下管柱的起下作业中，其主要承受的是轴向方向的多种载荷作用。这些载荷包括管柱自身在井内液体中产生的质量载荷，起下过程中因加速度变化而产生的惯性载荷，以及管柱外壁与套管内壁之间因相对运动而产生的摩擦力。对于装有封隔器的特殊管柱而言，还需额外考虑封隔器在解封或释放过程中所产生的特定载荷，这些载荷对管柱的安全起下及封隔器的正常功能至关重要。

（4）预防水合物的形成及硫化氢和二氧化碳气体的腐蚀

预防水合物的方法：为预防水合物在井筒及流动管线中的形成，可实施投捞式井下油嘴节流技术，有效降低流体压力，减少水合物形成的条件。若不幸发生水合物堵塞情况，可采取注入甲醇、乙醇、二甘醇等化学抑制剂的方法，这些抑制剂能有效破坏水合物的稳定结构，实现疏通管道的目的。

对含硫化氢、二氧化碳的气井，推荐使用封隔器来隔离油套环空区域，采用一次性完井管柱设计，以确保生产安全与环境保护。对于尚未安装封隔器的井，为减缓硫化物对井筒及设备的腐蚀作用，需定期向井内加注缓蚀剂，以延长设备使用寿命，降低维护成本。

3. 后续采气工艺技术的选择

随着气田的持续开发进程，气井的产能逐渐下降、地层压力与井口压力呈现递减趋势，这是开发过程中不可避免的自然现象。同时，气井还可能面临出水问题，这进一步增加了开采的复杂性和挑战。为了有效应对这些变化，确保气田的长期稳定生产，必须采取一系列后续采气工艺技术，旨在通过优化开采策略、提升流体采出效率、管理地层压力及解决出水问题等手段，最大限度地延长气井的生产寿命，提高资源采收率，为气田的持续开发提供有力支持。可选的工艺技术如下。

①定压降产及增压、高低压分输采气工艺技术。

②堵水工艺技术。

③排水采气工艺技术。

## （七）增产措施设计

1. 设计依据

基于气层的地质特性，如孔隙度、渗透率及储层厚度等关键参数，首先进行详尽的地质评估，以确定气层的可改造潜力。随后，针对低产或减产现象，深入分析其背后的原因，这可能涉及流体流动受阻、地层压力下降、储层损害等多种因素。基于这些分析，制定出一套针对整个气藏的总体改造措施，旨在通过技术手段改善流体流动条件、恢复或提升地层压力、减少储层损害等，从而有效提升气藏的生产能力，实现资源的最大化利用。

2. 基础数据

在油气藏评估与开发过程中，需要综合考虑多个地层参数以全面了解其物理特性。这些参数包括但不限于：地层温度，它影响着流体的物理性质和流动行为；地层压力，它反映了地层的能量状态及流体驱动力；地层闭合应力，它是评估地层稳定性和井眼稳定性的关键指标；射孔孔密与孔径，它们直接关系到油气井的产能及流体流动效率；杨氏模量，作为地层岩石力学性质的重要参数，用于描述岩石在受到外力作用时的弹性变形能力；地层破裂压力，它是确定安全钻井与完井作业压力窗口的重要依据，也是评估增产措施效果的关键参数之一。

3. 优化设计内容

①精确计算水力压裂过程中形成的裂缝长度，以及酸化作业中酸液有效渗透并改善地层渗透性的长度。

②通过模拟不同泵注条件下的酸化作业，计算并比较各参数下酸蚀裂缝的导流能力，以识别出最优泵注参数组合，从而最大化裂缝的导流效率。

③针对目标地层特性，筛选出已成功应用且效果显著的胶凝酸、降阻酸及前置液等工作液。同时，明确这些工作液的关键质量指标，确保其在现场应用中的稳定性和有效性。

④基于地层条件、工作液性能及施工设备能力，通过理论分析与实验验证，优选出一个合理的泵注速度范围，以在保证施工安全的前提下，提高作业效率和增产效果。

⑤综合考虑地层承压能力、井筒完整性及施工设备能力，确定施工过程中允许的最大施工压力，以防止地层破裂、井筒损坏等不利情况的发生。

⑥根据所选工作液体系、施工参数及预计的工程量，详细计算并估算气层或单井的施工费用，为项目经济性评价提供数据支持。

⑦将上述优选结果以图表形式直观展示，作为后续综合优化设计决策的重要依据。

## （八）生产动态监测设计

1. 生产动态监测的目的与任务

深入理解气藏的生产潜能，对其当前及潜在产能进行准确评估。同时，持续监测生产动态，掌握地下油、气、水在开发过程中的动态变化规律。在此基础上，根据气藏的具体特性和生产需求，精心选择适合的天然气开采工艺技术，并制定相应的技术实施措施。

此外，定期对技术措施的效果进行分析与评估，以确保其有效性并适时调整优化策略，从而最大化气藏的开发效益和经济效益。

2. 气藏动态监测内容

在天然气开采过程中，采用多种技术手段来全面评估气藏性能与生产动态。这包括执行常规试井作业，通过测温测压来获取井筒及地层的基本物理参数；实施全气藏试井及特殊试井，以更深入地了解整个气藏的压力分布、流体流动特性及潜在产能；进行产出剖面监测，精确追踪不同地层或层段的产气量及流体贡献，优化生产策略；对观察井进行持续监测，以掌握气藏的自然动态变化及生产响应；开展气水分析，即相态行为分析，了解流体性质随压力、温度变化的关系，为工艺设计与生产管理提供依据；最后，通过措施井对比测试，评估增产措施、修井作业等技术手段的实际效果，为后续的天然气开采方案调整与优化提供数据支持。

3. 完井质量监测

在油气井的完井与作业过程中，密切关注几个关键领域的质量与技术状况。

首先，水泥胶结质量是确保井筒结构完整性和长期密封性的基础，需通过专业手段进行精确评估与监测。

其次，射孔作业的质量直接关系到油气层的有效沟通与产能释放，必须严格控制射孔参数与效果。同时，套管作为井筒的重要组成部分，其质量直接影响井身的安全性与稳定性，需定期进行质量检测与维护。

最后，井下技术状况的全面监测也是必不可少的，这包括但不限于井筒完整性、井下工具性能以及地层动态变化等方面，以确保作业的安全进行与油气资源的有效开发。

### （九）井下作业及其他配套工艺技术

井下作业活动涵盖广泛，主要包括新井的投产作业，旨在将新发现的油气资源顺利接入生产系统；措施作业，针对现有气井实施增产、稳产或问题治理的专项操作；气井的小修与大修作业，分别处理日常运维中的小问题与大规模修复或重建工作；新工艺、新技术的试验应用，不断探索提升作业效率与资源采收率的新途径。

此外，为保障气井的长期稳定运行，还需配套一系列工艺技术，这些技术主要聚焦于气井的防砂处理，防止地层砂粒进入井筒影响生产；防垢技术，减少流体中结垢物质沉积对管线和设备的损害；防腐措施，通过化学或物理方法保护井筒和地面设施免受腐蚀侵害，从而延长使用寿命并降低维护成本。

### （十）方案的经济分析与评价

经济评价是一种系统性的分析方法，它依据当前国家和相关部门制定的财税政策框架，深入剖析并量化项目的预期效益与成本。这一过程旨在全面考察项目的盈利能力、偿债能力及其他关键财务指标，从而科学判断项目在财务层面上的可行性与吸引力。基于经济评价的结果，可以为项目建设方案的优选提供决策依据，确保资源配置的高效性与合理性。

在预测天然气开采工程方案的技术经济效果时，需要综合考虑多个关键指标，包括但不限于气田的基础设施建设投资总额、固定资产的折旧成本、日常生产运营费用，以及投资回收期的长短、利税额的多少、净现值的高低等。

天然气开采工程经济分析的核心原则在于融合动态与静态评价手段，紧密贴合气田开发生产的实际情况，对涉及天然气开采工程的各项关键技术投资、日常操作费用以及总体生产成本等关键指标，进行全面而深入的综合剖析与评估。同时，为了更精准地把握经济风险，还需对那些能够显著影响天然气开采工程方案经济性能的重要技术措施进行敏感性分析。这一系列分析与评估结果，构成了气藏开发经济评价指标体系的核心内容，为优化天然气开采工程方案、制定科学决策提供了不可或缺的重要依据。

1. 费用计算

天然气开采工程方案的经济分析框架中，核心的开发与生产费用涵盖多个关键领域。这包括但不限于：为确保气层完整性而支出的保护费用；进行试油作业以评估气藏潜力的工程费用；为提升气井产能而实施的增产措施费用；采用先进天然气开采工艺及其配套技术所需的投资；持续监测气井生产动态以优化管理的监测费用；处理井下作业如维护、修理及应急响应等产生的作业费用。这些费用共同构成了天然气开采工程项目经济评估的重要基础。

2. 决策依据

各方案费用的详细计算结果，作为量化评估的重要输出，为开发总体方案的优化提供了坚实的数据支撑和决策依据。这些费用涵盖从勘探、开发到生产全链条的各个环节，确保了决策过程的经济合理性和技术可行性。

# 第五章　天然气管道的勘察设计

随着全球经济的快速发展和城市化进程的加速，天然气作为一种清洁、高效、环保的能源，在能源消费结构中的地位日益凸显。作为国际能源供应的重要组成部分，天然气管道的建设与运行不仅关乎国家能源安全，还直接影响社会经济的可持续发展和居民生活质量的提升。因此，天然气管道的勘察设计作为整个工程项目的重要前期工作，其重要性不言而喻。本章围绕天然气管道测量及勘察，天然气管道线路设计，天然气管道穿越、跨越设计，天然气管道工艺设计等内容展开研究。

## 第一节　天然气管道测量及勘察

### 一、天然气管道测量技术

#### （一）地面工程测量技术

工程测量技术是一个综合性的术语，它涵盖在工程建设过程中，从勘察设计、实际施工到后续运营等各个阶段所运用的一系列测量理论、具体操作方法以及先进技术。近 20 年，地面工程测量技术经历了从以经纬仪为代表的光学时代到以全站仪为代表的电子时代乃至全球导航卫星系统（global navigation satellite system，GNSS）定位时代两次大的技术进步。

现代工程测量技术已成为多种测量手段与技术的深度融合体，其范畴远远超出了传统的几何与物理量的简单测定。它不仅涵盖静态与动态条件下对工程对象几何特性的精确测量，还深入对测量结果进行深入分析的层面，进而能够预测并评估工程对象未来可能的发展趋势与变化。如今，在天然气管道工程测绘工作中主要使用的设备是 GNSS 接收机，全站仪等已经成为辅助手段。

1.GNSS 卫星测量技术

（1）GNSS 的特点

新一代卫星导航定位技术的问世，以其高度自动化的操作特性和卓越的定位精度，以及展现出的巨大潜力，极大地激发了测量领域专业人士的浓厚兴趣与探索热情。1982 年的标志性事件——首款测量型无码 GPS 接收机 Macrometer V-1000 成功推向市场以来，这一领域便迎来了前所未有的蓬勃发展期。在应用基础研究方面，科学家们不断挖掘技术的深层次原理与潜力；在应用领域，技术边界被持续拓宽，覆盖了更广泛的行业与场景；同时，硬件设备的迭代升级与软件功能的优化创新也呈现出日新月异的态势，共同推动卫星导航定位技术迈向新的高度。我国的测绘科技工作者在卫星导航定位技术研究和应用方面，均取得了骄人的成绩。他们进行的广泛的实验活动，为 GNSS 精密定位技术在测量中的应用展现了广阔的前景。

相对于常规的测量手段来说，这一新技术的主要特点如下。

①功能全面，应用广泛。GNSS 系统展现出强大的多功能性，不仅胜任测量、导航、精密定位、动态监测及设备安装等任务，还擅长测速、测时等，其应用边界正持续向外拓展，覆盖更多行业与领域。

②摆脱通视限制，提升效率与灵活性。传统测量技术常受限于测站间的通视要求及复杂的图形结构需求，而 GNSS 技术彻底打破了这一束缚。无须测站间相互通视，不仅省去了建造昂贵觇标（此费用常占总成本的 30% ~ 50%），还显著缩短了测量周期，降低了成本。更重要的是，这一特性极大地增强了点位选择的自由度与灵活性，为测量工作带来了前所未有的便捷与高效。当然，值得注意的是，虽然通视不再是限制，但保持测站上空开阔无遮挡，以确保卫星信号畅通无阻，仍是进行 GNSS 测量的必要条件。

③定位精度高。丰富的实践经验证明，GNSS 系统在短距离（小于 50 km）内，相对定位精度可高达（1 ~ 2）$\times 10^{-6}$，而在 100 ~ 500 km 的基线上可达 $10^{-7}$ ~ $10^{-6}$。随着观测技术与数据处理技术的飞速进步，有信心在超过 1000 km 的远距离上，实现 GNSS 系统的相对定位精度达到或超过 $10^{-7}$ 的极高标准。

④观测时间短。传统的相对静态定位方法完成一条基线测量往往需要数小时，然而，随着技术的革新，特别是针对短基线（不超过 20 千米）的快速相对定位技术的出现，观测时间被大幅缩短至几分钟内，极大地提升了作业效率与速度。

⑤提供三维坐标。GNSS 测量技术不仅能够精确测定测站在水平面上的位置，还能同时提供准确的大地高程信息。这一特性不仅为大地水准面形状的研究及地面点高程的精确测定开辟了新路径，还极大地丰富了 GNSS 在航空物探、航空摄

影测量及高精度导航等领域的应用场景，为这些领域提供了不可或缺的三维空间数据支持。

⑥操作简便。GNSS 系统以其高度的自动化特性，极大地简化了测量员的工作流程。在观测过程中，测量员的主要职责聚焦于简单的仪器安置与开关操作、仪器高度的精确量取、实时监控仪器状态与采集环境气象数据。而诸如卫星捕获、持续跟踪观测及数据自动记录等复杂任务，则完全交由先进的仪器设备自主完成，实现了观测工作的智能化与便捷化。

⑦全天候作业。GNSS 技术打破了传统测量技术对天气条件的依赖，实现了在任何时间、任何地点的连续作业。无论是晴空万里还是风雨交加，GNSS 测量工作都能稳定进行，不受外界天气状况的干扰。这一特性不仅是对经典测量技术的一次重大革新，更深刻改变了测量工作的传统模式，推动了测量理论与方法的深刻变革。同时，GNSS 定位技术的发展也促进了测量学科与其他学科之间的交叉融合，加速了测绘科学技术的现代化进程，为科学研究和工程实践提供了更为强大和灵活的技术支撑。

（2）GNSS 卫星测量的方法

① GNSS 测量方法概述。根据用户接收机天线在测量过程中的状态差异，测量方式可以划分为静态测量与动态测量两种类型；依据定位结果的性质，定位技术则可以分为绝对定位和相对定位两大类别。

静态测量是一种特定的定位方式，在此过程中，接收机天线（也称为观测站）的位置相对于其周围的地面点保持静止不动。这种稳定性确保了测量数据的准确性和可靠性。相反，动态测量则要求接收机天线在定位过程中处于运动状态，其定位结果因此会随时间连续变化，实时反映天线的位置。

绝对定位，又称为单点定位，是 GNSS 系统的一种重要应用。它利用 GNSS 卫星信号，独立地确定用户接收机天线在 WGS-84 这一全球统一坐标系中的绝对位置。而相对定位则是在 WGS-84 坐标系中，通过 GNSS 技术确定接收机天线与某一已知地面参考点之间的相对位置，或者两个观测站之间的相对位置。

GNSS 提供了多种定位方法的灵活组合，包括静态绝对定位、静态相对定位、动态绝对定位以及动态相对定位等。这些组合方式满足了不同应用场景下的精准定位需求。在当前的工程与测绘领域，静态相对定位和动态相对定位因其高精度和广泛适用性，成为最为常见的选择。

进一步地，根据相对定位数据处理的实时性特征，可以将其细分为后处理定位和实时动态定位（RTK）两大类。后处理定位，顾名思义，是在数据采集完成后进行离线处理的定位方式。它又可以根据定位过程中接收机天线的运动状态，细分为静态（相对）定位和动态（相对）定位。

② GNSS 静态测量。在 GNSS 定位过程中，若接收机的位置保持固定不动，处于静止状态，这种定位模式被称为静态定位。静态定位以其稳定性和高精度在多个领域得到广泛应用。根据所使用参考点的不同，静态定位进一步细分为绝对定位和相对定位两种主要方式。

一是绝对定位，亦称作单点定位，其核心在于利用卫星与观测站之间的距离（或称为距离差）作为观测量，结合已知的卫星瞬时坐标，通过空间距离后方交会的数学原理，来确定观测站（接收机天线）在 WGS-84 等全球坐标系中的绝对位置。这一过程实质上是测量学中的一项高级应用，将天文学的卫星观测技术与地学的空间定位技术紧密结合。

然而，在实际操作中，由于卫星钟与接收机钟难以维持严格的时间同步，所测量得到的站星距离往往会受到时钟不同步的影响，这样的距离观测值被称为伪距。为了克服这一难题，卫星钟的误差可以通过导航电文中提供的钟差参数进行修正，但接收机钟的误差由于各种复杂因素，通常难以直接准确测定。所以，在进行绝对定位时，一个常用的解决方案是将接收机钟差与观测站的三维坐标一同作为待求解的未知数。为了确保能够求解出这四个未知参数（观测站的三维坐标和接收机钟差），根据数学原理，至少需要同步观测到四颗 GNSS 卫星。

二是相对定位，是一种高精度的定位技术，其实现方式是将多台 GNSS 接收机分别部署于不同的观测站点上，并确保这些接收机在观测过程中保持静止不动。通过同步观测相同的 GNSS 卫星群，各观测站能够收集到用于确定其在 WGS-84 坐标系中相对位置或基线向量的数据。在多个观测站同步观测相同卫星的场景下，多种误差源如卫星轨道误差、卫星钟差、接收机钟差、电离层折射误差以及对流层折射误差等，对观测量的影响呈现出一定的相关性。这种相关性成为提升定位精度的关键。通过巧妙地利用观测量的不同组合进行数据处理，可以有效地消除或大幅减弱上述误差对定位结果的影响，从而实现高精度的相对定位。相对定位技术通常依赖于以载波相位观测量作为其核心数据源，这是因为载波相位观测量具有比伪距观测量更高的精度和稳定性。因此，相对定位是当前 GNSS 定位技术中精度最高的一种方法，它广泛应用于多个领域，包括但不限于大地测量、精密工程测量以及地球动力学研究等，为这些领域提供了坚实的技术支撑和精确的数据基础。

③ GNSS 动态测量。GNSS 动态定位是一种技术方法，它依赖于以卫星至观测站之间测量的伪距作为观测数据，以此来实时确定在定位过程中处于动态（运动）状态的接收机所处的精确位置。

GNSS 动态测量有单点动态测量（动态绝对定位）和实时差分动态测量（动态相对定位）方法。

一是单点动态测量（动态绝对定位）。GNSS 绝对定位是一种技术方法，它基于以卫星与观测站之间测量的伪距作为观测数据，来解算并确定静止状态或运动状态的接收机的精确地理位置。

动态绝对定位是一种用于追踪处于运动状态载体上 GNSS 接收机实时位置的技术。由于接收机天线随着载体不断移动，其位置坐标也随之动态变化。在这种情境下，为了确定每一瞬间的精确位置，观测方程往往只能提供有限的多余观测数据（有时甚至完全没有），这增加了定位的挑战性。为了实现动态绝对定位，通常采用测距码伪距作为主要的观测手段。然而，这种方法受限于伪距观测的精度，其定位精度相对较低，通常只能达到几十米的范围。在 SA（选择可用性）政策实施期间，这种定位精度甚至可能降至百米以下，进一步削弱了其适用性。鉴于上述精度限制，动态绝对定位技术主要被应用于对精度要求不高的导航场景，如飞机的低精度导航、船舶的航线追踪以及陆地车辆的粗略定位等。

二是实时差分动态测量（动态相对定位）。动态相对定位技术涉及在固定位置设置一个基准站，该基准站上安装有一台接收机保持静止不动。同时，在运动载体上安装另一台接收机，两台接收机同步且独立地观测相同的卫星群。通过对比分析两台接收机接收到的卫星信号，可以实时、精确地计算出运动载体上接收机相对于基准站接收机的精确位置，从而实现运动点的动态相对定位。

在同步追踪同一卫星的过程中，GNSS 观测数据的多种误差源包括卫星轨道偏差、卫星时钟误差、电离层折射效应以及对流层折射影响等，对于不同观测站点而言，表现出显著的相互关联性。这种关联性在观测站间距较近，尤其是几十公里以内的短距离内，尤为明显。鉴于此特性，可以通过构造观测量的多样化线性组合策略来执行相对定位，该方法能够有效地抵消或降低上述误差对定位精度的不利影响，进而提升动态定位的准确性。为实现这一目标，实时差分动态测量技术应运而生，它涵盖多种技术手段，如位置差分法、伪距差分法、相位平滑伪距差分法以及载波相位差分法等。

位置差分。位置差分技术的核心原理在于，用户站接收来自基准站的坐标改正数，并据此对自身观测到的坐标进行修正。这一过程有效地消除了基准站与用户站之间共有的多种误差源，包括但不限于卫星星历误差、大气（电离层和对流层）折射误差、卫星时钟误差，以及可能的 SA（选择可用性）政策影响，从而显著提升了定位的准确性。位置差分方法的主要优势在于其数据传输量小，仅需传递坐标改正数，且计算过程相对简单直接，使得几乎任何类型的 GNSS 接收机都能经过适当改装后应用于此差分系统。然而，该方法也存在一些局限性。首先，它严格要求基准站与用户站同步观测同一组卫星。由于基准站与用户站在接收机配置和观测环境上的差异，这一要求在实际操作中往往难以实现，可能导致两站观测的卫星不完全一致，进而使得误差消除不完全，影响最终的定位精度。其次，位置差分技术在定位精度上的提升效果通常不如伪距差分技术显著，后者通过更精细的误差模型和处理方法，能够进一步减少误差源对定位结果的影响。

伪距差分。伪距差分技术作为当前普及最广的差分定位方法之一，其核心在于基准站的应用。在基准站，通过利用其精确的已知坐标，计算出到多颗卫星的理论距离。随后，将这些理论距离与实测中可能包含误差的距离测量值进行对比，生成一个差值。为了精确提取并校正这一差值中的偏差，系统会采用先进的 α-β 滤波器进行数据处理，从而计算出所有相关卫星的测距误差。紧接着，这些经过精细计算的测距误差会被实时传输给用户端。用户接收到这些误差信息后，能够直接应用于其原始的伪距测量中，进行必要的修正。最终，用户基于这些已经过校正的伪距数据，能够更准确地计算出自身的位置坐标。值得注意的是，为了确保定位的可靠性和准确性，基准站与用户站通常需要同时观测到至少 4 颗或更多相同的卫星。

伪距差分技术的优势在于它能够独立地为每颗卫星提供距离改正数，这使得用户站在进行定位时，拥有灵活选择至少 4 颗相同卫星的伪距改正数的自由，无须强制要求与基准站观测的卫星完全一致。此外，这些伪距改正数直接在 WGS-84 这一全球统一的坐标系上进行应用，作为直接改正数，省去了烦琐的坐标转换步骤，不仅提升了定位效率，还进一步增强了定位精度。

伪距差分定位之所以能有效提升定位精度，关键在于它能有效抵消两站间的公共误差。这种误差抵消的效果直接关系到定位的精度水平，其中，两站之间的距离成为一个关键影响因素。具体来说，随着基准站与用户站之间距离的增大，两者间误差的公共性逐渐降低，特别是对流层、电离层等误差因素，其影响变得更为显著且难以完全抵消。所以，控制用户站与基准站之间的距离，成为确保伪距差分定位精度的关键策略。距离过远将导致剩余误差增大，进而降低定位精度。

相位平滑伪距差分。伪距差分技术实质上是通过计算两个测站之间伪距观测值的一次差分，来消除两者共有的系统性误差。这一处理过程显著降低了诸如卫星轨道误差、卫星钟差以及大气折射误差等系统性误差对定位结果的影响。然而，值得注意的是，伪距差分并不能完全消除伪距观测值中所包含的随机误差。随机误差具有随机性和不可预测性，它们的存在会干扰差分计算的精确性，从而在一定程度上限制了伪距差分定位技术所能达到的最高精度。

载波相位测量以其卓越的精度著称，其准确度相较于测距码伪距测量高出两个数量级。若能巧妙地将载波相位观测值融入伪距观测值的修正过程中，无疑能显著提升伪距定位的精确度。然而，一个显著的技术挑战在于载波相位的整周数通常无法直接观测得到，这直接阻碍了载波相位观测值的直接应用。

尽管整周数的直接获取存在困难，但可以利用多普勒频率计数这一工具来间接捕捉载波相位的变化情况，进而获得伪距变化率的关键信息。这一信息在伪距差分定位中扮演着重要的辅助角色，通过该技术实现的定位方法被称为载波多普勒计数平滑伪距差分。此外，为了绕开整周未知数这一难题，另一种有效的方法是在同一颗卫星的连续观测历元间进行差分计算。这种处理方式能够自然地消除整周未知数的影响，使我们能够利用历元间的相位差观测值对伪距进行精确修正。这种技术被称为相位平滑伪距差分。

载波相位差分：修正法、求差法。载波相位差分包含两种主要方法。第一种方法与伪距差分相似，即修正法。在此方法中，基准站会计算并发送载波相位的修正量至用户站。用户站接收到这些修正量后，会据此对其自身的载波相位观测值进行校正，从而实现精确的定位。第二种方法则称为求差法。在这种方法中，基准站不仅发送其载波相位观测值给用户站，用户站还会利用自身和基准站的观测值直接进行差分计算。

（3）GNSS 卫星测量技术的应用

近年来，重点发展了网络 RTK 技术和基于连续运行参考站的静态解算技术。其中，网络 RTK 技术解决了目前地形测图效率低、占用设备多的问题。如果工程所在地跨来源资源共享（CORS）网已经覆盖，首选利用 CORS 网完成管道工程的地形图测绘工作。这样不但能省掉架设基准站的时间，同时也省掉了基准站设备，只要单台 GNSS 接收机就能进行测量工作，大大提高了测量工作的效率。

2.精密工程测量技术

管道大型穿跨越及桥梁、隧道施工测量时，对测量精度要求比较高，需要进行精密工程测量。如在某管道大型跨越工程施工中，由于桥梁钢架安装精度要求较高，必须达到毫米级，就要求整个施工控制网的精度高于钢构件安装精度，为此项目组合理规划、设计控制网布设方案，并采用 0.5 s 级高精度全站仪和 0.3 m 电子水准仪完成控制测量，保证了施工的整体精度。

3. 水下测量技术

在实际的水下地形测量工程中，GNSS 结合测深仪的应用极为普遍，这种组合技术能够实时地提供水深数据及目标点的精确平面位置，极大地提升了测量效率与准确性。为了进一步丰富水下测量的成果，工程师们常常还会引入浅地层剖面仪（浅剖仪）和侧扫声呐设备作为辅助。浅剖仪能够穿透水底，探测并获取地下一定深度范围内的地层结构信息，如地质分层、沉积物类型等；而侧扫声呐设备则通过发射声波并接收反射信号，绘制出水底地形及底质表面的二维图像，揭示海底地貌特征、障碍物位置等细节。

4. 地下管线探测技术

（1）地下管线的分类

地下管线的种类繁多，结构复杂，为了做好地下管线调查和探测工作，需要先弄清楚地下管线的分类及结构，这样才能采用相应的地下管线探测技术方法，有的放矢，高效率、高质量地完成地下管线的探测任务[①]。

地下管线的种类，又可称为地下管线的类别，通常分为给水管线、排水管线、燃气管线、热力管线、电力管线、通信管线、工业管线、不明管线、综合管沟（管廊）九大类。其中，也有部分规程规范将通信管线称为电信管线，综合管沟（管廊）为现代产物，早期的地下管线分类中并无此类别。

①给水管线：包括生活用水、消防用水、工业给水、输配水管道等。

②排水管线：包括雨水管道、污水管道、雨污合流管道和工业废水等各种管道，特殊地区还包括与其工程衔接的明沟（渠）、盖板河等。

③燃气管线：包括煤气管道、天然气管道和液化石油气管道等。

④热力管线：包括供热水管道、供热气管道等。

⑤电力管线：包括动力电缆管线、照明电缆和路灯管线等各种输配电力电缆管道。

⑥通信管线：包括电话管线、广播管线、光缆管线、电视管线、军用通信管线和铁路及其他各种专业通信设施的直埋电缆等[②]。

⑦工业管线：包括氧气、液体燃料、重油、柴油、化工、工业排渣和排灰等管道。

⑧不明管线：无法查明类别或功能的管线。

⑨综合管沟（管廊）：建于城市地下，可敷设多种管道、线缆的市政公用设施。

（2）地下管线探测的目的

地下管线探测是一个综合性的过程，旨在全面获取地下管线的走向、精确的

① 张世峰．市政工程施工中地下管线的保护分析 [J]. 山西建筑，2012，38（18）：115-116.

② 王立妮，范璐．城市地下管线测绘测量技术方法探究 [J]. 科技风，2016（1）：99.

空间位置、附属设施及其相关属性信息。这一过程涵盖从管线资料的收集与调绘，到现场探查、精确测量，再到数据处理、管线图的编制与编绘，最终成果的提交、归档以及建立全面的信息管理系统。简而言之，它主要包括地下管线探查与地下管线测绘两大核心内容。地下管线探查聚焦于现场工作，通过细致的调查及运用多种先进的探测技术和设备，精确地查明地下管线的具体埋设位置、深度及其各项属性信息，并在地面上设立表述管线空间特征的管线点。而地下管线测绘则是基于探查阶段获取的管线点信息，进行高精度的平面位置和高程测量。随后，依据这些测量数据，绘制出详尽、准确的地下管线图。

因此，地下管线探测的核心目标是采集地下管线详尽、精确且时效性强的几何数据与属性信息。这些数据与信息不仅服务于编制地下管线图纸、报告及城市各类地图等常规档案资料的需求，更作为基石，支撑起城市地下管网信息系统的构建。该信息系统旨在提升规划、设计部门以及各专业管线管理单位的工作效率，通过智能化手段辅助城市的规划决策、设计优化、施工安排与管理运维，进而推动城市管理向科学化、自动化与规范化的方向迈进。

一般来讲，可以将地下管线探测按探测任务分为四类：城市地下管线普查、厂区或住宅小区管线探测、施工场地管线探测和专用管线探测。

①城市地下管线普查的核心目标在于为城市规划、设计蓝图、建设实施及日常管理活动提供坚实可靠的基础数据支持。此项工作需严格遵循城市规划管理部门或相关公用设施建设单位的具体指导要求，并按照《城市地下管线探测技术规程》（CJJ61—2017）这一行业标准来执行，确保探测工作的规范性和科学性。探测范围应全面覆盖城市道路、公共广场等关键区域，特别是那些主干管线穿越的地带，以实现对城市地下管线网络的全面、精准掌握。

②厂区或住宅小区的管线探测工作，是针对这些非市政公用区域所展开的相对独立且综合的管线系统探测。此项探测旨在为工厂或住宅小区的规划、改造升级及日常管理提供详尽的基础资料。探测活动需紧密依据工厂、住宅小区内部管线的设计、施工规范以及管理部门的具体要求来执行，确保探测工作的针对性和有效性。在探测范围上，应超越厂区、住宅小区的直接管辖区域，或按照特别指定的区域进行拓展，一般要求将探测边界向外延伸 10 ~ 20 m，以全面覆盖可能影响或相互连接的管线网络。在探测过程中，还需特别注意区域内管线与主干管线及邻近区域管线的连接情况，确保探测结果的完整性和准确性，为后续规划、改造和管理提供坚实的数据支撑。

③施工场地管线探测是指为保障专项工程的施工安全，防止施工造成地下管线破损而进行的探测。此类探测应在专项工程施工开始前，根据工程规划、设计、

施工和管理部门的要求进行，其探测范围应包括因施工开挖所涉及的地下管线、涉及迁改或动土范围外扩 10 ~ 20 m。

④专用管线探测是针对某一特定专业领域的地下管线系统，为满足其规划设计、施工建设及日常运营管理的即时需求而进行的专项探测工作。这一探测过程必须严格遵循该管线工程所属规划、设计、施工及管理部门的具体要求与指导原则。在探测范围上，应全面覆盖管线工程实际敷设的所有区域，确保探测数据的完整性和准确性。同时，这一范围的确定还需紧密贴合专用管线规划、设计、施工及管理部门的具体需求，以满足其对于管线现状、布局及未来发展趋势的全面了解和精准把控。

目前，地下管线探测的行业标准主要有《城市地下管线探测技术规程》（CJJ 61—2017）、《管线测绘技术规程》（CH/6002—2015）。这些标准为城市规划、建设与管理中的地下管线探测，包括各种不同用途的金属、非金属管道（廊）及电缆等地下管线的探测，提供了重要技术依据。

地下管线探测的基本流程涵盖一系列有序且系统的步骤——接受任务（或委托）、广泛收集相关背景资料、现场踏勘、进行仪器检验与方法实验、编写详细的技术设计书、进入实地调查阶段、利用专业仪器进行深入探查、控制测量、进行地下管线点的精确测量与数据处理、编绘地下管线图、编制技术总结报告并进行成果验收①。这一系列步骤共同构成了地下管线探测的基本程序，为城市地下空间的管理与利用提供了重要支持。当探测任务较简单且工作量较小时，上述程序可依据工作要求与委托方会商做适当简化。

（3）地下管线探测技术的应用

近年来，随着国家工程建设的蓬勃推进，地下管线探测工作日益繁重。为了高效、准确地完成这一任务，除了传统的地下管线探测仪外，还广泛引入了地质雷达等先进设备。这些设备不仅具备更深的探测能力，还能同时识别多种材质的管道，包括金属与非金属管线。通过运用这些高科技手段，能够精确锁定地下管线的位置，并准确测量其埋设深度，为工程设计与施工提供坚实的数据支持。

## （二）航空与遥感测量技术

航空摄影测量与卫星遥感测量作为现代测绘技术的两大分支，它们的共通之处在于都依赖于非接触式传感器系统来获取影像资料及其数字化表达，进而通过记录、精确量测以及深入解译这些影像，以揭示自然物体及其所处环境的可靠信

① 刘斐，周淑波．城市地下管线探测项目的技术细则分析 [J]. 石家庄铁路职业技术学院学报，2008，7（3）：5-11.

息。不过，两者在信息的侧重点上有所区别：遥感技术主要聚焦于从观测目标中提取丰富的物理信息，如地表温度、植被覆盖度等；而航空摄影测量技术则更侧重于精准捕捉并提取观测对象的几何形态信息，如空间位置、形状尺寸等。

1. 遥感技术

遥感技术发展的最大特征是空间分辨率不断提高。从遥感卫星提供的高清数据中可以读出更多、更清晰的信息，可用于工程测量、地质条件解译分析、地面监测等。

（1）遥感的概念

①遥感的含义。“遥感”这一术语，其起源可追溯至美国，由先驱者伊夫林·L. 布鲁依特（Evelyn L. Pruitt）在 1960 年首次提出。其英文名称 Remote Sensing 直译为“遥远感知”，恰如其分地描述了这一技术的核心特征。遥感技术主要依赖于以影像作为信息传递的媒介，这些影像中蕴含着地表物体（地物）的形状、精确位置以及丰富的光谱特性信息。

具体而言，遥感是在不与探测对象直接接触的情况下，利用位于一定空间距离的信息系统，捕捉并收集关于目标物的信息。这一过程无须物理接触，而是通过远距离的探测技术实现。随后，对这些收集到的信息进行深入的分析与研究，旨在揭示目标物的本质属性以及它们之间的相互关联。简单来讲，遥感技术是一种广泛应用的、非接触式的远距离探测手段，它在多个领域发挥着至关重要的作用。

②广义遥感。广义遥感是一种宽泛的概念，它涵盖了利用现代工具和技术手段，对任何目标进行远距离、非接触式感知的整个过程。由于未对目标的空间范围做出具体限定，因此广义遥感技术的应用领域极为广泛，几乎可以涵盖从地球表面到深空的所有探测活动。

③狭义遥感技术。狭义遥感技术是一种更为具体的技术密集型的探测手段。它特指从高空或外层空间平台上，运用紫外线、可见光、红外线和微波等波段的探测仪器，通过高精度的摄影或扫描技术，捕捉目标物发出的电磁波辐射能量。这一过程不仅包括对能量的感应和接收，还涉及复杂的传输、处理与分析步骤，旨在深入揭示目标物的物理性质、运动状态等关键信息。作为 20 世纪 60 年代迅速崛起的一项高新技术，狭义遥感技术凭借其强大的探测能力和广泛的应用前景，已成为现代科学技术领域的重要组成部分。

（2）遥感技术的特点

遥感技术，作为对地观测领域的一项综合性高科技手段，其诞生与演进深刻反映了人类对于自然界认知与探索的迫切需求。相较于其他技术手段，遥感技术展现出了独树一帜的三大显著特点。

①探测范围广，采集数据快。遥感探测技术以其卓越的效能，能够在极短的时间内，从高空乃至浩瀚的宇宙空间，对广阔的地域实施高效的对地观测。这一过程中，它能够精准捕获并提取出极具价值的遥感数据，这些数据如同打开了人类视觉的新维度，极大地拓宽了人们对地面事物现状的认知边界。通过遥感数据，能够以宏观的视角，全面而深入地把握地面事物的真实状况，为各类决策提供坚实的数据支撑。同时，这些数据也成为我们探索自然现象、揭示自然规律不可或缺的宝贵资料。相较于传统的手工作业方式，遥感探测技术以其高效、精准、全面的特点，展现出了无可比拟的优势。

②能动态反映地面事物的变化。遥感技术具备对同一地区进行周期性、重复性的对地观测能力，这一特性极大地促进了人类通过收集到的遥感数据，实时发现并持续追踪地球上众多事物的动态变化。

此外，它还为深入研究自然界的演变规律提供了宝贵的数据支持。在诸多领域，如天气状况的实时监测、自然灾害的快速响应、环境污染的有效监控，乃至军事目标的精确侦察等方面，遥感技术的运用都展现出了不可替代的重要性，成为现代社会中不可或缺的信息获取与分析手段。

③获取的数据具有综合性。遥感探测技术能够在同一时段内，广泛覆盖并收集大区域范围的遥感数据，这些数据综合而全面地描绘了地球上的自然与人文景观，从宏观角度清晰展现了地球表面各类事物的形态、分布及相互关系。它们不仅真实反映了地质结构、地貌特征、土壤类型、植被覆盖度、水文状况以及人工建筑等地理要素的特性，还深入揭示了这些地理事物之间错综复杂的联系。尤为重要的是，这些数据在时间上保持了高度的一致性，即具有相同的现势性，确保了信息的时效性和准确性。

综上所述，遥感技术显著地体现了宏观同步性、时效性、综合性、可比性、经济性、局限性的特点。

（3）遥感技术的分类

遥感技术按不同研究内容可以有不同的分类方法。

①按遥感平台分类。航宇遥感：传感器设置于星际飞船上，指对地月系统外的目标的探测。

航天遥感：传感器设置于环地球的航天器上，如人造地球卫星、航天飞机、空间站。

航空遥感：传感器设置于航空器上，主要是飞机、气球等。

地面遥感：传感器设置在地面平台上，如车载、船载、手提、固定或活动高架平台等。

②按传感器的探测波段分类。紫外遥感（0.05 ~ 0.38 μm）。

可见光遥感（0.38 ~ 0.76 μm）。

红外遥感（0.76 ~ 1000 μm）。

微波遥感（1 mm ~ 10 m）。

多波段遥感——探测波段在可见光和红外波段范围内，再分成若干个窄波段来探测目标。

③按工作方式分类。主动遥感和被动遥感：前者是主动式探测系统，它通过探测器主动向目标发射特定能量的电磁波，并随后接收由目标反射或散射回来的信号，以此来获取目标的相关信息；而后者则是被动式探测系统，它并不主动发射任何信号，而是仅仅依赖于接收目标物自身发射的电磁辐射能量，或是自然辐射源（如太阳、星辰等）照射到目标上后反射回来的能量。

成像遥感与非成像遥感：前者传感器能够接收目标发出的电磁辐射信号，并将其转换为可视化的图像，这些图像可以是数字格式或模拟格式；而后者传感器虽然同样接收目标电磁辐射信号，但无法将这些信号直接转化为可识别的图像形式。

④按遥感的应用领域分类。从大的研究领域可以分为：外层空间遥感、大气层遥感、陆地遥感、海洋遥感等。

从具体应用领域可以分为：资源遥感、环境遥感、农业遥感、林业遥感、渔业遥感、地质遥感、气象遥感、水文遥感、城市遥感、工程遥感、灾害遥感、军事遥感等。

（4）遥感技术的应用

在搜集基础地理数据、地球资源详情及应急灾害的即时资料方面，遥感技术相较于其他方法展现出了显著的优势。同时，随着技术的不断进步，越来越多的地理信息系统（GIS）开始高度依赖以遥感信息作为其核心数据源。

①基础地理数据的关键获取途径。遥感技术如同地球的“高清摄影师”，通过其获取的遥感影像，真实地呈现了地球表面物体精确的形状、尺寸、色彩等详尽信息。这些影像不仅直观易懂，相较于传统地图，更易于被广大公众所接受和使用。影像地图作为地图家族中的重要一员，其地位日益凸显。

特别是随着商业卫星影像技术的飞跃，分辨率已突破极限，达到甚至优于 0.5 m，这一成就极大地满足了高精度“4D”[数字高程模型（DEM）、数字正射影像图（DOM）、数字线划图（DLG）、数字栅格图（DRG）]产品的生产需求。

加之卫星影像能够迅速覆盖广袤区域并频繁更新，使得卫星遥感无可争议地成为基础地理数据采集与实时更新的首选工具。

②获取地球资源信息的最佳手段。遥感影像蕴含着极为丰富的信息宝藏，随着技术的不断进步，多光谱数据的波谱分辨率日益提升，现已能够精准捕获红边波段、黄边波段等以往难以捕捉的细微光谱特征。同时，高光谱传感器技术也迎来了飞速发展，我国自主研发的环境监测小卫星便搭载了先进的高光谱传感器，标志着我国在遥感技术领域的又一重大突破。通过深入分析遥感影像，可以轻松获取一系列宝贵的地球资源信息，包括但不限于植被的健康状况与分布、土壤的湿度与养分状况、水体的关键水质参数、地表及海水的实时温度等。这些信息如同地球的“健康档案”，为农业精准种植、林业资源管理、水利工程建设、海洋环境监测以及生态环境保护等多个领域提供了强有力的数据支撑和决策依据。

③为应急灾害提供第一手资料。遥感技术以其非接触式信息获取的独特优势，成为在各类紧急情况下，尤其是灾害发生时，迅速且有效地获取地理信息的关键手段。在灾难现场，当传统的地图资料难以获取或已不适用时，遥感影像成为宝贵的信息来源，甚至可能是唯一可用的信息渠道。这些即时生成的影像，为救援行动提供了至关重要的灾情信息，辅助决策者快速评估损失、规划救援路线并制定重建策略。在“5·12”汶川地震这场突如其来的灾难中，遥感技术发挥了不可替代的作用。

2. 航测（含无人机航测）技术

航空摄影测量是通过对影像数据进行几何计算，获取以地物空间位置为主的信息的测量技术。航空摄影测量是一项既老又新的技术。一方面有着将近两百年的发展历史，另一方面非常具有活力而且快速发展。

航空摄影测量的平台包括能提供清晰视野的航天飞机、普通飞机、无人机和飞艇等。而传感器上可以是胶片相机、大型专用航测相机、单反相机甚至是普通的卡片相机。航空摄影测量产品丰富多样，通常包括数字线划图（DLG）、数字高程模型（DEM）、数字正射影像图（DOM）、数字表面模型（DSM）、点云模型、三维模型（VR）等。相对于传统测量方法，其优势是覆盖宽、信息量大、数据及成果质量稳定及由以上特点带来的高效率等。

航空摄影测量凭借以上优势和技术上的不断进步已经成为测量工作的主要手段，目前主要表现在以下几个方面。

①光束法区域网空中三角测量取代解析法区域网空中三角测量。

②广泛使用 GNSS 和 POS 辅助手段减少外方位计算和提高空三精度。

③不断涌现出新的自动化程度更高、效率更高的软件，降低了航空摄影测量的技术门槛，甚至有的软件可以实现相机的免检校。

④无人机平台呈现百花齐放、百家争鸣的发展势态。旋翼机、垂直起降固定翼、普通固定翼等机型各有优缺点，国家对低空管制政策的放开将进一步推动无人机航测的蓬勃发展。

3.激光扫描测量技术

激光扫描技术是一种发射激光束并接收回波获取目标三维信息的技术。按照其安置扫描设备平台的不同可以分为地面激光扫描和机载激光扫描。其中，地面激光扫描仪以静态测量为主，通过设置的固定测站对目标区域进行扫描获取点云信息，并进一步处理制作其他产品。

机载激光雷达系统巧妙地以飞机作为飞行平台，集成了激光测量、GNSS、惯性测量单元（IMU）以及先进的数码航空摄影技术。这一综合系统能够高效地采集地面的激光点云数据和高清影像，随后经过精密的数据处理流程，将这些原始数据转化为极具价值的3D地理数据产品，包括但不限于数字正射影像图（DOM）、数字高程模型（DEM）以及数字线划图（DLG）。

机载激光雷达是一个典型的综合多种技术的系统。其核心的点云测量技术属于大地测量系统：以其为核心，纳入了GNSS测量技术，可以实时定位；纳入了惯性导航测量技术，可实时定姿态；其影像获取和处理方式又属于全数字摄影测量技术。综合后的机载激光雷达测量技术有精度高、效率高、植被穿透能力强、主动测量、产品线丰富等显著优势。

4. 虚拟现实技术

（1）虚拟现实概述

①虚拟现实的概念。谈及虚拟现实（virtual reality，VR），或许不少人对它尚感陌生，但提及电影《黑客帝国》与《阿凡达》，人们或许能对其有些许联想。在《黑客帝国》这部影片中，主角及配角们通过插管技术进入了一个虚拟世界，在这个奇幻的空间里，他们能够施展各种令人惊叹的技能，如用意念操控，去执行拯救人类的使命。有时，连主角自己也难以分辨自己究竟身处现实世界还是虚拟之境。

在电影《阿凡达》中，男主角利用一台能够控制潘多拉星球居民意识的机器，使人类得以接管外星人的身体，化身为他们。这两部影片中的主人公都是通过外部设备的连接，踏入虚拟世界去实现他们的愿景。由此可以归纳出，虚拟技术的核心在于建立连接。那么，究竟需要何种设备来搭建人类现实生活与虚拟世界之间的桥梁？这正是虚拟现实技术亟待解决的关键问题。

2016 年 3 月 7 日，第五届全球移动游戏大会（GMGC 2016）在国家会议中心盛大启幕。在大会的虚拟现实互动体验区域，人群熙熙攘攘，热闹非凡。有人佩戴着头盔沉浸于虚拟三维世界的奇妙体验中，还有人耐心地在长队中等待，尽管周围人头攒动，但大家的热情丝毫未减，都迫不及待地想要感受虚拟现实技术带来的无尽乐趣。那么，究竟何为虚拟现实呢？

虚拟现实也常被称作“虚拟实在”“虚拟实镜”“灵镜”“临镜”或“赛博空间”等，其起源可追溯至美国军方，最初作为军事仿真领域的一项尖端计算机技术，长期限于军事内部应用。然而，随着技术的不断演进与融合，至 20 世纪 80 年代末期，虚拟现实技术如同一颗璀璨的新星，开始闪耀在公众视野之中。这项技术汇聚了计算机技术、计算机图形学、多媒体技术、传感技术、显示技术、人体工程学、人机交互理论以及人工智能等多个前沿领域的最新研究成果，引发了社会各界的广泛关注与热烈探讨。

关于虚拟现实的定义，当前学界与业界尚未形成统一且标准化的共识，其概念呈现多元化特征。这些不同的概念主要可以归结为两大范畴：狭义与广义。

在狭义层面上，虚拟现实技术被界定为一种高度集成的技术体系，它深度融合了计算机系统、多样化的显示设备以及精密的控制接口，共同构建出一个可实时交互的三维虚拟环境。这一技术不仅为用户提供了前所未有的沉浸式体验，还开创了一种新颖的人机交互模式，即“基于自然的人机接口”。在这一虚拟世界中，用户仿佛置身于真实场景之中，能够直观地观察到色彩斑斓、立体逼真的景象，聆听到来自虚拟环境的生动声响，甚至能感受到环境反馈的细腻触感与力量反馈。这种全方位的感官融合，让用户能够以前所未有的方式探索、体验并与虚拟世界进行深度互动。

从广义上理解，虚拟现实是对虚拟构想或真实三维环境的一种高度仿真模拟。它不只是一个简单的人机交互接口，而且依托计算机技术、传感与测量技术、仿真技术、微电子技术等一系列现代科技手段，精心构建出一个逼真的虚拟世界内部环境。在这个环境中，特定场景得以真实再现，用户通过全方位地接收并响应来自模拟环境的各类感官刺激，能够与虚拟空间中的角色或物体进行深度互动，从而产生一种身临其境、沉浸其中的独特体验。

可见，虚拟现实这一术语深刻蕴含了以下三个层面的含义：一是虚拟现实构建了一个基于计算机图形学的多视点、实时动态的三维环境。这个环境既可以是现实世界的高精度复现，让人仿佛置身于真实场景之中；也可以是超越现实的虚构世界，激发无限的想象与探索。二是用户不再仅仅是通过单一的视觉或听觉来感知这个环境，而是能够借助视、听、触等多种感官渠道，以人类最自然的方式和技能，与虚拟环境中的元素进行直接的、实时的互动。三是在虚拟现实的操作过程中，用户不再仅仅是作为外部的观察者，通过窗口窥视这个虚拟世界。相反，他们成为这个环境中的一个实时数据源和行为主体，能够自由地探索、操控甚至影响虚拟世界的运行。

②虚拟现实的特征。1993年，在全球瞩目的世界电子年会上，美国杰出的科学家格里高里·布尔代亚（Burdea G.）与夸费（Philippe Coiffet）携手合作，共同发表了一篇具有里程碑意义的论文，题为“Virtual Reality System and Application”。该文章不仅深入探讨了虚拟现实技术的广阔前景与应用潜力，还创造性地提出了一个核心框架——“虚拟现实技术三角形”，即著名的“3I”特征：immersion（沉浸感）、interaction（交互性）与imagination（构想性）。

一是沉浸感。沉浸感，亦被形象地称为临场感，是虚拟现实技术最为核心且显著的特征。它指的是用户通过先进的交互设备，结合自身的感知系统，仿佛被深深吸引并完全融入由计算机精心构建的虚拟环境之中。在这一状态下，用户不再仅仅是外界的观察者，而是仿佛成了虚拟世界不可或缺的一部分，实现了从被动旁观到主动参与的深刻转变。他们不仅能够身临其境地置身于计算机生成的虚拟场景中，更能积极参与其中，与虚拟世界的人、事、物进行丰富多彩的互动，体验前所未有的沉浸式乐趣与探索的无限可能。一个理想的虚拟环境应当达到使用户难以分辨真假的程度，在这个环境中，视觉、听觉、触觉乃至嗅觉、味觉等所有感官体验都应与现实世界无异，让人仿佛身临其境。正如我们在现实世界中，依赖眼睛观察、耳朵聆听、鼻子嗅闻、手指触摸等来认知外界一样。

所以，在理想状态下，虚拟现实技术致力于模拟并再现人类所有可能的感知维度，以期创造一个全方位、多感官交融的沉浸式体验。这意味着，除了视觉与听觉这些传统感知渠道外，虚拟现实还旨在通过嗅觉、触觉乃至味觉等多维感官，让用户能够更深层次地感受并融入虚拟世界。由此，便衍生出了视觉沉浸、听觉沉浸、触觉沉浸、嗅觉沉浸乃至味觉沉浸等概念，这些都对虚拟现实设备的技术水平提出了极为严苛的要求。

目前，视觉沉浸、听觉沉浸、触觉沉浸以及嗅觉沉浸等方面的研究与应用已相对成熟，为用户提供了较为丰富的沉浸式体验。但相比之下，味觉等更为复杂且精细的感知技术仍处于探索与研究阶段，尚未在虚拟现实系统中得到广泛应用。

二是交互性。交互性强调的是用户与虚拟环境之间的高度互动与即时反馈。这种交互不仅依赖于专门的输入与输出设备，更追求用户能够以自然、直观的方式操控虚拟世界中的物体，并实时接收到来自环境的真实反馈，仿佛置身于真实世界之中，几乎忘却了计算机的存在。

相较于传统的多媒体技术，虚拟现实系统的交互模式实现了质的飞跃。在过去，人机互动往往局限于键盘与鼠标等一维、二维的交互方式，显得较为机械与单一。而虚拟现实技术则彻底打破了这一局限，它鼓励用户采用更加自然、贴近真实生活的交互手段，如佩戴特殊头盔、使用数据手套等传感设备，来实现对虚拟环境的全方位感知与操控。通过这些先进的交互设备，用户的头部转动、手势变化、眼神移动乃至语音指令和身体动作，都能被计算机精准捕捉并即时响应。

三是构想性。构想性体现了用户沉浸于人类智慧所构想出的高度“逼真”虚拟环境之中，通过与该环境进行的广泛而深入的交互作用，获得一种融合了感性与理性认识的综合体验。这种体验不仅加深了对既有概念的理解，更激发了新的创意与灵感，促使认识层面发生质的飞跃。所以，虚拟现实技术远非仅仅是用户与终端设备之间的简单接口，它更是一种由开发者精心设计的综合应用系统，旨在为解决工程、医学、军事等众多领域内的复杂问题提供强有力的支持。

通常以夸张的手法展现设计者的理念，让用户沉浸在这一环境中去探索和理解世界。这样的体验能够帮助人类超越时间和空间的局限，实现那些因条件限制而难以达成的目标。因此，虚拟现实被视为一种激发人类创造性思维的技术。

（2）虚拟现实的关键技术

虚拟现实系统的终极愿景是构建一个由计算机精心编织的虚拟世界，让用户能够沉浸其中，通过视觉、听觉、触觉、嗅觉乃至味觉等多维度与之进行无缝交互，且系统能对这些交互做出即时响应。要实现这一宏伟目标，仅凭专业的硬件设备是远远不够的，它还需要一系列尖端的技术与软件作为坚实后盾，尤其是在当前计算机运行速度尚不能完全满足虚拟现实系统极致需求的情况下，这些技术与软件的重要性更是不言而喻。

具体而言，要构建一个能够随着用户视角变化而实时呈现不同场景图像的三维虚拟环境，除了依赖高性能、特制的硬件设备外，还必须有深厚的技术理论作为支撑。

①立体显示技术。人类感知的客观世界的广阔图景中，高达80%的信息依赖于视觉这一强大感官，它不仅是人类探索与感知外界的主要门户，也是捕获外界信息最为关键的传感途径。正因如此，在构建多感知融合的虚拟现实系统时，视觉通道无疑占据了举足轻重的地位，成为连接虚拟与现实世界的核心桥梁。而在视觉显示技术的浩瀚星空中，立体显示技术犹如一颗璀璨的明星，其复杂性与关

键性不言而喻。所以，立体视觉显示技术被赋予了极高的重要性，成为支撑虚拟现实技术发展的不可或缺的基石。

回溯至虚拟现实技术探索的黎明时期，计算机图形学的先驱伊凡·苏泽兰（Ivan Sutherland）便已在其开创性的“Sword of Damocles”系统中，实现了令人瞩目的三维立体显示效果。这一壮举不仅让人眼首次目睹了仿佛悬浮于空中的立体框子，更预示了虚拟现实技术无限可能的未来。

时至今日，随着技术的飞速进步，如 WTK、dVISE 等广受欢迎的虚拟现实系统，均支持配备立体眼镜或头盔式显示器，为用户带来更加沉浸式的体验。立体显示技术的融入，无疑为各类模拟器注入了新的活力，使得仿真效果愈发接近真实世界的细腻与复杂，使人在虚拟世界里具有更强的沉浸感。

一是立体视觉的形成原理。立体视觉，这一独特的人类视觉能力，使人眼在观察周围世界时能够感知到物体鲜明的立体感。这种深度的感知力，根植于人眼对景象中深度要素的敏锐捕捉与解析。

具体而言，人眼通过双目视差这一生理现象——双眼从略微不同的角度观察同一物体时所产生的视觉差异，以及随着头部或身体移动而产生的运动视差，精准判断物体空间位置。此外，眼睛的适应性调节能够根据物体的远近自动调节晶状体的曲率，从而确保视网膜上形成清晰的图像。而当双眼分别捕捉到的略有差异的图像传入大脑后，大脑会进行复杂的融合处理，将这些差异信息转化为对物体深度的感知，最终形成了人们所熟知的立体感。

除以上几种机能外，由于人们有着不同的经验、不同的想法，并且人们观察事物所处的环境不同，所以他们对同一景象的深度感知不同。

当人们同时用双眼聚焦于某一物体时，这两束视线的交会之处便形成了所谓的注视点。在这一点上，来自物体的光线精准地投射到双眼的视网膜上，形成对应的亮点。然而，由于人类的双眼自然间隔约 65 mm，所以，两只眼睛各自捕捉到的图像信息在细节上存在着微妙的差异。当这些差异化的视觉信号被传送到大脑的视觉中枢进行高级处理时，大脑不仅成功地将这些碎片化的图像信息融合成一幅完整、连贯的物体图像，更重要的是，它还能够解析出物体与周围环境之间的空间关系——包括距离、深度、凹凸质感。这一过程赋予了人类独特的双眼立体视觉能力，使人们能够以前所未有的细腻和真实感，感知并理解三维世界中的每一个细节。

事实上，人们在观察物体时，立体感并非仅由双眼视觉产生，即便是单眼观察，也能感知到三维效果。当物体具有一定的景深时，单眼会自动进行调节以适应这种深度；而当物体处于运动状态时，单眼会捕捉到由物体前后位置变化导致的移动视差。

综上所述，人类对于周围世界的认知，无论是心理上还是生理上，都已经根深蒂固地烙印着三维轮廓的印记，这是不可撼动的事实。

二是立体图像再造。人类对于现实世界的感知本质上就是三维立体的，这一特性促使虚拟现实系统在设计时，必须致力于通过先进的显示设备来精准还原这种三维视觉效果。随着对视觉生理学原理的深入理解和电子科技日新月异的进步，当前的光学设备主要采用了以下四种核心原理来重构并呈现逼真的三维环境。

分时技术。分时技术的核心在于将专为左眼和右眼设计的两套画面交替、快速地呈现于屏幕上。具体而言，显示器首先在其一次刷新周期内展示左眼应见的画面，与此同时，一副特制的眼镜迅速遮挡住观看者的右眼，以确保左眼画面仅被左眼接收。在下一次刷新时，画面切换为右眼视图，此时遮住观看者的左眼，确保右眼只看到对应的画面。这一过程以极高的频率重复进行，通过人眼视觉的暂留效应，使得观看者能够感知到一套连续、无间断的立体画面。目前，实现这一交替遮挡功能的主要设备是液晶快门眼镜，它们利用液晶板的快速开关能力来控制光线的通过，从而精准地遮蔽或开放观看者的左右眼。

分光技术。分光技术巧妙地利用偏光滤镜或偏光片，从常见光源发出的混合光（包含自然光与偏振光）中筛选出特定方向的偏振光。具体而言，该技术允许0° 偏振光专门导向右眼，而 90° 偏振光则专门导向左眼。这两束不同角度的偏振光各自承载着独立的画面信息，为立体视觉的呈现奠定了基础。观众需佩戴特制的偏光眼镜，其镜片正是由偏光滤镜或偏光片制成，分别设计为使 0° 和 90° 的偏振光得以穿透，从而就完成了第二次过滤。

如今，分光技术的应用领域主要集中在投影系统上。早期实现该技术需依赖双投影机配置，每台投影机分别投射一种偏振光的画面，并配备相应的偏振光滤镜以确保光线的正确导向。随着技术的进步，现已开发出能够单独完成这一任务的单投影机系统，极大地简化了设备配置、降低了操作复杂度。但无论采用何种投影机方案，均需配合特制的金属投影幕，以确保在传输过程中不破坏偏振光的特性。

分色技术。分色技术作为一种视觉处理技术，其核心原理在于通过精确控制光的颜色成分，使得特定颜色的光线仅被左眼接收，而另一种或几种颜色的光线则仅被右眼接收。人眼中的感光细胞主要分为四类，其中最为普遍的是负责感知亮度的细胞，它们对光线强度的变化极为敏感。而另外三种感光细胞则专门负责色彩的识别，它们各自能够敏锐地捕捉到红光、绿光和蓝光这三种基本波长的光线。值得注意的是，自然界中的万千色彩，实际上都是基于这三种颜色的不同比例混合而成的，这就是为何红、绿、蓝被称为光的三原色。

显示器之所以能够展现出绚丽多彩的上亿种颜色，关键在于它能够精准地组合红、绿、蓝这三种原色光。同样地，计算机内部存储的图像信息也是基于这三种原色进行编码和保存的。在分色技术的应用中，首先会进行第一次过滤处理。对于左眼应见的画面，去除其中的蓝色和绿色成分，仅保留红色信息；而对于右眼画面，则去除红色，保留蓝色和绿色的信息。随后，这两套经过色彩调整的画面被巧妙地叠合在一起，但并非完全重叠，而是左眼画面略向左侧偏移，以此作为构建立体视觉的基础。第二次过滤是观众佩戴专用滤色眼镜。这副眼镜的设计十分精妙，左镜片只允许红色光线通过，而右镜片则可以选择性地让蓝色或绿色光线穿透（由于右眼画面同时包含了蓝色和绿色，所以无论右镜片是蓝色还是绿色，都不影响观看效果）。

也有部分眼镜的右镜片为红色，这时第一次过滤过程中的色彩处理就需要相应地对调，以适应这种眼镜的配色。不过，由于购买相关产品时通常会附带配套的滤色眼镜，所以即使存在标准不一的情况，用户也无须担心，只需根据所附眼镜的颜色进行正确配置即可。

以红绿眼镜为例，这两种颜色在视觉上呈现出强烈的互补性。红色镜片会有效地削弱进入左眼画面的绿色光，而绿色镜片则相应地削弱右眼画面中的红色光。这种互补关系确保了每套画面仅被预定的眼睛所接收，从而实现了立体视觉的分离与合成。实际上，更精确地说，是红色与青色之间存在互补关系，因为青色位于绿色和蓝色之间，所以红蓝眼镜的工作原理与红绿眼镜相似，只是颜色组合上略有不同。值得一提的是，随着技术的进步，分色技术的第一次滤色过程如今已广泛采用计算机自动化完成。按照上述方法进行滤色处理后的视频内容，可以直接制作成 DVD 或其他音像制品，用户只需在任何彩色显示器上播放，配合相应的滤色眼镜，即可享受到立体视觉带来的独特体验。

②环境建模技术。在虚拟现实系统中，构建逼真且引人入胜的虚拟环境是其核心使命。这一过程始于建模，即将现实世界中的三维空间数据转化为数字形式，随后通过实时绘制技术和立体显示技术，将这些数据编织成一个生动、可交互的虚拟世界。虚拟环境建模的精髓在于精准捕捉实际三维环境的数据，并依据特定应用需求，运用这些数据精心构建出相应的虚拟场景模型。只有确保模型能够真实、有效地反映研究对象的特征，虚拟现实系统才能赢得用户的信任。虚拟现实系统中的虚拟环境可能涵盖多种情形，包括但不限于以下几点。

模仿真实世界中的环境。复刻既有建筑物、复杂武器系统乃至整体战场环境。这些被模拟的环境可能源于现实世界中的真实存在，也可能源于尚未落地的精密设计构想。为了实现这种高度的真实感，构建过程中需精细打造几何模型以再现环境的空间结构与形态，同时，物理模型的构建也至关重要，确保环境中的动态变化严格遵循物理定律，如光影效果、重力作用、材质交互等，力求达到以假乱真的效果。从功能层面而言，这类虚拟现实系统本质上扮演着系统仿真的角色。

人类主观构造的环境。例如，在影视制作与电子游戏领域中广泛应用的三维动画技术，其场景往往是虚构的。在这种情境下，无论是用于呈现空间结构的几何模型，还是模拟现实物理行为的物理模型，都可以完全摆脱现实世界的束缚，实现自由创造。为了在这些虚构环境中创造出流畅而逼真的动画效果，系统常采用插值方法作为其核心动画技术。

模仿真实世界中的人类不可见的环境。例如，在探讨分子的复杂结构、空气中速度、温度及压力的精确分布等自然现象时，这些真实环境尽管客观存在于我们周围，却超出了人类直接通过视觉和听觉感知的范围。为了将这些微观或无形的世界呈现给人类，虚拟现实系统发挥了关键作用。对于像分子结构这样的微观环境，系统通过放大尺度的模拟技术，使人们能够亲眼"看见"其精细结构。而对于速度这种原本不可见的物理量，虚拟现实则巧妙地运用流线来表征，其中流线的方向指示了速度的方向，而流线的密集程度则反映了速度的大小。这类虚拟现实系统的核心功能，正是科学可视化，它架起了人类感知与复杂科学现象之间的桥梁，让深奥的自然规律得以直观展现。

建模技术涵盖一个极为宽广的领域，其中不乏在计算机建筑设计与仿真技术中已相当成熟的理论与技术。然而，值得注意的是，并非所有这些技术都能无缝应用于虚拟现实系统之中。这主要是因为虚拟现实系统对实时性有着严格的要求，任何技术若无法满足即时响应的需求，便可能在此环境中失效。此外，某些建模技术可能生成了大量在虚拟现实场景中并不必要的信息，这些信息不仅增加了系统的处理负担，还可能影响用户体验。同时，若某项技术对物体运动的操控性支持不足，也会限制其在虚拟现实系统中的应用潜力。

③三维虚拟声音实现技术。在虚拟现实系统中，听觉信息作为视觉之后的第二大关键传感通道，扮演着向人的听觉系统传输声音展示的重要角色，是构建全方位虚拟世界不可或缺的组成部分。为了实现身临其境般的真实体验，听觉通道必须达到一系列标准：能够营造立体声场，让用户感受到声音的环绕与深度；清晰辨识声音的种类与强度；精准定位声源的空间位置。通过将三维虚拟声音与视觉体验并行融入虚拟现实系统，不仅能够显著提升用户在虚拟环境中的沉浸感与交互性，还能够减轻大脑对视觉的过度依赖，降低对纯粹视觉信息的严苛要求。这样，用户便能在视听结合的丰富感知中，获取更为全面和深刻的信息体验。

三维虚拟声音与人们所熟知的立体声音在呈现方式上存在显著差异。立体声，尽管通过左右声道实现了声音的区分，但其整体效果主要局限于听者面前的一个二维平面上，仿佛声音是从这一平面的某个点源发出。相比之下，三维虚拟声音则打破了这一局限，它能够模拟源自听者头部周围一个全方位、立体的球形空间中的任意位置的声音。这意味着声音不仅可以在前方或后方响起，还能在头顶上方或其他任何方向出现，为用户带来前所未有的空间听觉体验。NASA 研究人员通过试验研究，证明了三维虚拟声音与立体声的不同感受。他们为参与者配备了立体声耳机，旨在模拟更加真实的听觉体验。若采用传统的立体声技术来呈现声音，参与者往往会感到声音仿佛被局限在头部内部回荡，缺乏外界声音的开阔感与方向性。

然而，当研究人员巧妙地调整声音的混响压力差时，奇迹发生了——参与者能够清晰地感知到声音来源的位置在变化，仿佛置身于一个充满立体感的虚拟空间中，这种转变极大地增强了他们的沉浸感受。这一过程，正是三维虚拟声音技术的魅力所在，它通过精准调控声音的物理属性，为用户营造出身临其境的听觉盛宴①。

语音识别技术。全称为自动语音识别（automatic speech recognition，ASR），是一种先进的科技手段，它能够将人类发出的语音信号转换为计算机程序能够理解和处理的文字信息。这一过程不仅涉及对语音指令的准确识别，还涵盖了语音内容向文字的转换，从而实现了人机交互的新高度。语音识别技术通常包含以下几个核心步骤：参数提取、参考模式建立、模式识别等。

当用户通过麦克风将语音输入系统中时，系统首先将这段语音转换成数据文件。随后，语音识别软件便启动其核心功能，即对用户输入的语音样本与系统中预先存储的大量声音样本库进行细致的比对。这一比对过程旨在寻找与用户语音最为吻合的样本。当系统完成这一复杂的匹配任务后，它会输出一个序号，该序号对应于它认为最相似的声音样本，从而间接地揭示了用户刚刚发音的具体内容或意图。基于这一识别结果，系统能够进一步执行相应的命令或操作。尽管上述过程听起来相对直观，但要构建一个具备高识别率的语音识别系统，实际上是一项极具挑战性和专业性的任务。目前，全球范围内的科研人员正致力于这一领域的研究，不断探索实现更高效、更准确的语音识别技术的最佳途径。

语音合成技术。语音合成技术，也被广泛称为文本到语音（text to speech，TTS），是一种通过人工智能手段模拟人类语音生成过程的先进技术。其核心目标在于让计算机能够产生出既易于理解又富含情感的语音输出，使得听众在聆听时

---

① 周前祥．载人航天器人—机系统虚拟仿真技术关键问题的探讨 [J]. 科技导报，2003（3）：3-5.

不仅能够准确把握信息的含义，还能感受到其中的情感色彩。为实现这一目标，语音合成技术所生成的语音需满足可懂度高、清晰度强、自然流畅以及富有表现力的标准。作为一项高度综合性的前沿科技，语音合成技术如同为机器赋予了人工嘴巴，使其能够“开口说话”。这一技术的实现跨越了多个学科领域，包括但不限于声学、语言学、数字信号处理以及计算机科学等。

为了满足交互需求，用户需要能够自由选择使用语音或文字向虚拟现实系统传递信息，而虚拟现实系统则需要能借助语音合成技术，以声音的形式向用户提供反馈。

鉴于语音的独特性，它展现出与普通声音截然不同的波形特征和周期性，加之语言间的多样性和人与人之间发音的差异性，机器在执行语音识别任务时，必须经历一系列复杂的处理流程，包括语音信号的预处理、特征提取以及模式匹配等关键步骤。预处理阶段是这一过程的首要环节，它涵盖一系列精细的操作，如预滤波以去除噪声干扰、采样与量化以将模拟信号转换为数字形式、加窗处理以便于分析局部特性、端点检测以确定语音信号的起始与结束位置，以及预加重以增强高频成分，从而改善信号的可识别性。在这一系列处理中，特征提取尤为关键，因为它是连接原始语音信号与后续识别算法的桥梁。

在虚拟现实系统中，引入语音合成技术能够显著提升用户的沉浸体验。当体验者佩戴上低分辨率的头盔显示器时，虽然能够主要依赖视觉获取丰富的图像信息，但由于分辨率的限制，往往难以直接从显示界面上清晰辨认文字信息。为了弥补这一视觉上的不足，语音合成技术发挥了关键作用。通过该技术，系统能够将必要的指令、说明或文字信息转化为清晰、自然的声音输出，直接传达给体验者。这种方式不仅有效补充了视觉信息的缺失，还增强了信息的传递效率和用户的感知深度，从而进一步加深了虚拟现实环境的沉浸感和互动性。

将语音合成技术与语音识别技术巧妙融合，能够赋予试验者与计算机生成的虚拟环境之间进行直观、便捷的语音交流能力。这一结合不仅简化了人机交互方式，还极大地方便了那些双手正忙于执行其他任务的用户。在这种情况下，语音交流的功能显得尤为重要，它允许用户无须中断手头工作，仅凭口头指令即可与虚拟环境进行互动，从而极大地提升了操作的灵活性和效率。

④人机自然交互技术。人机交互是人与计算机之间信息交流的简称。计算机之父冯·诺伊曼（John von Neumann）创造计算机以来，人机交互便作为计算机科学探索版图中不可或缺的一隅，持续吸引着人们的广泛关注。历经半个多世纪的不懈努力与技术创新，人机交互技术已经取得了令人瞩目的飞跃与进步，不断拓宽着计算机与人类之间沟通与协作的边界。它的发展可分为以下四个阶段。

基于键盘和字符显示器的交互阶段。人机交互采用的是命令行方式（CLI），这是人机交互接口第一代。人机交互早期依赖于文本编辑的方式，实现了将多样化的输入/输出信息直观呈现于屏幕之上。用户主要通过问答式对话、浏览文本菜单或输入命令语言等方式与计算机进行互动。然而，这一阶段的交互界面存在显著局限，用户仅能通过手动敲击键盘这一单一通道来输入信息，且输出反馈也仅限于简单的字符显示。这种交互模式不仅限制了用户与计算机之间沟通的自然流畅度，也显著影响了交互的效率与便捷性，使得整体的人机交互体验显得颇为生硬与低效。人们使用计算机，必须先经过很长时间的培训与学习。

进入基于鼠标与图形显示器的交互时代后，人机交互迎来了革命性的变革。这一阶段，用户无须再记忆烦琐的命令序列，而是可以通过直观的窗口、图标、菜单以及指点装置（如鼠标）直接在屏幕上对目标对象进行操作，这一模式被广泛称为WIMP（窗口、图标、菜单、指点设备）的第二代人机接口。相较于传统的命令行接口，图形用户接口（GUI）以其视觉化的视图、结合鼠标的点选操作，极大地提升了人机交互的自然性与效率。它不仅简化了操作流程，降低了学习门槛，还使得非专业用户也能轻松上手，极大地促进了计算机技术的普及与应用。

基于多媒体技术的交互阶段。在此期间，多媒体界面成为广受欢迎的交互手段。人们不仅依赖键盘和鼠标进行交互，还开始使用麦克风、摄像头及扬声器等多媒体输入输出设备。随着语音识别技术的不断进步，人机交互的内容也变得更加多元，用户能够利用声音、图像、图形及文字等多种媒体形式与计算机进行沟通。然而，这一时期的多媒体交互技术仍然局限于单个媒体的存取与编辑，尚未实现多媒体信息的综合处理。

基于多模态技术集成的自然交互阶段。尽管多媒体信息在人机交互中的应用极大地拓宽了交互的方式与内容，但相较于人类与生俱来的自然交互能力，其差距仍然显著。人类在与环境交互时展现出高度的多模态性，能够同时运用语言、手势、目光等多种方式聚焦于同一对象，并凭借声音语调、面部表情及肢体动作的综合分析，精准捕捉对方的情绪状态。这种交互不仅基于感官的即时反馈，更深深植根于个体的知识储备与思维活动之中，无论是行为的发起还是信息的解读，都离不开思维的引导与控制。在探索更高级的交互境界时，虚拟现实技术以其多模态技术集成的自然交互技术脱颖而出，成为该领域的重要里程碑。

一是手势识别技术。手势作为一种自然、直观且学习成本低的交互方式，在人机交互领域展现出了巨大的潜力。它允许用户直接将人手作为计算机的输入工具，实现了人机交互的无缝连接，省去了传统中间媒体的烦琐。这种交互模式不仅提升了操作的便捷性，还增强了用户的沉浸感与参与感。

手势研究的核心可划分为两大方向：手势合成与手势识别。手势合成侧重于计算机图形学的应用，旨在创造出逼真、流畅的手势动画，以丰富人机交互的视觉表现。而手势识别则更多地涉及模式识别技术，其目标在于准确捕捉并解析用户手势的意图，从而实现精准的控制与反馈。

在手势识别技术的实现上，又可细分为基于数据手套和基于计算机视觉的两大类别。基于数据手套的手势识别系统，通过集成数据手套与位置跟踪器，能够精准捕捉手势在三维空间中的运动轨迹、时序变化以及复杂的手部姿态，如手的位置、朝向和手指的弯曲程度等①。这一系统利用这些详尽信息对手势进行细致分类，从而在实际应用中展现出较高的实用性和识别准确性。然而，其局限性在于用户需佩戴较为复杂的设备，这不仅限制了手部的自然运动范围，还因设备成本较高而提高了使用门槛。相比之下，基于计算机视觉的手势识别技术则侧重于从视觉层面捕捉手势信息。该技术有时要求用户佩戴特定颜色的手套以辅助识别，或利用多色手套来精确区分手部各部位。通过摄像机连续捕捉手部运动图像，系统首先识别出手部轮廓，进而利用边界特征进一步细分出具体的手势。该方法的优势在于输入设备相对经济且使用时不会对用户造成额外负担，但其识别精度和实时性有待提高，尤其在大规模手势词汇的识别上显得力不从心。

手势识别技术涵盖多种核心算法，主要包括模板匹配技术、人工神经网络技术和统计分析技术。模板匹配技术是一种直接而有效的方法，它通过将传感器捕捉到的数据与预先存储的手势模板进行细致对比，计算两者之间的相似度，以此为依据来识别出相应的手势。人工神经网络技术则以其强大的自组织和自学习能力著称，能够在复杂的噪声环境中有效处理不完整或畸变的手势数据。该技术模拟人脑神经网络的运作机制，通过不断学习和优化，能够逐步提升手势识别的准确性和鲁棒性，是一种极具潜力的模式识别技术。统计分析技术则侧重于从概率论的角度出发，通过统计分析大量手势样本的特征向量，建立起分类模型，并据此对手势进行分类识别。

手势识别技术的深入探索不仅极大地促进了虚拟现实系统与自然人机交互的融合，使得用户能够以前所未有的直观方式沉浸在虚拟世界中，还展现出了对改善听障人士生活质量的深远影响。通过手势识别，听障人士在学习、工作及日常生活中能够更加便捷地表达自我，提高交流效率，从而享受更加平等和便利的社会环境。

此外，在计算机辅助哑语教学领域，该技术为听障学生提供了更加丰富、直

① 杭云，苏宝华．虚拟现实与沉浸式传播的形成 [J]. 现代传播（中国传媒大学学报），2007（6）：21–24.

观的学习资源，有助于提升教学效果；在电视节目双语播放中，手势识别技术的融入能够增强节目的多样性和包容性，满足不同观众群体的需求。同时，手势识别还在虚拟人物研究、电影特技制作、动画制作等领域发挥着重要作用，为创意产业带来了前所未有的创新可能。在医疗研究方面，手势识别技术可用于辅助医生进行精确的操作，提高手术成功率；在游戏娱乐领域，该技术则为玩家提供了更加沉浸式、互动性强的游戏体验。

二是面部表情识别。喜悦、愤怒、悲伤、欢乐，这些都是情感的体现，而表情则是人们内心世界通过面部展现出来的信息。这种独特的交流方式在人际交往中扮演着至关重要的角色，是非语言沟通的一种核心手段。表情，作为人体行为信息的丰富宝库，是情感传递的主要媒介，其细微变化深刻反映着个体的内心世界。深入研究表情，能够为我们揭开人类复杂心理状态的神秘面纱，增进对彼此情感状态的理解与共鸣。

心理学界普遍认为，情感的有效传达并非单一元素所能成就，而是语言、声音与面部表情三者协同作用的结果。具体而言，情感表达被精妙地划分为：7%源自语言内容，38%通过声音语调传递，而高达55%则直接体现在面部表情之上。这一比例直观地揭示了人脸表情与情感表达之间不可分割的紧密联系，强调了面部表情在情感沟通中的核心地位。

人脸面部表情识别与研究的探索领域广泛而深远，其应用前景极为广阔，涵盖虚拟现实中的自然人机交互、心理学深层次研究、远程教育互动体验、安全驾驶的情绪监测、公共场合的安全监控与预警、谎言检测技术的辅助、计算机游戏的沉浸式体验、临床医学的情绪评估以及人类精神病理学的精准分析等多个方面。

然而，尽管面部表情识别对未来人机交互技术具有不可估量的价值，其实现过程却面临着诸多挑战。面部表情作为人类情感表达的高度复杂且多样化的载体，其细微变化不仅涉及生理层面的肌肉运动，更与深层的心理状态紧密相连，这使得面部表情识别成为一项跨学科的技术难题，需要综合生理学与心理学的深入研究。因此，相较于其他较为成熟的生物识别技术，如指纹识别、虹膜识别及人脸识别等，表情识别的技术发展步伐显得相对缓慢。

计算机科学在研究人脸面部表情识别时，一般包括四个步骤，即人脸图像的检测与定位、表情图像预处理、表情特征提取、表情分类[①]。

三是眼动跟踪。虚拟现实系统内的视觉体验核心在于对用户头部运动的精准

---

① 施徐敢，赵小明，张石清．人脸表情识别研究的新进展[J]．实验室研究与探索，2014，33（10）：103-107+287.

追踪。这意味着，随着用户头部的自然移动，系统能够即时调整并渲染出与之相对应的虚拟场景变化，确保视觉反馈的实时性与沉浸感。

然而，值得注意的是，在真实环境中，人们往往能够保持头部相对静止，仅通过眼球的转动来扫描并感知周围一定范围内的环境细节或物体，这种能力在当前的虚拟现实技术中尚需进一步模拟与优化，以提供更加自然、全面的视觉交互体验。在这方面，仅仅依赖头部跟踪是不足以满足需求的。为了模拟人眼的这一功能，虚拟现实系统引入了视线移动作为人机交互的方式。这种方式不仅能够弥补头部跟踪技术的局限性，还能简化传统交互流程中的步骤，使得交互过程更为直观和便捷。

眼动追踪技术是一种通过精确测量眼睛注视点的位置或眼球相对于头部的细微运动来追踪眼球活动的科学方法。

眼动追踪技术依赖于特定的硬件设备，如要求用户佩戴特制的头盔、隐形眼镜，或是使用固定在头部的装置、置于用户头顶的高精度摄像机等。这种方法的优势在于能够提供极高的追踪精度，但相应地，它也给用户带来了较为显著的物理负担和干扰，影响了使用的便捷性和舒适度。

为了减轻甚至消除这种干扰，近年来软件基础型眼动追踪技术应运而生，并迅速成为研究热点。该技术主要依赖于计算机视觉和图像处理算法，首先通过摄像机捕捉用户的眼部或面部图像，随后运用先进的算法对这些图像进行深度分析，实现人脸及人眼的自动检测、精确定位与连续追踪。最终，基于这些分析数据，系统能够估算出用户的注视点位置，实现无干扰的眼动追踪。

四是触觉反馈传感技术。研究表明，在人类获取外界信息的多元感知能力中，触觉占据着继视觉与听觉之后的重要地位，它不仅是人类认知外界环境的关键途径，也是实现与环境有效互动的桥梁。特别是在实践操作中，准确感知接触状态是执行精细控制任务不可或缺的前提。在虚拟现实技术的应用场景中，触觉交互的重要性尤为凸显。以虚拟手术训练为例，通过集成触觉反馈机制，医生在进行模拟手术时，不仅能够获得视觉上的直观体验，还能实时感受到手术器械与虚拟器官之间的物理接触，这种双重感知极大地增强了训练的沉浸感和真实性。因此，触觉交互在虚拟现实环境下的应用，为医疗、工业、教育等多个领域的技能培训和模拟演练提供了更加真实、高效的解决方案。

根据力反馈设备的交互特性，可以将其分为两大类：主动式力 / 触觉设备和被动式力 / 触觉设备。主动式力 / 触觉设备在操作过程中，系统会主动向用户施加力感，这是大多数设备的类型；而被动式力 / 触觉设备则是在用户施加力的过程中，系统会根据用户的力量给予一定比例的反馈力，从而增强虚拟交互的真实感。

五是虚拟嗅觉交互技术。虚拟嗅觉交互技术作为虚拟现实系统不可或缺的一环，其核心价值在于能够模拟并再现真实世界中的气味体验于虚拟环境之中，这一特性极大地丰富了用户在虚拟空间中的感官享受，增强了环境的感知深度、沉浸感以及互动层次。尤其是在数字博物馆、科学探索馆、沉浸式互动游戏以及创新体验式教学等多元化应用场景中，虚拟嗅觉展现出了无可替代的独特优势。

虚拟嗅觉相关要素。虚拟嗅觉技术是一项高度综合且跨学科的技术结晶，它深度融合了计算机科学、机械工程、传感器技术以及对人类嗅觉生理机制的深刻理解等多个学科领域。在探讨虚拟嗅觉的应用时，不得不提及三个至关重要的相关要素：人的嗅觉生理结构、气味源、虚拟环境特性。

人类的嗅觉生理结构精妙而复杂，它涉及鼻腔对挥发性气体物质的敏锐感知与响应。当多种不同的气体分子接触到鼻腔上端的嗅上皮时，它们会激活散布其中的特定气味受体。这些受体是嗅觉感知的起点，它们各自对应着不同的气体分子，并能在受到刺激后产生电脉冲信号。这些电脉冲信号随后通过一系列复杂的神经传递过程，首先到达嗅小球，并与大脑其他区域的神经网络进行交互，最终形成特定的气味模式。大脑皮层中的特定区域会参与这一过程，有意识地辨别不同的气味，同时将这些气味信息存储在记忆中，以便未来能够迅速识别并作出反应。

气味的生成始于气味源，这些源头释放出挥发性分子，它们轻盈地飘散在空气中，等待着被人类的嗅觉捕捉。一种物质具备可被嗅觉感知的气味需具备两个基本条件：一是挥发性，确保分子能够自由散发至空气中；二是微溶于水的特性，这一特性让分子能够穿透覆盖在嗅觉器官上的湿润黏膜，进而触发嗅觉神经冲动，将信号传递至大脑皮层进行识别与解读。

在虚拟环境的探索中，嗅觉作为感官交互的一个重要维度，其研究聚焦于三大核心特性：感官交互性、实时性和感知融合性。感官交互性强调的是用户与虚拟环境之间通过嗅觉信息流的双向互动。当用户沉浸在虚拟世界时，环境中的气味不仅会影响他们的情绪状态、认知判断及行为反应，而且用户的操作行为也能实时触发虚拟环境生成相应的气味反馈，形成一种动态的、相互影响的感官交流。实时性则是虚拟嗅觉技术追求的另一个关键目标。它要求系统能够即时响应并模拟出与虚拟场景相匹配的气味，确保用户在感知上不会因嗅觉反馈的延迟而产生脱节感，从而维持高度的沉浸体验。感知融合性关注的是如何将嗅觉体验与其他感官体验（如视觉、听觉、触觉等）无缝融合，共同构建出一个多维度、立体化的虚拟环境。

虚拟嗅觉关键技术。其一，气味的生成和发送。在虚拟环境中模拟嗅觉感知，首要任务是构建一个能够生成并传递气味分子的系统。这一过程起始于气味源的激活，即根据特定物理属性的气味源，采用相应的方法促使其释放出气味分子。针对固态或液态的气味源，常见的做法是利用电阻丝加热技术。通过精确控制电阻丝的加热温度和时间，可以有效地促使固态物质中的挥发性成分或液态物质中的气味分子迅速蒸发并散布到空气中。

其二，气味的改变和驱除。气味分子因其显著的持续性和延时滞留性，往往不易迅速消散，这一特性在虚拟环境中可能引发多重挑战。首先，长时间滞留的气味分子可能导致用户嗅觉产生惰性，即对新出现的气味反应减弱，降低了嗅觉体验的敏锐度。其次，多种气味分子的长时间共存与混合，容易引发“串味”现象，即不同气味相互干扰，形成难以预料的复杂气味，这不仅破坏了虚拟环境中气味的纯净性，还可能对整体氛围的营造产生负面影响，降低了虚拟环境的实时性和真实感。鉴于上述问题，虚拟嗅觉研究必须高度重视气味改变与驱除策略的开发。

（3）虚拟管道的应用特点

①充分利用国家空间数据基础设施的强大资源，借助先进的航空摄影测量技术和高分辨率遥感影像，快速获取并更新地形与环境数据。这一方法不仅极大地丰富了数据内容，还显著提升了数据的时效性，使得数据描述更为详尽，表达更加直观清晰，为各类应用提供了强有力的数据支撑。

②地理信息系统（geospatial information system，GIS）作为强大的地理信息服务工具，能够综合集成管道周边广泛区域内的地理、人口统计、生态环境、植被覆盖度、经济发展等多维度资源数据。通过其空间分析功能，如叠加分析、缓冲区分析以及最短路径分析等，GIS 技术能够辅助进行复杂的线路规划与评估工作。这些分析结果为决策者和管理者提供了至关重要的科学依据，极大地增强了决策的有效性和管理的精准度。

③采用 CAD 和网络技术，实现设计图纸、施工数据、人员资料、管道文档等数字化管理，通过数据库，将各专业不同数据融为一体，实现信息共享和协同工作。

④采用数据库对数据进行存储。在项目的整个建设周期内，针对每一个环节都精心构建相应的数据库系统，旨在确保各阶段所生成的数据成果能够无缝衔接，形成连贯、完整的数据流，从而提升项目管理的效率与准确性[①]。

① 姚兴宏. 管道完整性管理系统在庆哈输油管道上的应用[J]. 石化技术，2016，23（8）：264+277.

5. 地理信息技术

（1）地理信息系统的概念

地理信息系统是一种集成了现代计算机技术的空间或时空信息系统，其核心功能在于对地理空间中的实体及其相关现象的特征要素进行全方位的捕捉、处理、表达、管理、深入分析、直观显示以及实际应用。该系统为理解和操作地理环境提供了强大的工具。

地理空间实体，作为 GIS 处理的核心对象，指的是那些具有明确地理空间位置参照的地理要素或现象的集合。这些实体不仅占据了特定的空间位置，并且相互之间存在一定的空间关系，如相邻、包含等。它们的属性特征可以是相对稳定不变的，也可以是随时间缓慢变化的，其属性值既可以是离散的（如类别数据），也可以是连续的（如高度、温度等测量数据），从而全面而细致地描述了地理世界的多样性和复杂性。

在特定时间段内，空间信息系统通常将对象视为静态并进行空间建模表达。只有当分析关注对象随时间变化的特性时，即在时空信息系统的背景下，才会将其视为动态对象并进行时空变化建模表达。就地理实体的属性而言，其特征要素可以分为离散型和连续型两类。离散型特征要素包括城市的各类井、电力和通信线的杆塔、山峰最高点、道路、河流、边界、市政管线、建筑物、土地利用类型以及地表覆盖类型等；而连续型特征要素则包括温度、湿度、地形高程变化、NDVI 指数（归一化植被指数）以及污染浓度等。

地理现象指的是在地理空间内发生的具有特定特征的事件要素，这些要素的空间位置、空间关系及其属性均会随时间发生变化。因此，在时空信息系统中，需要将这些现象视为动态空间对象进行处理和表达，即记录并建模它们的位置、空间关系及属性随时间的变化信息。这类特征要素包括台风、洪水过程、天气演变、地震活动以及空气污染扩散等。

空间对象是地理空间实体与地理现象在空间或时空信息系统中的数字化呈现。它们具有随表达尺度变化而变化的特性。空间对象可以通过离散对象的方式进行表达，其中每个对象直接对应于现实世界中的一个具体实体元素，拥有独立的实体意义。另外，空间对象也可以通过连续对象的方式进行表达，此时每个对象代表一个具有特定取值范围的值域。

在空间或时空信息系统中，离散对象通常采用点、线、面和体等几何要素进行表达。表达尺度不同，离散对象所对应的几何形态也会有所变化。例如，一个城市在大比例尺（小尺度）的地图上可能表现为点状要素，而在小比例尺（大尺度）的地图上则表现为面状要素；同样，河流在大比例尺的地图上可能呈现为线状要素，而在小比例尺的地图上则可能表现为面状要素。这里提到的“尺度”概念与制图学的比例尺相关，但与地理学中的尺度概念是相反的。

在空间或时空信息系统中，连续对象（如地形起伏、温度变化等）通常借助栅格数据结构来进行表达和模拟。栅格要素的应用依赖于不同的表达尺度，即栅格像素的尺寸，这直接决定了表达的精确度。在此，栅格要素也被称为栅格单元，在图像处理领域则称为像素或像元。在数据文件中，每个栅格单元对应于地理空间中的一个特定区域，其形状通常采用矩形。矩形的一边长的大小被定义为空间分辨率。分辨率越高，意味着矩形的边长越短，所代表的面积越小，从而表达的精度越高；相反，分辨率越低，矩形的边长越长，所代表的面积越大，表达的精度也就越低。

需要经过一定的技术手段，对地理空间实体和地理现象特征要素进行测量，以获取其位置、空间关系和属性信息，如采用野外数字测绘、摄影测量、遥感、GPS 以及其他测量或地理调查方法，经过必要的数据处理，形成地形图、专题地图、影像图等纸质图件或调查表格，或数字化的数据文件。这些图件、表格和数据文件需经过数字化处理或数据格式转换，以符合特定 GIS 软件所要求的数据文件格式。当前，测绘地理信息领域积极推广的内外业一体化测绘模式，其核心在于直接生成并交付符合 GIS 软件要求的数据文件格式产品，虽然所获取的数据文件产品在格式上已满足 GIS 系统的基本要求，但本质上它们仍属于地图数据的范畴，尚未直接转化为 GIS 所需的地理数据。为了实现这一转换，必须借助 GIS 软件对地图数据进行进一步的处理与表达。值得注意的是，由于市场上存在多种商业 GIS 软件，它们在将地图数据转化为 GIS 地理数据的过程中，所采用的方法和技术细节往往存在差异，这要求用户根据具体需求选择合适的 GIS 软件及相应的处理策略。

GIS 地理数据是基于精心设计的空间数据模型或扩展至包含时间维度的时空数据模型构建的，这些模型旨在为地理空间对象提供明确的概念定义、关系阐述、规则约束及时态变化描述，从而形成了一套严谨的数据逻辑框架。依据这一逻辑框架,GIS 利用特定的数据组织结构（数据结构）来生成和管理地理空间数据文件。在一个 GIS 应用中，通常包含一组相互关联的数据文件，这些文件共同构成了所谓的地理数据集，它们协同工作以满足复杂的地理空间分析和应用需求。

通常而言，GIS 中的地理数据集大多采用数据库系统进行管理，但也有少数采用文件系统管理。数据管理涵盖数据的组织、存储、更新、查询以及访问控制等多个方面。对数据组织来讲，它涉及数据文件的组织方式，地理数据集是地理信息在 GIS 中的具体表达。为了满足地理数据分析的需求，还需要构建一些描述数据文件之间关系的文件，如拓扑关系文件、索引文件等，这些文件之间需要定义清晰的概念、关系和规则，这构成了数据库模型，其物理实现被称为数据库结构。数据模型和数据结构是文件级别的概念，而数据库模型和数据库结构则是数据集级别的。尽管两者在概念上有所区别，但在 GIS 中，由于它们之间的紧密联系，一些教科书通常会将它们放在一起讨论，而不做明确的区分。对于特定的 GIS 应用，数据组织还应包括对数据库中的数据进行分层、分类、编码、分区组织，以及多个数据库的组织内容。

空间分析构成了 GIS 的核心组成部分。地理空间信息是通过对地理空间数据进行必要的处理和计算，随后进行解释而得到的一种知识型产品。GIS 的空间分析功能正是由这些处理地理空间数据的方法所构成的。

显示，是对地理空间数据进行的一种直观呈现方式。某些地理信息通过计算机的可视化手段展现出来，以便于人们更清晰地理解其背后的含义。

应用，即探讨地理信息如何有效服务于人类社会的多样化需求。只有当地理信息被恰当地融入人们的认知过程、决策制定以及管理实践中，它才能成为人们对现实世界从认识到实践、再从实践到深化认识的循环往复过程中的关键力量。这正是构建 GIS 的核心宗旨所在，即通过地理信息的智能化应用，促进人类对自然与社会环境的深刻理解与高效管理。

（2）GIS 的特点

根据上述概念阐述，GIS 展现了以下 5 个核心特征。

第一，GIS 深深植根于计算机系统之中，它不仅是计算机技术框架下的产物，更是以信息的高效应用为导向的信息系统典范。GIS 的运作高度依赖于计算机技术的支持，体现了现代信息技术与地理空间数据处理的深度融合。

GIS 是一个高度集成且复杂的系统架构，由一系列子系统精密编织而成。这些子系统各司其职，又相互支撑，共同构成了 GIS 强大的功能体系。它们包括但不限于：数据采集子系统，负责地理空间数据的收集与整合；数据管理子系统，确保数据的准确性与安全性；数据处理与分析子系统，对数据进行深度挖掘与解读；图像处理子系统，专注于地理影像的增强与解析；数据产品输出子系统，将处理结果以多种形式呈现给用户。

每个子系统的功能强弱与性能表现，直接关联到 GIS 在实际应用中的效能与适应性，进而影响对相应软件工具与开发策略的选择与优化。随着计算机网络技术的飞速进步与信息共享需求的日益增长，GIS 正逐步向网络地理信息系统（Web GIS）演变，这一趋势显得尤为必然且重要。

第二，GIS 操作的对象是地理空间数据。地理空间数据构成了 GIS 的核心数据源，其显著特征在于数据的空间分布性。就 GIS 的操作能力而言，它不局限于处理地理空间数据，还完全能够胜任对任何具有空间位置属性的其他类型空间数据的操作。

空间数据的本质在于，每一个数据项都遵循统一的地理坐标体系进行编码，这一特性使得数据能够精确地实现空间定位，并同时支持定性和定量的深入描述。尤为重要的是，在 GIS 的框架内，空间数据的三大基本特征——空间位置、属性信息及时态变化，得以被统一管理和展现。

第三，GIS 展现出了对地理空间数据进行深度空间分析、科学评价、直观可视化展示以及精确模拟的强大综合利用优势。其核心优势在于数据管理模式和方法，这些方法能够高效地整合、融合来自多种源头、多种类型及多种格式的空间数据，并实现数据的标准化管理，从而为复杂的数据综合分析奠定了坚实的技术基础。

借助 GIS 的综合数据分析能力，用户能够挖掘出那些通过常规手段或普通信息系统难以捕捉的关键空间信息。这种能力不限于数据的简单呈现，更深入对地理空间对象和动态过程的深入洞察，包括它们的演变趋势、未来预测、科学决策以及高效管理。

第四，GIS 具有分布特性。GIS 的分布特性，是计算机系统的分布架构与地理信息本身的广泛分散性相互交织、共同塑造的结果。具体而言，地理信息的分布特性天然地赋予了地理数据在获取、存储、管理以及分析应用过程中的地域针对性，即数据的处理与利用需紧密围绕其所在的具体地理空间展开。

与此同时，计算机系统的分布性特征，则进一步强化了 GIS 的分布式框架设计。这一设计使得系统能够灵活地适应不同地域、不同网络环境下的数据处理需求，通过分布式的计算资源与存储资源，实现地理信息的高效处理与共享。

第五，GIS 的成功应用，其背后深刻依赖于高效的组织体系与人的因素的协同作用，这一需求源自 GIS 本身的复杂性与显著的多学科交叉特性。GIS 工程，作为一项高度复杂的信息工程项目，其本质兼具软件工程与数字工程的双重属性。这意味着，在工程项目的设计与开发阶段，必须重视 GIS 工程与其他学科间的知识和技术融合。该工程要求配备掌握多学科知识和技术的专业人员团队。

所以，在构建该工程的组织体系和确定人员知识结构时，必须深刻认识到这些特殊需求，以确保工程活动的顺利进行。

（3）地理信息技术的应用

地理信息技术在油气管道工程中的应用主要表现在以下几个方面。

①建立管道路由优化选线系统：以 GIS 为平台，结合遥感、计算机科学，实

现将基础地理信息、环评数据、地质信息数据与管道设计数据集成，提供二维与三维地图的同步展示，使得线路选线及优化更直观、合理，工程量统计更准确、便捷；同时，统一的数据库结构，保证了数据的一致性与可传递性，为管道全生命周期建设的实现打下了基础。

②建立管道运营与管理系统：综合利用GIS、GNSS、SCADA系统，数据库等技术，集成地理空间数据、管体数据、运营数据等，对相关信息快速、准确检索、分析，实现管道运行参数动态显示、智能分析，可以为管道日常管理、维护和突发事故处理提供详尽的数据，对管道的异常情况及时预警，提高管网的安全性和易维护性。

③建立地质灾害监测预警系统：基于三维GIS、无人机航测、物联网技术等，以管道为主体，构建管道专题数据、基础地理信息、地质灾害数据、监测数据等组成的数据库，结合区域地质灾害调查、分布发育与规律研究成果，重点对管道周边地质灾害（如滑坡、崩塌、泥石流、地面塌陷等）进行监测预警，降低地质灾害对管道的危害，从而保障管道建设及运营的安全。

## 二、天然气管道勘察技术

天然气管道勘察包括线路、穿越、跨越、站场等分项工程的勘察，其勘察工作内容不尽相同，所用勘察技术方法各有侧重。总体来说，勘察工作分为外业和内业两个方面，外业工作常常应用工程地质测绘和调查、工程钻探、挖探、原位测试、工程物探等方面的勘察技术，内业工作包括土工试验、分析计算、绘制成果图件等方面，所用技术主要有各种分析技术、计算与成图软件、数字化信息化技术等。

下面重点介绍几项常用勘察技术。

### （一）工程钻探技术

工程钻探是工程勘察的重要勘探方法之一，也是管道工程勘察中不可或缺的技术手段，它的本质是通过钻探、取样、样品分析、钻孔内现场工程地质测试来获得工程地质、水文地质资料和岩土层参数，对提取岩土、分析岩土内部结构具有重要作用，尤其对于较复杂的地层能保证勘察资料的准确性和快速性，可为工程后期的设计规划和施工提供全面、准确的施工依据和参考数据。

管道工程勘察所用工程钻探多属于工程地质钻探，有以下几个主要特点。

①主要是在覆盖层中，所以孔深较浅，通常都在100 m以内，隧道勘察钻探最深达到几百米。孔径变化范围较小，一般在50 ~ 210 mm。

②长输管道地域跨度大，地质条件变化大，勘察对象分散，因此钻探钻进条件变化大，钻探技术要求较高，一般采用可拆装钻机，以利于搬迁。

③在钻探作业中，核心任务不仅限于揭示岩土的种类、性质、层位分布及厚度等常规地质与岩土特性，更关键的是要精确评估岩土的原位状态，即其未受扰动前的自然属性。为此，需持续或定期地使用专门的取土器来采集保持原始状态的岩土样品。

④在孔内进行各类原位测试或试验工作时，所需时间通常较多，甚至经常超过钻孔作业的时间。

⑤管道工程勘察钻探多采用旋转钻进，岩心采取率是衡量钻探质量的重要指标之一，现在重要工程多采用双管单动岩心管取心，配合反循环技术，或采用绳索取心技术，有时需要采用 SM 植物胶 + 双管单动钻探工艺。

⑥钻探结束后要严格按技术要求封孔。

## （二）工程物探技术

工程地球物理勘探，简称“工程物探”，是一门依托地下岩土层（或地质体）物理性质差异的科学[①]。该技术通过精密仪器监测自然界存在的或人为激发的物理场变化，从而精准描绘地下地质体的空间分布特征，包括其规模、形态及埋深等关键信息，并能进一步测定岩土体的物理性质参数。这一方法不仅能够有效解决各类地质难题，还具备显著的大面积测试能力、高效快捷及成本经济的优势。结合传统的工程钻探技术和地质调查测绘，工程物探作为综合工程勘察技术体系的一部分，正逐步成为推动天然气管道工程勘察领域向更高水平发展的必然选择。

在天然气管道工程的初步勘察和详细勘察阶段常常采用工程物探方法，主要应用在站场、线路工程、管道穿（跨）越工程及地质灾害勘察等单项工程中，多采用高密度电法、电磁法（EH4）、浅层地震折射法、反射法、面波法等方法（一般采用两种以上方法对比），目的是探测场区岩土层连续性；查明覆盖层、基岩面的起伏形态，查明隐伏断层、破碎带及裂隙密集带分布；查清地面塌陷、采空区、滑坡等地质灾害的工程地质特征。根据工程需要，探测深度几十米到几百米不等。

天然气管道工程勘察中常用的工程物探方法主要有高精度浅层地震勘探、电（磁）法勘探，以及少量的测井技术。

① 黄超．工程物探的管线探测及质量控制研究 [J]. 中国战略新兴产业，2018（24）：151-152.

1. 高精度浅层地震勘探

地震勘探，这一基于介质弹性差异、深入探索弹性波场动态变化规律的地球物理勘探技术，是近年来发展最为迅猛的领域之一。鉴于勘探目标的多样性、观测环境的复杂性以及对数据精度的不同追求，地震勘探在实践中衍生出了多样化的观测方式与资料处理方法，由此在工程物探中形成了几种不同的勘测方法与技术，其中广泛应用的包括：通过捕捉并分析地下界面反射回来的地震波来揭示地层结构的反射波法；利用地震波在地下不同介质界面上的折射现象来推断地质构造的折射波法；借助面波在浅层地表传播的特性进行浅层地质勘探的面波法；运用计算机层析成像（CT）技术，通过多方向投影数据重建地下三维结构的高精度CT成像法等。

2. 电（磁）法勘探

电（磁）法勘探，作为一种基于介质电性差异的技术手段，专注于探究天然存在或人工激发的电场（或电磁场）的动态变化规律。通过精密仪器对人工布设的或自然界固有的电场、交变电磁场进行观测，该技术深入分析并解释这些电磁场的特征与演变规律，从而服务于矿产勘探等地质勘探目的。

电（磁）方法包含的种类很多，因工程与环境中勘测深度不大，要求的分辨率较高，在管道工程勘察工作中，最常用的电（磁）法有高密度电法、瞬变电磁法、音频大地电磁测深法、地质雷达等。

### （三）勘察数字化信息化技术

1. 野外数据采集数字化信息化技术

勘察野外数据采集数字化信息化技术是一项以现行规范、规程及行业要求为标准，以确保数据安全有效为前提，以实际工作流程为思路，以提高工作效率为目的而开发的专业系统软件硬件结合技术。

此项技术利用智能终端采集并实时或离线上传勘察外业获取的各种数据，在服务器端生成统一格式的原始记录单及勘察数据处理软件所需的数据文件。该技术的应用改变了纸笔记录勘察数据的陈旧工作模式，显著地提高了勘察外业信息化水平，大大降低了技术人员的工作强度，提高了工作效率，为天然气管道数字化设计提供了基础数据。

2. 室内数据处理数字化信息化技术

室内数据处理领域正积极推进数字化与信息化技术的深度融合，其核心在于运用先进的数据处理软件平台，实现工程勘察数据处理的全面信息化与智能化转型。同时，该技术还促进了工程勘察图表的自动生成，极大地方便了勘察成果的直观展示与快速传递。此外，勘察报告的编制也迈向了模块化与数字化的新阶段，通过标准化的报告模板与自动化的内容填充，确保了报告内容的规范性与准确性，进一步加速了工程勘察成果的数字化进程。

3. 成果输出数字化信息化技术

勘察成果输出数字化信息化技术是通过建立完整的工程勘察数据库及信息系统，实现工程的一体化、信息化管理。将勘察成果数据按照一定的规则形成标准格式数据，给下游专业或数据存储平台提供数据。这些数据平台实现了勘察报告结构化数字化、各专业协同作业、资料累积，达到了自动化、半智能化水平，具有前瞻性与先进性。

# 第二节　天然气管道线路设计

## 一、天然气管道应变设计技术

### （一）管道应变设计方法的提出

随着大口径高压力天然气管道骨干管网的大规模建设，管道面临通过强震区、活动断裂带、采空区、冻土区等众多周围土壤变形导致管道发生位移的安全风险，其特征表现为：管道环向需要正常承压，轴向会受到因地面变形引起的拉伸、压缩及弯曲等应力变形。所以在通过上述区域的管道设计中需要保证在一定轴向变形下的管道完整性。

此设计策略依托于轴向变形（应变）的考量，显著区别于当前设计规范中普遍采用的基于环向应力的传统设计方法，常称之为“应变设计”，这一简称直观地概括了其核心理念。针对既有管道，在面临地面变形区域时，同样需要引入基于应变的评估准则来确保管道的结构完整与安全。所以，应变设计方法不仅成为新建管道穿越复杂地面变形区域的有效解决方案，还为维护已建成管道的完整性和延长使用寿命提供了强有力的技术支撑。

应变设计方法是在近几十年间，针对管道工程面临的日益严峻的施工与服役环境挑战，如海洋深处的极端条件、极地冻土区的复杂地质、地震活动导致的砂土液化与滑坡区域、活动断层地段的动态变化，以及采矿活动遗留的采空区等，而创新性地提出的一种新型设计范式[①]。该方法的诞生主要归因于以下几个方面的深刻考量。

①随着对材料性能及管道在不同受力状态下的破坏机制理解的深化，研究人员发现，在特定条件下，即便管道在某个方向上的应变超过了通常认为的0.5%（材料达到最小屈服强度时的应变水平），也并不一定会导致破坏。这一现象在管道工程实践中尤为显著，特别是在管道面临如温差变化、位移等复杂荷载作用时。以冷弯管为例，作为管道工程中常见的构件，其在制造或安装过程中产生的应变往往远超过0.5%的界限，然而却能够保持结构的完整性，未发生破坏。

②在极端或恶劣的环境条件下，管道的施工与维护成本往往居高不下。若一味遵循传统的应力设计标准来严格限制施工过程中的管道受力（变形量）或设定过于频繁的维护周期，不仅会拖慢施工进度，还会导致维护工作的频繁开展，进而大幅度增加项目的总体费用。以海洋管道为例，面对复杂多变的海况，一种更为经济高效的做法是充分利用管道材料自身的纵向变形能力，以更好地适应恶劣环境条件，从而有效缩短海上作业时间，减少因恶劣天气导致的施工延误，最终达到降低施工成本、节省施工费用的目的。

③当应力达到并超越材料的屈服强度之后，会出现一个显著现象：应力的微小变化将引发应变的较大波动。因此，在这种情况下，采用应变为主要衡量标准相较于应力而言，更为直观且易于实施控制。

应变设计是一种在位移控制为主导或部分依赖位移控制的环境下进行的设计方法，其核心目的在于确保管道在经历塑性变形（应变超过0.5%的阈值）时，仍能满足既定的运行与服务要求。这些要求主要聚焦于管道的稳定运行与持续提供所需功能。为实现这一目标，设计过程中必须严格把控，确保管道在拉伸状态下所承受的实际应变不超过其固有的抗拉伸极限；同理，在压缩状态下，管道也应满足相应的抗压缩要求，以维持其整体结构的完整性与功能性。所以，应变设计内容主要包括以下几点。

①在不同状态下，管道设计应变的确定。

②在相应状态下，管道极限应变能力的确定。

③安全系数的确定。

应变设计准则，可以按下式来表达。

$$\varepsilon_{d}\varepsilon_{a}=\varepsilon_{cr}/F \tag{5-1}$$

---

① 王国丽，韩景宽，赵忠德，等. 基于应变设计方法在管道工程建设中的应用研究[J]. 石油规划设计，2011，22（05）：1-6.

式中，$\varepsilon_d$——不同设计状态下的设计应变；

$\varepsilon_a$——不同设计状态下管段的容许应变；

$\varepsilon_{cr}$——不同设计状态下管段的极限应变，如压缩极限应变、拉伸极限应变等；

$F$——安全系数，≥ 1。

当管道设计应变大于容许应变时，失效；而管道实际应变小于容许应变时，安全。

在设计管道的应变时，核心挑战在于构建并选用一个科学合理的管道应变计算模型。这一过程需综合考量多种因素，包括但不限于不同环境条件下的地层变形预测模型、管土相互作用机制的准确模拟，以及材料在特定应力状态下的强化能力等。而针对管道的容许应变能力设定，关键在于确保管道在运行期间能够安全承受并适应各种变形而不致失效。

这要求从多方面进行考量与验证，如材料的固有性能标准（如屈强比、硬化指数、均匀延伸率等），这些指标直接关联到材料的承载与变形能力；几何尺寸的精确控制（如椭圆度、壁厚公差等），它们影响着管道的整体强度与稳定性；焊接接头的性能优化（如高强匹配设计），确保连接部位的可靠性；焊缝容许缺陷的严格限制（通过裂纹尖端张开位移测试、宽板拉伸试验等方法评估），避免因缺陷导致的应力集中与提前失效。

应变设计技术的构成包括设计应变和容许应变的确定，材料、防腐、施工技术要求，以及配套的试验验证。

## （二）设计应变和容许应变确定

1. 设计应变的确定

设计应变的确定需要开发地面位移预测模型、管土作用模型和管道应变计算模型。

（1）地面位移预测模型

①地震动参数，地震动参数需要通过发震构造调查，确定浅源方案，然后根据概率积分法，进行管道沿线的地震动区划，并明确各区的地震动参数。最后再根据场地类型和设防标准进行调整后用于计算。

②活动断裂带，活动断裂带的位移预测，需要对断层的产状和活动参数进行现场调查，估计重现期，并采用类比法来获取未来 100 年的预测值。对于重要地段采用预测的最大值进行计算，对于一般地段采用预测的平均值进行计算。

③多年冻土地区，冻胀和融沉量受管道输送温度、气温、土壤类型等因素影

响，需要进行冻土分布勘察、温度场计算等过程，预测的位移量一般需要采用有限元计算模型来进行计算。

④矿山采空区，采空区地表变形情况与矿体大小、埋藏深度、开采方式、上部覆盖地层等因素有关，其变形类型可以分为连续型和非连续型，通常采用概率积分法预测地表位移。

（2）应变计算模型

管道的应变一般采用有限元来计算。在选择单元时需要考虑管道结构的局部屈曲或截面椭圆化，优先选用壳单元或实体单元来模拟管道。模型的边界可以采用固定、梁单元、含等效土弹簧等来模拟。管材的性能上要考虑材料的非线性，并采用实际的应力应变曲线。在加载时应考虑内压的影响。

2. 容许应变的确定

容许应变一般考虑拉伸和压缩两种极限状态，包括极限应变和安全系数的确定模型。

（1）极限应变的确定

近年来开发的拉伸容许应变评价模型主要有 5 种：DNV–RP–F108、Exxon Mobil、CSA Z662—07（CRES 第一代模型）、University of Ghent 和 Sintef。这些模型的整体思路是一致的，但是考虑的因素不完全一致。国内大都采用 CSA Z662—07 的模型。

管道的压缩极限应变常用的预测方程有：Murphey-Langner 方程（API1111 和 BS8010）、Gresnigt 方程、CSA 方程、C–FER 方程、DNV 方程、Dorey 方程等。

（2）安全系数

容许应变为上述的极限应变除以安全系数。关于安全系数目前只有在 CSA Z662—07 中给出了推荐值，但是其分析基础目前尚不明确。

## （三）应变设计对管材、防腐和焊接的特殊要求

应变设计涉及管材、防腐和焊接等方面的内容，需要根据设计项目的具体情况提出相应的要求。

1. 材料要求

在应变设计地段，优选采用直缝埋弧焊钢管，此类钢管需具备充足的强度与卓越的变形能力，即业界所熟知的大应变钢管。为了确保大应变直缝埋弧焊管满足特定技术条件，特别是针对热轧钢板及钢管的补充要求，至少应涵盖以下几个关键方面。

①对钢板和钢管的纵向拉伸性能的要求，除了常规的指标外，还需要应力应变全曲线形状、均匀延伸率、不同的应力比等明确的指标。

②对钢管时效后力学性能的要求。

③对钢管的尺寸偏差要求。

④当开发或采用新产品时应进行全尺寸试验验证。目前，X70、X80 大应变钢管已实现了国产化。

2. 防腐要求

应变设计地段防腐层的补充要求主要是两个方面。

①表面光滑度，以便降低管土作用，减少设计应变。

②防腐层的涂敷温度，涂敷温度超过 200℃就会影响管材的应变能力。

3. 焊接要求

在制定环焊缝焊接工艺中应进行焊缝金属的拉伸试验，并提供拉伸全曲线。焊缝金属拉伸曲线宜高于母材的拉伸曲线（焊缝金属的抗拉强度应为母材抗拉强度的 1.05～1.15 倍）[①]，否则应采用补强覆盖等方式，保证环焊缝的“高强匹配”；应进行焊缝金属 /HZA 硬度试验，控制软化带宽度和软化程度；应进行焊缝金属 / HZA 断口的韧性试验；应规定焊缝错边量以及焊缝缺陷验收标准。

4. 施工要求

为了保证施工质量，干线焊接的两条环焊缝之间的间隔必须不小于 $3D$，弯管的过渡焊接焊缝的间距不小于 $D$；必须量化施工前和施工期间的管道椭圆度、不圆度、管壁厚度、环焊缝错边等参数；必须控制管道曲率或弯曲半径、地面上的管道吊起高度、总的过渡段长度、挠度和挠度间隔以限制施工期间的纵向应变；必须严格执行百口磨合期的破坏性试验，当允许返修时，也需要进行破坏性试验等。

## 二、天然气并行管道设计技术

### （一）国内并行管道的建设需求

在国内油气输送领域，随着主干网络和下游管道网络的不断拓展与完善，正面临着前所未有的挑战，即如何实现多条油气管道的高效并行敷设与协同运行。这一过程中，两大核心因素显著影响着管道规划与实施策略。首先，城市综合规

① 隋永莉．大应变钢管在管道建设中的应用及现场焊接技术 [J]. 焊管，2013，36（6）：32-36.

划与基础设施建设的加速，特别是交通走廊和集成化城市管廊的兴起，极大地限制了油气管道路由的选择空间。其次，面对国家节约土地资源、保护生态环境的坚定立场，油气管道的并行设计与建设被赋予了更高的安全标准与环保要求。

### （二）并行管道的失效模式和关键技术

并行管道中不同管道的失效模型不同。起决定作用的管道的失效模型分为泄漏和破裂，其中泄漏又可以分为小孔泄漏和大孔泄漏，小孔泄漏一般不会影响周围敷设的管道，所以起决定作用的管道的失效模型需要考虑大孔泄漏和破裂两种模式。受影响的管道的失效模型有以下几种。

①起决定作用管道破裂扩展直接碰撞引起的失效。

②起决定作用管道破裂产生的压力波导致的径向屈曲。

③暴露在起决定作用管道大孔泄漏或破裂形成弹坑中，一旦泄漏的气体被点燃，在其热辐射作用下破裂。

在确定并行管道合理间距时需要考虑众多因素，包括避免并行管道其中的1条管道失效引起的邻近管道失效的间距分析、近距离敷设管道的风险分析及其措施、施工和运行维护的操作空间需求分析、当需要加热输送的管道并行时的热影响分析等，其中避免并行管道其中的1条管道失效引起的邻近管道失效的间距分析的关键技术包括以下几点。

①起决定作用管道大孔泄漏的临界尺寸的确定。

②起决定作用管道破裂的扩展空间分析。

③泄漏/破裂释放的气体的流体动力学特征。

④周围土壤对泄漏/破裂气流的反应。

⑤邻近管道在超压下的径向失稳。

⑥喷出气体的引燃条件。

⑦气体燃烧对被揭开的相邻管道的辐射。

⑧相邻管道对传来的辐射热的反应。

### （三）并行管道设计及施工技术要求

基于并行管道关键技术的研究成果，形成了系统的并行管道设计和施工技术要求，包括以下几点。

1. 设计原则

提出线路走向相同的管道宜并行敷设；并行管道的间距确定应尽可能避免一条管道失效引起其他并行管道，同时，还应考虑共用设施、施工作业带、阴极保护和施工效率的问题；明确同期建设并行管道宜共用隧道、跨越、涵洞等设施，阀室宜相邻布置，宜共用供电、通信、道路等设施。

2. 并行间距

在新建管道与已建管道，以及同期建设的新建管道之间，为确保安全、高效地并行运行，需综合考虑多种因素，包括地形复杂性、管道直径、所输送介质的特性、地质条件以及具体的敷设地段（如普通线路段或特殊穿越段）等，来制定针对性的并行间距要求。具体而言，在不受地形限制、城市规划约束等外部条件影响的区段，管道的并行间距应至少达到一个安全标准，即确保其中一条管道在发生失效情况下，不会引发对并行管道的破坏。

作为一般性规定，此间距不应小于 6 m。然而，当其中起主导作用的管道（失效后可能对并行管道安全构成最大威胁的管道）的口径达到或超过 1422 mm 时，由于大口径管道失效可能带来更大影响范围，因此要求并行间距进一步增加，不应小于 8 m，以确保更高的安全裕量。

3. 管道强度设计

为确保并行管道设计的合理性与安全性，需对其设计系数进行清晰界定，并严格遵循当前国家标准的规定。对于穿跨越段、隧道内部以及同沟敷设等特殊局部地段，若需对设计系数进行调整，必须基于详尽的分析与比较，综合考虑地质条件、环境因素、施工难度及管道运行安全等多方面因素后，方可作出决策。

4. 管道敷设

在规划相邻管道的空间布局时，应综合考虑地形地貌、地质结构、水文特征以及任何特定的限制条件，确保布局的合理性与科学性。具体而言，对于同沟敷设的地段，需精心规划管道的平面转向路径，以减小对地形的影响并确保施工与运维的便利性。在采用弹性敷设技术时，应严格计算并设定合适的曲率半径，以防止管道因过度弯曲而受损。

此外，对于一般敷设地段、隧道内部及涵洞区域，并行管道之间的空间安排亦需细致考量，包括实施有效的隔离措施和设置必要的限位装置，以确保管道在受到外力作用时能够保持在安全位置。

5. 防腐设计

对同期建设并行管道的防腐层类型、级别、防腐层颜色以及阴极保护设置等提出要求。

6. 管道标识

为确保并行管道的安全识别与警示效果，已对标志桩与警示牌的设置原则及具体位置进行了清晰的界定。具体而言，针对并行铺设的管道，其各自的标志桩与警示牌必须分别独立设置，以避免混淆。同时，在管道同沟敷设的区段以及穿越或跨越特殊地形（如河流、道路等）的区段，为了方便识别与管理，这些区段的标志桩与警示牌应统一设置在易于观察且符合安全规范的同一地点。

7. 管道施工

结合并行管道的施工特点，对施工组织方案、已建管道的位置探查、并行管道的施工顺序、管沟爆破开挖、布管、无损探伤、管道试压、下沟回填、地貌恢复和交工验收资料等提出了针对性的要求。

## 第三节　天然气管道穿越、跨越设计

### 一、顶管、盾构设计技术

#### （一）复杂地质条件下竖井设计技术

就竖井施工技术而言，管道行业常用的施工方法有沉井工法、钢筋混凝土地下连续墙工法、逆作工法等。近年来，交通行业的新技术为盾构施工带来了新的启示。在竖井井壁的盾构进出区域，在确保井壁正常功能和保护刀具寿命的前提下，实现了直接切削。这一技术主要通过以下两种方法实施：一是采用可直接切削的新型材料，如玻璃纤维筋来制作进出井部位的井壁；二是利用电蚀效应来熔化井壁中的钢筋，使其弱化到足以被盾构机刀具直接切削的程度。

1. 竖井结构形式

在选择竖井的结构形式时，必须全面且综合地考量多个关键因素，包括但不限于竖井的内部净空尺寸需求、其预期的挖掘深度、具体的用途功能、选址所处的地质与环境条件、土壤的物理化学特性、地下水位的状况，以及可能存在的地下埋设物等。

2. 沉井竖井设计

沉井结构的设计需全面考虑其承载能力极限状态和正常使用极限状态，分别进行相应的计算分析。对于受弯构件和大偏心受拉构件，特别需要按照作用效应的准永久组合来评估裂缝宽度，以确保结构在长期使用中的安全性和耐久性。同时，对于需要严格控制变形的结构构件，也应基于作用效应的准永久组合进行变形验算，防止超出设计允许范围。

此外，沉井的设计与施工还需特别注意下沉过程中的安全性。这包括进行沉井下沉的验算，确保下沉过程平稳可控；进行下沉稳定性的验算，预防沉井在下沉过程中出现失稳；进行抗浮稳定性的验算，确保沉井在地下水位变化等情况下仍能保持稳定。在特殊情况下，如地质条件复杂或外部荷载较大时，还需进行沉井结构的倾覆和滑移验算，以全面评估其整体稳定性。

①沉井尺寸估算。在规划沉井结构时，需紧密结合拟建场地的特定使用功能需求，全面分析工程地质、水文地质条件以及施工环境的实际情况。基于这些综合因素，精心进行沉井的结构布局设计，包括明确沉井的平面布局、优化剖面形状、精确计算井壁的厚度，并逐一确定各关键构件的截面尺寸以及合理的埋设深度。

②下沉系数计算。根据竖井沉井下沉施工的要求，进行下沉的有关计算。

③抗浮系数计算。为控制封底及底板的厚度，进行沉井抗浮验算。

④荷载计算。计算外荷载，包括地面活荷载（地面堆积荷载和地面车辆荷载两者中的较大值）、沉井外周的地下水、土压力。

⑤施工阶段强度计算。沉井平面框架内力计算及截面设计；刃脚内力计算及截面设计；井壁竖向内力计算及截面设计；沉井抗浮计算；水下封底混凝土厚度计算；钢筋混凝土底板厚度确定及配筋设计等[①]。

⑥使用阶段强度及裂缝计算。沉井结构在投入使用后，需对各主要构件进行强度验算，以确保它们在设计荷载作用下满足强度要求。同时，针对竖井的特定工作环境，还需进行抗浮稳定性验算，以评估竖井在地下水浮力作用下的稳定性；进行抗滑移验算，检查竖井在不同外力作用下防止滑动的能力；进行抗倾覆稳定性验算，确保竖井在各种工况下均能保持整体稳定，不发生倾覆现象。此外，针对受弯构件和大偏心受拉构件，需按照作用效应的准永久组合进行裂缝宽度的验算。

3. 地下连续墙竖井设计

地下连续墙作为重要的挡土结构，其设计与计算主要围绕强度、变形和稳定性三大核心要素展开。具体而言：强度关注的是墙体的承载能力，这包括水平截面和竖向截面的承载力验算。变形主要指的是墙体的水平变形控制。稳定性是一

① 张博. 对污水处理厂沉井结构设计的思考 [J]. 山西建筑，2009，35（6）：150-151.

个综合性的评估指标，涵盖了竖井结构的多个方面，包括整体稳定性、抗倾覆稳定性、坑底抗隆起稳定性、抗渗稳定性等。

地下连续墙厚度一般为 0.6 ~ 1.2 m，随着挖槽设备向大型化发展以及施工工艺的持续精进，地下连续墙的厚度现已能够轻松达到甚至超过 2.0 m 的水平。在具体工程项目中，地下连续墙的厚度并非随意设定，而是需要综合考虑多方面因素进行精确确定。这些因素包括但不限于：成槽机的规格、墙体的抗渗要求、墙体的受力和变形计算等。地下连续墙的常用厚度为 0.6 m、0.8 m、1.0 m 和 1.2 m。

在管道工程设计中，竖井的几何形状常以圆形或矩形为主，以优化空间利用与结构性能。对于单元槽段的平面形状及其宽度的确定，是一个综合考虑多方面因素的复杂过程。这些关键因素包括但不限于墙段在特定受力条件下的结构稳定性、槽壁在开挖过程中的稳定性，以及实际施工条件的限制与可行性。

具体而言，在采用一字形槽段时，为了平衡施工效率与结构安全性，其宽度通常建议设定在 4 ~ 6 m。而对于 L 形、折线形等复杂形状的槽段，由于它们可能面临更为复杂的受力环境与施工挑战，因此需特别注意控制各分支肢体的总宽度，一般建议不超过 6 m，以确保槽壁的稳定性和施工过程的顺利进行。

在多数工程项目中，地下连续墙的嵌入土壤深度为 10 ~ 50 m，而针对特定复杂工程，其最大深度甚至可达 150 m。地下连续墙扮演着双重关键角色：它不仅是承受侧向水土压力的重要受力结构，还具备出色的隔水屏障功能。因此，在确定地下连续墙的入土深度时，必须综合考虑挡土与隔水两方面的严格要求。作为挡土结构，地下连续墙的入土深度必须经过严格的稳定性和强度计算验证，以确保其能够安全、有效地抵御来自土体和地下水的侧向压力，保持结构的整体稳定。同时，作为隔水帷幕，地下连续墙的入土深度则需按照地下水位的控制目标来具体确定。

地下连续墙作为基坑围护结构的内力和变形计算，目前应用最多的是平面杆系结构弹性支点法，根据结构具体形式，可将整个结构分解为挡土结构、锚拉结构或内支撑结构分别进行分析。对于复杂的竖井工程需采用有限元法进行计算。

依据工程的实际情况，需合理设定支撑标高和竖井分层开挖深度等计算条件，同时根据基坑内外的实际状况选择适当的计算模型。在计算过程中，需综合考虑基坑的分层开挖、支撑的分层设置、基坑周边水平荷载的不均匀分布，以及拆撑、换撑等特殊工况，针对各种工况进行相应的设计计算。

按照各工况内力计算包络图对地下连续墙进行截面承载力验算。通常需要进行地下连续墙正截面受弯、斜截面受剪承载力验算，对于圆形地下连续墙还需进行环向受压承载力验算[①]。

地下连续墙竖井应按照承载能力极限状态进行配筋计算和正常使用极限状态进行裂缝控制验算。

支护结构与主体结构相结合一般采用逆作法，从上而下开挖，随着开挖，分层设置内支撑，最后进行混凝土封底。

4. 逆作法竖井设计

逆作法通常被阐释为一种创新的施工方法，它巧妙地利用主体地下结构的全部或部分结构本身作为支撑体系，从而实现在施工过程中，自上而下逐步构建地下结构，并与基坑开挖作业交替进行。

逆作法适用于支护结构水平位移有严格限制的基坑工程。按照工程的具体情况，可采用全逆作法、半逆作法、部分逆作法。

逆作法竖井的设计应包含下列内容：临时支护和钢筋混凝土衬砌的结构分析计算；土方开挖及外运；施工作业程序、混凝土浇筑及施工缝处理；结构节点构造措施等。

竖井的临时支护一般采用挂网喷锚、灌注桩排桩或地下连续墙等作为围护结构，混凝土内衬采用逆作法，随着分层土方开挖，从上而下分节制作井壁。为避免逆作法建造的竖井在下部地层掏空时井壁下沉，需在竖井顶部设计钢筋混凝土锁口盘，锁口盘和井壁实现可靠连接。

## （二）盾构进出洞设计技术

盾构施工通常分 3 个阶段，即盾构出洞段（始发）、正常掘进段和盾构进洞段（接收）。

盾构出洞（始发）是指盾构由工作井出来从加固土体进入原状土区段的过程，主要包括：始发前竖井端头和地层加固、安装盾构始发基座、盾构组装及试运转、安装反力架、凿除洞门临时墙和维护结构、安装洞门密封、盾构姿态复核、拼装负环环片、盾构灌入作业面试掘进等工序。盾构进洞（到达）是指盾构由原状土区段进入加固土体区段并进入工作井的过程，主要包括到达端头地层加固、到达洞门凿除、盾构接收架准备、靠近洞门最后部分环片拉紧、洞门防水装置安装及盾构推出隧道、洞门注浆堵水处理等工序。

盾构进出洞段最核心的问题是对地下水的控制，尤其软黏土、砂性土地区，

① 王建伟．地下连续墙在杭州某水厂工程中的应用实践 [J]. 特种结构，2011，28（3）：39-42.

当渗水通道形成后即带动附近区域水土流失，因此在短时间内即会对工程本身和周围建构筑物造成大的危害。在设计过程中，设计人员主要采用如下辅助工法做好对地下水的控制：合理进行两端头地层加固、洞门密封、注浆加固、进洞一定范围内环片处理、带水进洞方案等。

1. 地层加固止水

（1）加固方法的选择

目前，土体加固领域广泛采用多种技术手段，其中注浆法、高压旋喷桩技术、深层搅拌桩或土壤混合墙工法、冻结法以及降水法是较为常见的几种。特别是在盾构工程领域，深层搅拌桩与高压旋喷桩加固方法因其高效性而被频繁选用，这两种方法能够有效提升土体的稳定性和承载力。对于逆作法施工的竖井项目，由于地层条件往往较为优越，降水法作为一种经济且有效的土体加固方式，也常被采纳用于改善施工环境。

然而，在某些特殊地质条件下，如地层中存在裂隙、含水层丰富等情况，可能需要额外采用注浆法或冻结法来增强土体的稳定性和止水效果。值得注意的是，尽管土壤混合墙工法在土木工程领域有着广泛的应用，并以其施工速度快、对环境影响小等优势著称，但在油气管道盾构工程中，由于其对地层适应性、防水要求及成本控制等方面的特殊要求，目前尚未有广泛应用的记录。

（2）加固范围的确定

当盾构机穿越的加固区域长度超出盾构主机自身的长度时，一旦盾尾部分进入洞门并开始执行注浆作业，盾构机的刀盘仍然会处于加固区的土壤之中，尚未完全脱离该区域。这一设计确保了加固区前方地层的水土条件被加固后的土体及隧道背后的注浆层有效隔断，从而有效防止了水土流失现象的发生，进而避免了由此可能引发的地层损失和地面沉降问题。

基于油气管道盾构施工领域积累的丰富且成功的经验，推荐加固区的长度应普遍设定为超出盾构主机长度 1.5 ~ 2 m，以确保施工的安全性和效率。对于软土地段的盾构始发端头，其横向加固的长度不仅承担着阻止地下水渗透（止水）的关键作用，还肩负着稳定周围地层的重要职责。在此考量下，横向加固区与盾构机的盾壳能够协同工作，共同抵抗来自周围水土环境的压力。

（3）加固设计中的关键点

在具体设计中，应综合比较预留洞深度、地层特性、地下水情况等后确定加固方法，同时应考虑以下几方面的问题。

①地层加固深度。根据国内文献和工程实际情况，单轴搅拌桩在合适的地层

条件下加固深度一般不超过 15 m，通常认为 15 m 以上加固效果便不理想。单管高压喷射注浆法在合适的地层条件下通常认为 20 m 范围内的加固效果是有保证的，当搅拌法和旋喷法采用多轴（管）时，能提高加固深度。

②加固顺序。采用沉井法施工时，一定要等待沉井下沉到位，封底混凝土强度达到设计要求后再进行地基加固。

③若采用搅拌桩进行加固，则必须在加固端头与井壁接触的范围内采用高压旋喷桩补充加固处理。

④加固效果的要求。盾构工程土体加固有两个目的，一是止水，二是提高强度，防止坍塌。针对上述两个目的，建议对加固后地层按如下两个指标进行控制：渗透系数$< 10^{-6}$ cm/s，土体无侧限抗压强度为 1.5 MPa。

2. 洞门密封止水

盾构机穿越洞口之际，由于洞口安装的环形钢板与盾构机外壳或后续安装的衬砌管片外壁之间自然形成了一道环形间隙，若此间隙未得到妥善密封处理，外部土壤与水源极易乘虚而入，通过该间隙渗透至工作井内部。长此以往，不仅会导致洞口外侧的土体发生显著流失，还会进一步引发地层沉降现象，这对盾构施工的顺利始发构成严重威胁，甚至可能导致整个始发作业的失败。更为严重的是，地层沉降还可能对周边建筑物、构筑物的结构安全造成损害，影响周边环境的稳定。

所以，必须在进洞与出洞的洞口位置安装专门的洞门密封装置，以有效阻隔外部土壤与水源的侵入。

（1）帘布橡胶板常规洞门密封止水

帘布橡胶板是目前运用较多的盾构法施工进、出洞密封装置，其完整的装置体系涵盖帘布橡胶板本身、圆环板、扇形翻板，以及配套的连接螺栓、垫圈和止水橡胶板等组件。安装流程严谨，遵循先帘布橡胶板、次圆环板、最后扇形翻板的顺序进行组装。安装就绪后，圆环板利用紧固的连接螺栓，确保帘布橡胶板紧密贴合于洞门周围，构建起初步的密封屏障。随着盾构机的逐步推进，帘布橡胶板展现出其独特的灵活性，它能够顺应盾构前进的方向自动翻转，同时其下缘被适度拉伸，紧密贴合在盾构机的外壁上，有效阻止了水土的渗透，实现了动态的密封止水功能。在此过程中，扇形翻板适时翻转到位，不仅稳固地支撑住帘布橡胶板，防止其在高水土压力作用下发生逆向翻转，还进一步增强了密封效果。此外，橡胶板在前方水土压力的作用下更加紧密地贴合扇形翻板，这种相互作用的密封机制确保了极高的可靠性和稳定性。

（2）非常规洞门密封止水

盾构始发、接收时在某些特定条件下可采取其他止水措施：如始发时可采用环板减小设备与动圈间隙，环板装置还有衍生措施，如添加盾尾刷、海绵、海带等。这些止水措施在国内并没有广泛推广，只是在某些特定工程中试验尝试过，还有许多需要总结之处。技术进步从不是一蹴而就的，需要密切关注这些新技术的进展情况。

3. 注浆止水

注浆止水包含两部分：一是在盾构始发、接收过程段通过提高盾构同步注浆的注浆压力、加大同步注浆的注浆量来提高环片与地层间的填充效果，从而起到防水止水的作用；二是通过在竖井井壁上预埋注浆管，在盾构始发、接收过程中通过预埋在井壁上的注浆管从地表向井壁范围内地层注浆，能快速地起到加固地层、止水的作用。盾构在较复杂地层下始发、接收施工时，常在井壁上预留注浆管。

4. 带水进洞

盾构机在水下进行进洞作业时，会预先在其即将抵达的工作井内注入适量的泥水混合物，以此营造一个泥水环境，确保盾构机在穿越洞门时完全浸没于其中。一旦盾构机突破洞门，其刀盘即会遭遇来自泥水的水压力作用。这一水压力通过盾构机自身的结构特性，被转换为千斤顶对隧道管片施加的强大挤压力。这种挤压力不仅促进了进洞段管片之间连接的紧密性与可靠性，还显著增强了隧道结构的整体稳定性，并通过井内的水土压力平衡地层的水土压力，避免涌水涌砂发生。通常做法是井内填砂到一定高度后灌泥水（泥水平衡盾构）到地下水位高程。

在盾构机实施带水进洞作业之前，必须细致周密地完成一系列准备工作。这些工作涵盖场地的合理规划与布置、对盾构进洞路径地基的加固处理、接收基座的精确安装与调试、可结硬浆液的性能试验、生产符合特定标准的特殊管片，以及进行详尽的盾构进洞前方位测量，确保施工精度。随后，进入盾构进洞的推进阶段。在盾构机即将抵达工作井之际，预先在井内注入清水，并将水位精确调控至接近地下水位标高的位置，以模拟并适应水下作业环境。最后，盾构机的刀盘开始切削混凝土洞门，逐步突破并进入工作井内部，最终稳妥地停靠在预先建造好的砂浆接收基座上。待盾尾完全脱离工作井内的衬砌结构后，即展开洞门的封堵作业。

## 二、大跨度柔性跨越设计技术

### （一）大跨度悬索跨越抗风设计技术

管道悬索跨越工程，作为实现大跨度结构设计的重要手段，其设计过程中必须充分考量结构的抗风性能，这一因素直接对工程的整体设计构成关键性约束。随着中缅油气管道等大型项目的推进，悬索跨越工程的规模与跨度不断刷新纪录，当前国内已实现的最大跨度更是达到了 320 m 的里程碑。为了进一步提升管道悬索跨越工程在复杂风环境下的安全性能，风洞试验技术被巧妙地引入了抗风设计领域。

这一创新性的应用，不仅为工程师们提供了在实验室条件下模拟真实风场、评估结构风致响应的宝贵机会，还极大地拓宽了抗风设计的思路与策略选择。

1. 静力节段模型风洞试验

静力三分力系数是一种无量纲参数，用于量化描述各类结构断面在均匀风载荷作用下的受力特性，它直接反映了风对桥梁结构的稳定气动影响。通过实施主梁静力节段模型试验，目标是精确测量主梁在不同风攻角条件下的三分力系数值。这些测量数据对于后续的静风响应分析、抖振响应评估、静风稳定性计算以及施工过程中的监控等关键环节至关重要，它们提供了必要的计算输入参数。此外，基于这些测量结果，还可以初步评估主梁结构发生驰振现象的风险，为结构的安全设计与施工提供重要参考。

考虑管道直径和桥面结构尺寸，静气动力试验模型一般缩尺比为 1 ： 15 ~ 1 ： 10，模型长度：$L$=1200 ~ 1500 mm，同时要求长宽比 $L/B > 2.0$，试验攻角 $\alpha$=−12° ~ 12° ，间隔 1° ，攻角 $\alpha$ 为风速矢量与横桥方向的夹角。

2. 主梁节段模型颤振稳定性试验

抗风设计要求桥梁的颤振风速必须高于相应的检验风速。考虑管道直径和桥面结构尺寸，静气动力试验模型一般缩尺比为 1 ： 15 ~ 1 ： 10，$L$=1200 ~ 1500 mm，同时要求长宽比 $L/B > 2.0$，试验攻角 $\alpha$ = −5° ~ 5° ，间隔 1° ，攻角 $\alpha$ 为风速矢量与横桥方向的夹角。本试验采用基于弹簧悬挂系统的二元刚体节段模型测试方法，试验装置设计为外支架式结构。

此装置特别配备了两个关键机构：一是用于调整模型与来流之间相对攻角的变换机构，该机构能够灵活改变模型在流场中的姿态，以模拟不同角度下的流体动力学效应；二是模型运动状态的约束机构，该机构确保了模型在试验过程中的稳定性和可控性，防止非目标运动对试验结果产生干扰。

3. 涡激共振试验

当气流在绕过某一物体流动时，会在该物体的两侧及其尾流区域形成一系列周期性脱落的旋涡。这种旋涡的周期性生成与脱落，会对物体施加一种周期性的外力作用，进而诱发物体产生相应的、有限振幅的周期性振动现象，这种振动现象被称为涡激振动。涡激振动常见于较低的风速条件下，对于桥梁结构中的主梁而言，其振动形式主要表现为竖向振动和扭转振动两种形式。

4. 全桥气动弹性模型风洞试验

全桥气动弹性模型风洞试验，简称全桥风洞试验，是一种利用高精度气动弹性模型来模拟桥梁结构动力特性的试验方法。此模型能够逼真地再现桥梁结构在风环境中的动态行为，精确反映结构与空气之间的复杂动力相互作用。试验的主要目的在于全面评估桥梁结构在均匀来流条件下的多种气动稳定性表现，包括但不限于静风稳定性、涡激振动、颤振及驰振等现象，同时，也能有效检验桥梁在紊流风场中的抖振性能，为桥梁工程设计与安全评估提供科学依据。

试验段内精心配置了尖塔、锯齿板及粗糙元等装置。其中，粗糙元沿风洞底部铺设，其覆盖长度精心设定为约 25 m，这一长度通常是尖塔高度的六倍，旨在确保生成一个足够大的紊流区域，以符合公路桥梁抗风设计规范中对风速剖面、湍流度及风速谱的严格要求。在风速测量方面，采用高精度的四通道热线风速仪，它能够提供详尽的风场数据。特别地，在模型前方的桥面高度位置，安装一个热丝探头，该探头专门用于捕捉并测量该关键位置的风场特性及实际试验风速，确保数据的准确性和代表性。对于位移的精确测量，选用先进的激光位移测量传感器与加速度传感器组合。这些仪器能够高灵敏度地捕捉并记录模型在风洞试验中的微小位移变化，为分析提供可靠依据。值得注意的是，在安装模型后，要严格控制模型在风洞中的空气阻塞度，确保其低于 3%。

在风洞试验中，气弹模型由多段桁架构建而成。为了评估模型的动态响应，可以采用加速度计或位移计来测量其位移变化。同时，通过在桥塔芯梁上安装的应变片，可以监测并记录模型内部所受的力。

为保证质量的相似性，模型主梁采用铝制弦杆、塑料斜杆，每段主梁之间由 U 形扣相连。主梁由 27 个独立段拼接而成，各段间设计有 2 mm 的间隙。为了确保模型的质量相似性，采用铅块作为配重材料，分别应用于成桥状态模型与施工状态模型中。这些配重块被巧妙地放置在模拟的石油和天然气管道模型内部，以此满足缩尺模型对质量和质量惯性矩的需求，从而达到所需的刚度标准。桥塔由钢芯梁提供刚度，优质木材板提供气动外形，为了各节梁段互不影响，节段之间留有 2 mm 间隙。配重由铅块提供，置于外模内侧。

## （二）大跨度柔性跨越动力影响分析技术

1. 有限元数值模型及动力特性分析

有限单元法的核心思想在于，将理论上拥有无限自由度的连续体系统，通过离散化处理，简化为一个由有限数量、具有特定自由度的单元所组成的集合体。这一过程实现了问题的降维与转化，将其变为更适合于数值求解的结构化问题。一旦各单元的力学特性被准确界定，便能够采用结构分析的方法，对这些单元集合体进行整体求解，从而简化分析过程。

目前进行有限元数值模拟的方法很多，在进行悬索跨越动力响应分析时，一般采用 ANSYS 软件进行模拟。

由于管道悬索桥中各部分的受力特性不同，在建模中需根据它们各自的特性选择合适的单元类型。其中加劲桁架槽钢部分采用 BEAM44 单元模拟，通过自由度释放模拟与吊杆相连。主塔和加劲梁其他部分采用 BEAM4 单元模拟。主缆、吊杆、抗风索以及风索吊杆采用 LINK10 单元模拟，通过指定单元选项设定其为受拉单元。管道采用 BEAM4 单元模拟，管道支座采用 MASS21 质量单元模拟。

基于各部件特有的材料属性，为每一个结构单元精准分配了相应的材料参数，以确保分析模型的准确性。在进行非线性静力分析及模态分析时，专注于考虑结构所承受的恒定荷载，这些荷载包括但不限于：桁架结构自身产生的重量，按 5000 N/m 计算；篦子板及其附属设施的重量，合计为 2000 N/m；以及管道滚动支座的单体重量，每个重达 6000 N。

针对管道悬索桥的独特结构特征及具体的工程项目需求，精心选择结构有限元模型的约束条件。这些约束条件的设定旨在真实反映桥梁在实际工作环境中的受力与变形情况，为后续的分析计算提供坚实的基础。

①主缆、抗风索的锚固端采用固结的方式。

②桁架两端限制移动和 $z$–$y$、$x$–$z$ 面的转动。

③塔基的底部采用完全固定约束，即不允许有任何位移或转动。而塔顶则与主索相连接，两者之间考虑为相同的位移约束条件，通过耦合 6 个自由度（包括三个平移自由度和三个旋转自由度）来实现这一连接。

④主索与主吊索、风索与风系索、主吊索与桁架、风系索与桁架均采用校接。

⑤管道与其固定墩之间采用刚性连接（固结），即管道在固定墩上被牢固地固定住，约束管道沿桥梁跨度方向的自由度。

设定加劲桁架的中心为坐标系统的原点，基于各关键部位与原点之间的相对位置关系，构建全桥所有关键点的坐标位置体系。对于主缆的关键点坐标，按照其在立面上的二次抛物线分布规律进行输入，确保主缆形态符合设计要求。而对于抗风索的坐标输入，则同时考虑其在立面和水平面两侧的二次抛物线形状，以精确模拟抗风索的三维空间布局。根据悬索桥的结构特点，作合适的简化，建立全桥的有限元模型。

2. 柔性悬索跨越抖振分析

由于柔性悬索跨越与一般的交通桥梁具有很大的不同，因此采用了两种不同的方法进行抖振分析。

（1）频域方法

为了精确评估横桥向风作用下桥梁所承受的动力风荷载，采用抖振反应谱理论作为主要分析工具，对主梁进行深入的抖振分析。分析过程首先从单一模态的抖振根方差响应入手，逐一解析其在竖向弯曲、扭转以及侧向弯曲三个维度上的表现。随后，利用先进的组合方法，将各阶模态的抖振响应进行有效整合，从而得出总体的抖振根方差响应以及对应的抖振惯性力。

这一分析方法的核心原理在于，当忽略背景响应分量的微小影响时，专注于某一固有模态下的特定响应。具体而言，对于竖向弯曲、扭转和侧向弯曲这三种关键振动形态，可以分别运用抖振反应谱的特定公式来精确描述其抖振根方差响应。

$$\begin{cases} R_{\mathrm{v}}\left(\omega_{\mathrm{v}},\zeta_{\mathrm{v}}\right)=\rho VB\dfrac{\left|q\left(x\right)\right|_{\max}}{\omega_{\mathrm{v}}^{2}}\sqrt{\dfrac{\pi\omega_{\mathrm{v}}}{4\zeta_{\mathrm{v}}}\left|J_{\mathrm{v}}\left(\omega_{\mathrm{v}}\right)\right|^{2}S_{F_{\mathrm{v}}}\left(\omega_{\mathrm{v}}\right)} \\ R_{\mathrm{t}}\left(\omega_{\mathrm{t}},\zeta_{\mathrm{t}}\right)=\dfrac{1}{2}\rho VB^{3}\dfrac{\left|r\left(x\right)\right|_{\max}}{\tilde{\omega}_{\mathrm{t}}^{2}}\sqrt{\dfrac{\pi\tilde{\omega}_{\mathrm{t}}}{4\tilde{\zeta}_{\mathrm{t}}}\left|J_{\mathrm{t}}\left(\tilde{\omega}_{\mathrm{t}}\right)\right|^{2}S_{M_{\mathrm{T}}}\left(\tilde{\omega}_{\mathrm{t}}\right)} \\ R_{1}\left(\omega_{1},\zeta_{1}\right)=\rho VB\dfrac{\left|s\left(x\right)\right|_{\max}}{\omega_{1}^{2}}\sqrt{\dfrac{\pi\omega_{1}}{4\tilde{\zeta}_{1}}\left|J_{1}\left(\omega_{1}\right)\right|^{2}S_{F_{11}}\left(\omega_{1}\right)} \end{cases} \tag{5-2}$$

式中，$R_{\mathrm{v}}(\omega_{\mathrm{v}},\zeta_{\mathrm{v}})$、$R_{\mathrm{t}}(\omega_{\mathrm{t}},\zeta_{\mathrm{t}})$、$R_{1}(\omega_{1},\zeta_{1})$——结构竖弯、扭转、横弯抖振响应根方差。

$\rho$——空气密度；

$V$——平均风速；

$B$——截面宽度。

$|q(x)|_{\max}$、$|r(x)|_{\max}$、$s(x)|_{\max}$——结构竖弯、扭转、横弯振型函数幅值。

$w_{\mathrm{v}}$、$w_{\mathrm{t}}$、$w_{1}$——结构竖弯、扭转、横弯有效圆频率；

$\zeta_{\mathrm{v}}$、$\zeta_{\mathrm{t}}$、$\zeta_{1}$——结构竖向、扭转、横向阻尼比；

$|J_v(\omega_v)|^2$、$|J_t(\tilde{\omega}_t)|^2$、$|J_1(\omega_1)|^2$——竖向、扭转、横向联合接收函数；

$S_{F_v}(\omega_v)$、$S_{M_T}(\tilde{\omega}_t)$、$S_{F_{11}}(\omega_1)$——竖向、扭转、横向抖振响应功率谱密度函数。

按上述方法计算出该桥成桥状态的等效静阵风荷载和抖振力，并进行组合，可以得到设计基准风速下结构的风荷载内力极大值和极小值。

（2）时域方法

$$\begin{cases} L_b(t)=\frac{1}{2}\rho U^2 B\left[2C_L\chi_L\frac{u(t)}{U}+(C'_L+C_D)\chi'_L\frac{w(t)}{U}\right] \\ D_b(t)=\frac{1}{2}\rho U^2 B\left[2C_D\chi_D\frac{u(t)}{U}+C'_D\chi'_D\frac{w(t)}{U}\right] \\ M_b(t)=\frac{1}{2}\rho U^2 B^2\left[2C_M\chi_M\frac{u(t)}{U}+C'_M\chi'_M\frac{w(t)}{U}\right] \end{cases} \tag{5-3}$$

$$C_L=\frac{F_L}{\frac{1}{2}\rho U^2 B} \tag{5-4}$$

$$C_D=\frac{F_D}{\frac{1}{2}\rho U^2 D} \tag{5-5}$$

$$C_M=\frac{M}{\frac{1}{2}\rho U^2 B^2} \tag{5-6}$$

$$C'_L=\frac{dC_L}{d\alpha} \tag{5-7}$$

$$C'_D=\frac{dC_D}{d\alpha} \tag{5-8}$$

$$C'_M=\frac{dC_M}{d\alpha} \tag{5-9}$$

式中，$L_b(t)$、$D_b(t)$、$M_b(t)$——抖振升力、抖振阻力、抖振升力矩；

$\rho$——空气密度；

$U$——平均风速；

$B$——截面宽度；

$u(t)$、$w(t)$——$u$ 和 $w$ 方向的脉动风速；

$\chi_L$、$\chi_L'$、$\chi_D$、$\chi_D'$、$\chi_M$、$\chi_M'$，——气动导纳，是无量纲折算频率的函数，这里均取 1；

$C_L$、$C_D$、$C_M$——截面的三分力系数，由风洞试验测得。

结构的振动与风场存在着耦合关系，振动会改变结构周围的气流力，而气流力的变化会反过来作用于结构，使之产生新的变形和振动。这种关系可以表示为自激力。在低风速下，自激力往往表现为阻碍、抑制结构的振动，忽略自激力会导致偏大的计算结果。在高风速下，结构可能发生单自由度扭转颤振或多模态耦合颤振，是发散的灾害性振动，忽略自激力将使结构不安全，故自激力是一个抖振响应分析中需要考虑的因素。

大气中的脉动成分是导致结构抖振的主要原因，通常这些脉动风被近似视为平稳的高斯随机过程来处理。在这一框架下，功率谱密度函数成为描述这一平稳随机过程的关键数学特性，它量化了紊流中不同频率成分对整体抖振效应的贡献大小。为了执行结构抖振的时域分析，必须依据目标功率谱函数，通过人工手段模拟出空间中的脉动风场。值得注意的是，在真实的大气边界层紊流环境中，脉动风速不仅随时间变化，还随着空间位置（$x$，$y$，$z$）的不同而有所差异。然而，由于脉动风在水平、垂直及侧向三个方向上的相互关联性较弱，因此在实际应用中，为了简化计算和提高效率，往往忽略这三个方向上脉动风速之间的相关性。

3. 抗震时程分析方法

时程分析方法在大跨度结构的抗震评估中扮演着日益重要的角色，而准确选择地震波作为分析输入则是这一方法有效应用的前提和基础。研究明确指出，不同的地震波输入会显著影响结构在模拟地震作用下的位移响应和内力分布，导致分析结果产生显著差异。

当前，国内外研究普遍认同，在地震工程分析中，地震输入的选取可灵活采用两种方式：一是人工合成的加速度记录，二是实际观测到的地震记录。尤为关键的是，人工合成的加速度记录所反映的反应谱应优于或至少与规范中规定的弹性反应谱相匹配，以确保分析结果的准确性和可靠性。

此外，地震动的大小需与地震的持续时间及其他关键参数保持协调，而实测地震记录则应尽可能贴近震源的成震机制特性及具体场地条件。在地震波数量的选择上，普遍认为至少应包含 5 条地震波，以确保分析结果的全面性和代表性。同时，进行时程分析时，整个计算过程的均值谱应不低于弹性反应谱对应值的 10%，以反映结构在地震作用下的真实响应水平。

对于形状不规则、结构复杂的建筑及桥梁，以及那些具有特殊重要性的建筑，进行抗震时程分析计算显得尤为重要。在选取用于时程分析的地震记录时，业界已基本达成共识，即所选地震记录的时程应与设计反应谱保持良好的兼容性。然而，在如何精确控制反应谱的拟合程度上，目前仍存在一定的争议和探讨空间，需要进一步的研究和实践来不断完善和优化。

按照相关地震波时程曲线进行分析，地震三个方向取值方法为：桥纵向加速度和竖向加速度采用横向加速度数值的 0.5 倍；未考虑行波效应。为了分析结构固有阻尼对计算结果的影响，采用高、中、低三种阻尼比（0.05、0.02、0.002）进行计算对比，计算时间 40 s。

### （三）大跨度柔性跨越健康监测技术

管道悬索跨越结构因其复杂的工程特性，往往伴随着高昂的造价和庞大的投资规模，且设计使用寿命长达数十年乃至上百年之久。在如此漫长的服役周期内，多种不利因素——包括自然环境的持续侵蚀、材料因时间而逐渐老化，以及长期荷载、疲劳效应与突发荷载的综合影响——将不可避免地相互作用，导致结构内部损伤逐渐累积，整体抗力逐渐削弱。这一过程不仅削弱了结构抵御自然灾害的能力，甚至在日常环境条件下也可能表现出性能下降，极端情况下更可能触发灾难性的突发事故。

鉴于此，健康监控系统的重要性愈发凸显。该系统能够全面而深入地监测桥梁结构从建造到服役全过程中的受力状态与损伤演变规律，为管理者提供实时、准确的数据支持。通过及时捕捉结构性能的微妙变化，健康监控系统成为确保大型桥梁建造质量和服役期间安全性的关键工具之一，有效预防潜在风险，保障公共安全与交通顺畅。

健康监控系统需对结构所承受的荷载、动力特性、内力和变形进行监测。在跨越结构健康监测系统中，根据其所处的环境、承受荷载以及结构响应，监测项目有：风荷载、结构温度、结构加速度响应、大缆索力、结构位移和桥塔倾角 6 个方面。

为实现在运营过程中跨越结构的安全预警和状态评估，整个系统分为两个部分，即硬件系统和软件系统。其中硬件系统包括传感器和数据采集与传输子系统。传感器子系统是完成对结构响应数据的直接收集任务，数据采集与传输子系统完成传感器数据的采集、信号转换与数据传输；软件系统的实现是基于智能客户端的软件开发技术进行的。智能客户端能够统筹使用本地资源和网络资源，并支持偶尔连接，使用户可以在脱机或连接时断时续等情况下继续高效地工作；同时还能够提供智能安装和更新。

软件系统架构由两大核心子系统构成：服务器子系统和智能客户端子系统。服务器子系统被部署于紧邻结构现场的位置，作为用户访问关键数据的中心枢纽。此子系统进一步细分为数据处理与控制模块及中心数据库模块。数据处理与控制模块负责监测数据的校验、临时存储与管理，同时执行对监测采样过程的精确控制。而中心数据库模块则专注于数据的长期存储、维护以及支持数据的交互使用，确保数据的安全性与可访问性。智能客户端子系统被安装在本地计算机上，特别是运营方及相关管理部门的计算机上，通过网络连接无缝访问远端的服务器子系统。该子系统由数据分析与预警模块及用户界面模块组成。数据分析与预警模块运用先进的算法对采集到的数据进行降噪处理与特征提取，从而获取结构响应的关键特征值。随后，这些特征值将被与设计标准或各类规定限值进行对比分析，以验证结构设计的安全性或评估结构的当前状态。用户界面模块则提供了直观易用的操作界面，支持数据的可视化展示、查询、维修记录管理以及系统配置等多样化功能，极大地提升了用户的工作效率与体验。

## 第四节 天然气管道工艺设计

### 一、大型天然气管道/管网系统分析技术

#### （一）压缩机组等负荷率布站技术

天然气管道压气站的布局规划，在确保管道高效完成既定输气任务的同时，扮演着节能降耗、促进经济运行的核心角色。通过诸如西气东输一线、涩宁兰输气管道增压项目以及西气东输二线管道等一系列重大工程的设计与实施，已积累了丰富的国内外压缩机组性能资料，涵盖各制造商专为管道应用设计的压缩机组的作业范畴、卓越性能及独特机械特性。这些宝贵经验与资料，为我们精准制订压气站布局方案及科学配置压缩机组提供了坚实的设计基础①，确保了方案的经济性、高效性与技术可行性。

西气东输一线管道在设计阶段，创新性地采纳了国际与国内广泛应用的等压比布站方案，该方案确保了沿线各压气站压缩机组的压力比维持一致，不仅极大地简化了设计流程，还促进了全线压缩机组型号的标准化与统一化。随着对压缩

① 李广群，孙立刚，毛平平，等.天然气长输管道压缩机站设计新技术[J].油气储运，2012，31（12）：884-886，894.

机组性能的深入探索与项目实践经验的持续积累，人们在工程设计中不断汲取经验，勇于创新，进而提出了更为先进的等负荷率布站设计理念。此理念的核心在于，根据站场的具体地形高程、环境温度等自然条件，并充分考虑压缩机组的实际运行效能，精心设计各压气站，确保它们以相同的机组负荷率运行，从而实现工艺布局的优化与效率的提升。

等负荷率工艺布站更好地结合了站场所在区域的环境因素，能够最大限度地发挥机组的能力，确保机组的高效运行。等负荷率工艺布站是对输气管道设计经验的深刻总结，是在以往工程等间距工艺布站、等压比工艺布站基础上的一次创新。

采用等负荷率布站，各站机组的富裕能力相近，在输量出现变化或发生波动情况下，管道不会出现大的瓶颈[①]。为今后天然气长输管道，特别是跨区域大落差管道设计提供了模型和样板，具有显著的工程设计指导意义。

## （二）压缩机组驱动方案比选技术

压缩机组是输气管道的心脏，为天然气输送提供动力。离心压缩机常用驱动方案主要有两种方式：燃气轮机驱动和电动机驱动，其中电动机驱动又包括高速电动机驱动和普通电动机驱动两种方式。压缩机组的驱动方式是影响压气站投资以及输送成本的主要因素之一。目前，已形成了一套完整的输气管道压缩机组的驱动方案比选技术。

在美国，绝大部分机组采用燃气轮机驱动，而在欧洲，除燃气轮机外，电驱机组也有较多的应用。无论采用何种驱动方式，都需对两种驱动方案进行详尽的技术经济比较确定。

驱动方案比选是否准确的关键是压缩机组燃气消耗量和电力消耗损失的计算是否准确。管道设计院在开展压缩机组计算参数选取的专题研究的基础上，结合大量工程实践，掌握了基础参数的选取方法，积累了驱动方案比选的丰富经验和方法。

通过对管道逐年输量台阶进行工艺系统分析，并考虑逐年高月、低月、年均运行工况的影响，细化工艺计算作为经济比较基础。并充分考虑管道沿线地区电价、气价波动情况，对驱动方案比选的影响程度，分析得出各压气站临界电价、气价，为驱动方式决策提供重要依据。此外，考虑不同驱动方式下压缩机组配置，采用可用率分析方法，结合工艺系统失效降量分析，得出全线各站采用不同驱动方案下的损失比较。作为驱动方式比选的另一方面支撑。

---

① 孙洪滨，甘丽华，谷俐，等.基于成本优化的天然气长输管道管径、压力比较研究[J].石油天然气学报，2014，36（10）：215-218.

在上述经济分析基础上，结合站场外电情况、地方环保要求以及运行单位对运行维护性要求，最终综合确定管道沿线各站的驱动方式。未来，根据节能的要求和热能综合利用技术的进步，需要把余热利用也作为驱动方案比选的一个因素。

### （三）基于可用率分析方法的备用压缩机组定量分析技术

压缩机组备机设置方案是天然气长输管道系统能够经济、平稳运行的关键，合理设置备用机组有利于提高管道的安全可靠性、节省工程建设投资、减少运行维护费用等。

西气东输二线东段工程初步设计中，首次引入系统可用率的概念，形成了一套分析压缩机组配置合理性的定量分析方法。西气东输三线西段工程初步设计阶段，又将可用率分析方法进行了细化及改进。系统可用率分析方法是一套系统的计算方法，包括管道系统分析的失效降量分析，机组和系统可用率计算和经济评价三大方面内容。本方法在西二线和西三线设计中已进行初步试用，并取得了良好的效果。

可用率是结合机组性能和工程实际情况的综合可靠性指标，压缩机组可用率的计算公式如下。

$$\text{可用率}=\frac{\text{考核期总时间}-\text{计划停机时间}-\text{故障停机时间}}{\text{考核期总时间}}\times 100\% \qquad (5\text{–}10)$$

可用率分析可采用经典概率法、蒙特卡罗（MonteCarlo）方法进行计算。经典概率法即采用可用率定义的计算公式，由压缩机组可用率计算，推广应用至压气站可用率、全线系统可用率。蒙特卡罗方法，亦被称作随机模拟法或统计试验法，是一种根植于概率统计理论与方法的数值计算技术，其核心在于利用计算机的强大计算能力进行模拟。该方法巧妙地设计出一个数学上的概率模型，该模型的特定数字特征被精心设计以匹配或近似于实际待模拟的随机变量的特性。通过在该模型下对相应随机变量进行大量、重复的抽样试验，利用统计学的原理与技巧来估算这些随机变量的期望值或其他重要统计量。最终，这些通过模拟得到的估计值被用作工程技术领域中复杂问题的近似解，从而提供了一种有效的解决方案。

该技术实现了天然气长输管道压缩机组备机设置由“定性”到“定量”设计的转变，从而更加合理地确定管道系统压气站机组备用方案，实现天然气管道压缩机组配置的优化设计。为西二线与西三线西段并行管道运行提供了指导，保障了运行可靠性，节省了大量建设投资。

### （四）天然气管网优化及调峰技术

天然气管网优化及调峰技术包括两部分内容：管网系统的可用率分析技术和天然气管网优化设计技术。管网系统的可用率分析用于确定压缩机组的备用方式，在管网系统中，结合同一压气站压缩机组不同配置方案，通过管网系统的失效降量分析、机组可用率和系统可用率经济性对比分析，确定压气站机组备用方式，通过这一技术可以进行管网中压气站压缩机组不同备用方式的优化。该技术还编制形成了站场及管道系统的可用率计算软件。

应用输气管网优化设计与调峰技术可对中国石油现役以及在建的天然气管网进行系统分析，针对市场分布，对管网系统进行适应性分析，对管网的流向进行优化分析，确定管网的瓶颈，提出管网扩容改造的方案；对天然气管网系统调峰进行分析，提出调峰解决方案。

该技术实现了“管道”设计理念到“管网”设计理念的转变，和传统的天然气管道系统分析及优化相比，改变了以往计算压气站的系统可用率、管道系统的可用率，拓展到计算管网系统的可用率，从而更加合理地确定管网系统压气站机组备用方案；进一步确立了管网设计的理念，规范了管网设计的方法，管道系统分析不再仅限于单条管道，而是考虑到周边相连管道，将单条管道置于管网的环境中进行分析，全面评价单条管道与既有管网之间的调配、联运以及事故报案等相互关系，从而实现天然气管道的最优化设计，并为管网优化运行提供指导。

该技术在西三线西段优化压气站布置及压缩机组的配置、节省管道站场压缩机组投资、减少潜在的机组失效造成的输气损失等方面起到了关键性的作用，节约了运行成本，提高了管网运行的可靠性。

## 二、大型压气站设计技术

### （一）基于安全和节能的流程设计技术

1. 基于安全的设计技术

（1）增设干气密封处理装置，提高压缩机组运行可靠性

对压缩机组的技术规格进行了优化升级，特别引入了增强的干气密封处理装置。这一改进显著提升了干气密封系统所能承受的压力和温度范围，从而极大地降低了密封面因环境条件变化而产生液相的风险。此举不仅增强了干气密封的耐用性和稳定性，还进一步提高了整个压缩机组运行的可靠性和安全性，确保了设备在更广泛的操作条件下都能保持高效、稳定的运行状态。

（2）提出新的收发球操作原则，降低了收球操作的安全性

国内工程领域的专家开创性地提出了全新的收发球作业准则，这是行业内的首次尝试。根据这一原则，在收发球作业期间，无论是进出站的主管线还是旁通管线上的球阀，均被设定为全开的状态。这一操作模式的革新，显著降低了收球的难度系数，使过程更加顺畅。同时，它还有效缓解了收球作业过程中可能对压缩机组运行状态产生的干扰与影响，确保了整个系统运行的连续性和稳定性。

（3）压气站工艺流程实现了标准化，方便了远期站场的扩建

通过采用压缩机进出口汇管双端进气设计，成功解决了压气站在扩建过程中因新增压缩机组而导致的汇管流速过高问题。这一创新设计不仅为压气站的未来扩建提供了便利条件，还实现了资源的高效利用——使得一期压气站的备用机组能够无缝衔接作为二期工程的备用，从而有效降低了二期工程的整体投资成本，展现了卓越的工程规划与经济性考量。

2. 基于节能的流程设计技术

（1）优化天然气冷却流程、减少后冷器数量

在西气东输二线、三线、中亚管道等多个重大管道工程的设计阶段，针对管道设计温度进行了深入的优化比选，相较于传统设计标准，成功地进一步降低了管道的设计温度阈值。经过综合评估，最终确定了出站温度为 50℃作为最优设计方案，这一调整相较于原先设定的 55℃出站温度，不仅在技术层面更为合理，还带来了显著的经济效益——预计单条管道即可节省高达数千万元的建设费用，充分体现了工程设计的精细化管理和成本控制能力。

（2）燃气轮机余热回收利用

在西二线工程这一里程碑项目中，创新性地实现了燃气轮机余热资源的高效回收利用。具体做法是，在每个燃驱压气站内增设了先进的余热锅炉系统，该系统巧妙地将燃气轮机排放的原本会被浪费的高温烟气中的热能捕捉并转换为热水。这些热水随后被广泛应用于站内的供暖需求以及为自用气体提供必要的伴热服务，极大地提升了能源利用效率。

展望未来，为了探索并实现更高层次的余热利用技术，如余热发电等，后续的工程项目在规划之初就进行了前瞻性的设计考量。以中亚管道 C 线工程为例，该项目在压缩机组的整体流程与布局上进行了精心规划与预留，特别采用了高温烟气侧排的布置方案。

（3）移动式压缩机天然气转运

在西三线、中亚管道等关键管道系统的阀室中，创新性地应用了“移动式压

缩机组天然气转运技术”。该技术的核心在于，在管道截断阀的旁通管路上预先设计与安装好供移动压缩机使用的预留管线及其配套的操作阀门。当紧急情况或维护作业需要时，可迅速部署移动压缩机组至指定位置，利用这些预设的设施，将受影响的天然气从发生故障的管段安全、高效地转运至相邻的上游或下游安全管段。

此技术的应用，不仅显著提升了对输气干线管道突发事故时放空管段内天然气的回收效率，还有效地将因紧急放空而造成的天然气损失降至最低水平，体现了环保与经济效益的双重优势。

### （二）压缩机组负荷分配控制技术

当并行管道联合运行时，合建压气站场压缩机组联合运行，不同管线的压缩机组功率大小、驱动形式、机组供货商都有可能不同。以西二线与西三线共建的压气站场为例，其中西二线的西段包含 6 座 30 MW 的燃驱压气站场，它们与西三线的 6 座 18 MW 的电驱压气站场合并建设。确保这两条管线的压缩机组在联合运行时不会出现偏流，是顺利实施联合运行方案的关键所在。为了达到机组联合运行控制的目的，并防止压缩机偏流和过载等问题，提出了对西二线和西三线站场的压缩机组实施统一的负荷分配技术。

机组负荷分配由机组 UCP 进行控制，机组 UCP 由西三线压缩机厂家供货，并将负责同一站场多台压缩机组的负荷分配。控制系统确保压缩机安全操作，每台压缩机距喘振区有足够的余量；使压缩机的回流量减到最小，从而最大限度地提高效率；使所有压缩机的操作点与喘振控制线的距离相同；根据出口汇管压力设定值，调节各台压缩机负荷百分比相同，同时保证压缩机进口压力不低于设定值等。

在西三线与西二线合建的各站场，单独设置一面压缩机负荷分配控制系统盘，控制不同管线的压缩机转速，使两条管线的压缩机运行点偏离喘振线，既避免了西二线、西三线压缩机组的偏流，也保证了各条管线的压缩机组均在高效区运行。该项技术对未来合建站场或有不同压缩机组的站场均有指导意义。

## 三、危险识别和风险评价技术

### （一）危险与可操作分析

危险与可操作性分析是一种高度系统化的方法，旨在通过引入“引导词”机制，深入剖析工艺过程中任何偏离正常操作条件的情景，进而揭示潜在的危险源及操作难题。该方法的核心在于组织一系列专业会议，围绕工艺图纸和操作规程展开细致分析。分析过程中，一个由多领域专家组成的小组，遵循既定流程，逐一审视每个工艺单元（分析节点），重点探讨因偏离设计工艺条件而产生的偏差所可能引发的危险性及操作挑战。

危险与可操作性分析的关键在于利用引导词作为触发器，全面挖掘工艺参数中可能存在的、具有潜在危害性的偏差。这些引导词不仅帮助分析组捕捉到容易被忽视的细节，还确保了分析的全面性和深度，无一遗漏地考察所有可能的偏差情况。对于每一个识别出的有意义偏差，分析组都会进行深入的剖析，探究其背后的可能原因，并预测这些偏差可能导致的后果。

## （二）安全完整性等级评估

安全完整性等级评估，是指根据风险分析结果，针对站场内的所有安全相关系统，进行详尽的安全完整性等级评定，聚焦于每一个控制回路的安全性能[①]。评估工作的核心在于深入剖析典型流程中的关键安全控制回路，通过科学的研究与分析，确保评估结果的准确性和可靠性。在获得安全完整性等级分析小组全体成员的共识与认可后，这些针对安全控制回路的研究成果，特别是关于冗余系统适用性的分析结论，将被直接应用于冗余系统的设计与优化中。

常用的安全完整性等级评估方法主要有风险矩阵法、风险图法和保护层分析法，目前较为常用的是风险图法和保护层分析法。

### 1. 风险图法

风险图是一种定性的评估工具，旨在确定仪表安全功能所需达到的安全完整性等级。这一方法依托于四种关键参数的综合考量，这些参数共同刻画了在安全仪表系统失效或无法执行其功能时可能面临的危险情境的类型及严重程度。实施过程中，首先从这四个参数中各自选取一个代表值，随后将这些经过精心挑选的参数进行组合分析。通过这一组合分析过程，能够系统地评估并决定为特定仪表安全功能分配何种级别的安全完整性等级，以确保其能够充分应对潜在的风险，维护系统整体的安全性与可靠性。

### 2. 保护层分析

保护层分析（layer of protection analysis，LOPA）是建立在定性危害分析基础之上的高级风险评估手段，其核心在于深入评估各类保护层的有效性，并据此作出风险管理的决策。LOPA 的主要目标是确认当前实施的保护层组合是否足以

---

① 朱明露．功能安全标准在电厂安全系统中的应用研究 [J]．中国仪器仪表，2015（9）：29-31.

将过程风险降低至企业既定的可接受风险标准之内。作为一种半定量的风险评估技术，LOPA 结合了初始事件频率的估算、潜在后果严重性的评估，以及独立保护层失效频率的数量级考量，来综合近似地描述和量化特定风险场景的总风险水平[①]。

### （三）定量风险评价

定量风险评价是一种系统性方法，它深入细致地分析某一设施或作业活动中潜在事故发生的频率及其可能导致的后果，并通过数值量化的手段来展现这些风险的大小。这一方法的核心在于将评估结果与既定的风险可接受标准进行对比，从而判断风险水平是否在可承受范围内。在实际应用中，定量风险评价技术为多个关键环节提供了强有力的支持，如线路路由的优化确定、总图设计的选址考量等。它不仅促进了与各相关方的有效沟通与协调，还通过科学的数据分析为这些决策提供了坚实的依据和参考。

① 黄晓宇 .HAZOP-LOPA 分析方法在液氨罐区的应用 [J]. 化工管理，2018（9）：81.

# 第六章　天然气管道输送的关键设备

天然气管道输送系统是一个复杂而精密的工程体系，它涉及地质勘探、管道设计、材料选择、施工建设、运营管理等多个环节。在这一系列环节中，关键设备的性能与可靠性直接关系到整个系统的安全、高效运行。因此，深入研究并不断优化天然气管道输送的关键设备，对于提升能源输送效率、保障能源安全、促进经济可持续发展具有重要意义。本章围绕阀门、分离设备、调压设备、传热及换热设备等内容展开研究。

## 第一节　阀门

### 一、阀门概述

#### （一）阀门的概念

阀门是一种关键的机械设备，其主要目的在于精确地控制流体在管道系统中的流动状态。通过阀门的开启、关闭或调节，可以有效地管理流体的流量、压力、方向等参数，以满足各种工艺或系统运行的需求。

#### （二）阀门的用途

①利用阀门的启闭功能，实现对管线内部介质流动状态的精确控制。

②通过阀门的操作，可以灵活地控制并转换介质在管线中的流动路径，以满足不同的工艺需求。

③阀门还具备调节功能，能够调整管线内介质的压力，确保其在安全、稳定的范围内运行。

④当管线压力异常升高至危险水平时，安全阀等特定类型的阀门会通过自动或手动方式开启，进行压力泄放，以保护系统安全。

## 二、阀门的分类

阀门的应用极为广泛，种类繁多，因此其分类方式也呈现出多样化的特点。

### （一）按照驱动方式分类

1. 自动阀

自动阀是一类无须外部动力源驱动，而是直接依赖流经介质自身的能量来实现启闭控制的阀门。这类阀门包括但不限于安全阀、减压阀、疏水阀以及止回阀等。它们各自通过感应介质压力、流量或方向等参数的变化，自动调整阀门的开闭状态，以确保系统的安全、稳定运行或实现特定的工艺要求。

2. 动力驱动阀

动力驱动阀可以利用各种动力源进行驱动。分为以下几种。

（1）电动阀

借助电力驱动的阀门。

（2）气动阀

借助高压气体驱动的阀门。

（3）液动阀

借助液压油等液体压力驱动的阀门。

此外，还有以上几种驱动方式的组合形式，如气液联动、电液联动等。

3. 手动阀

手动阀是一种通过人力操作手轮、手柄、杠杆或链轮等机械装置来控制阀门开闭的阀门类型。在需要较大启闭力矩的场合，为了减轻操作负担，可以在手轮与阀杆之间安装减速机构，以实现力的传递与放大。此外，为了满足特定场景下的操作需求，如远距离控制，还可以借助万向接头及传动轴等辅助设备，将人力操作点与阀门本体分离，实现远程操控。

### （二）按照阀门的用途和作用分类

1. 截断阀

用于控制管道中介质的流动，实现介质的截断或流通，如闸阀、截止阀、球阀、蝶阀、隔膜阀及旋塞阀等。

2. 止回阀

用来防止管道中的介质倒流，如单向阀，其工作原理在于，当介质在管道中正常流动时，单向阀允许介质顺利通过；而一旦介质尝试逆向流动，单向阀将自动关闭，从而有效防止了介质的倒流现象。

3. 分配阀

这些阀门，如三通球阀、三通旋塞阀、分配阀及特定类型的疏水阀等，主要功能是改变管道中介质的流向，并在流通过程中起到分配、分离或混合介质的作用。

4. 调节阀

用来调节介质的压力和流量，如减压阀、调节阀、节流阀等。它们通过改变阀门内部的流道截面积或利用其他调节机制，对介质的压力进行降低或稳定控制，同时对流量进行精确调节，以满足不同工艺或系统对介质压力和流量的特定要求。

5. 安全阀

安全阀是一种重要的安全保护装置，其主要功能是防止系统或设备中介质的压力超过预设的安全限值。当介质压力因故升高并达到或超过规定的安全值时，安全阀会迅速自动开启，允许介质以一定方式（如排放至大气或特定安全容器）进行安全泄放，从而有效降低系统压力，防止管道、容器等设备因超压而发生破裂、爆炸等危险情况。

6. 其他特殊用途的阀门

如放空阀、排污阀等。

### （三）按照阀门的公称压力分类

1. 真空阀

工作压力低于标准大气压的阀门。

2. 低压阀

公称压力 PN ≤ 1.6 MPa 的阀门。

3. 中压阀

公称压力 PN 为 2.5 ~ 6.4 MPa 的阀门。

4. 高压阀

公称压力 PN 为 10 ~ 80 MPa 的阀门。

5. 超高压阀

公称压力 PN ≥ 100 MPa 的阀门。

## （四）按照阀门工作时的介质温度分类

1. 常温阀

用于介质工作温度 $-40℃ \leq t \leq 120℃$的阀门。

2. 中温阀

用于介质工作温度 $120℃ < t \leq 450℃$的阀门。

3. 高温阀

用于介质工作温度 $t > 450℃$的阀门。

4. 低温阀

用于介质工作温度 $-100℃ \leq t < -40℃$的阀门。

5. 超低温阀

用于介质工作温度 $t < -100℃$的阀门。

## （五）按照阀门的公称通径分类

1. 小通径阀门

公称通径 $DN \leq 40$ mm 的阀门。

2. 中通径阀门

公称通径 $DN$ 为 50 ~ 300 mm 的阀门。

3. 大通径阀门

公称通径 $DN$ 为 350 ~ 1200 mm 的阀门。

4. 特大通径阀门

公称通径 $DN \geq 1400$ mm 的阀门。

## （六）按照阀门的结构特征分类

1. 截门形

阀门的启闭件（也称为阀瓣）是通过阀杆的驱动，沿着阀座的中心轴线进行上下升降运动，从而实现对管道中介质的流通和截断控制。

2. 闸门形

启闭件（闸板）在阀杆的驱动下，沿着一条与阀座中心线垂直的轴线进行升降运动，以此实现管道中介质的截断或流通。

3. 旋塞形

启闭件（旋塞或球）围绕自身中心线旋转。

4. 旋启形

启闭件（阀瓣）围绕阀座外的轴旋转。

5. 蝶形

启闭件（圆盘）围绕阀座内的固定轴旋转。

6. 滑阀形

启闭件在垂直于通道的方向滑动。

### （七）按照阀门与管道的连接方式分类

1. 螺纹连接阀门

阀体设计有内螺纹或外螺纹，这些螺纹能够与管道的相应螺纹相匹配，从而实现阀体与管道之间的紧密连接。

2. 法兰连接阀门

阀体带有法兰，与管道法兰连接。

3. 焊接连接阀门

阀体带有焊接坡口，与管道焊接连接。

4. 卡箍连接阀门

阀体带有夹口，与管道夹箍连接。

5. 卡套连接阀门

采用卡套与管道连接的阀门。

6. 对夹连接阀门

这种连接形式是通过螺栓直接穿过阀门及其两端的管道，将三者紧固地夹持在一起，形成稳固的连接结构。

### （八）按照阀体的材料分类

1. 金属材料阀门

阀体及其零部件通常采用多种金属材料制造而成，包括但不限于铸铁、碳钢、合金钢、铜合金、铝合金、铅合金以及钛合金等阀门，这些材料的选择取决于具体的应用需求和环境条件。

2. 非金属材料阀门

阀体及其零部件也常采用非金属材料进行制造，如塑料、陶瓷、搪瓷以及玻璃钢等阀门。

3. 金属阀体衬里阀门

阀体的外壳采用金属材料制成，而在其内部，所有与介质直接接触的关键表面都进行了衬里处理，这些衬里材料可能包括橡胶、塑料或陶瓷等，从而形成了如衬胶阀、衬塑料阀、衬陶瓷阀等类型的阀门。

### （九）阀门通用分类法

当前，阀门的分类普遍依据其结构特征、工作原理及应用领域等多维度特性进行综合考量，这种分类方式已成为国内外广泛采纳的标准。据此，阀门大致可划分为球阀、旋塞阀、闸阀、截止阀、节流阀、仪表阀、柱塞阀、隔膜阀、蝶阀、止回阀、减压阀、安全阀、疏水阀、调节阀、底阀及排污阀等多种类型。

## 三、常用类型阀门

### （一）球阀

1. 球阀的主要用途

在实际工业生产中，球阀凭借其卓越的密封性能、较小的启闭力矩以及快速的启闭动作，成为各类管线系统中不可或缺的关键组件。它不仅适用于作为干线管道的主截断阀，确保流体传输的灵活控制，还能在站内设备中充当隔离阀的角色，有效隔离设备以进行维护或检修。特别值得一提的是全通径球阀，其球体上的孔洞直径与管道直径完全一致，这一设计特性使得全通径球阀在管道干线进行清管作业或内部检测时，能够无阻碍地允许清管器及内检测器等工具顺利通过，从而确保了管道维护作业的高效与安全。因此，在输油气干线系统中，截断阀通常首选全通径球阀。

2. 球阀的结构及外观特征

球阀的核心构造包括阀体、球体、阀座以及阀杆等关键部件。特别地，球阀通常配备有两个阀座，分别位于球体的两侧。通过操作阀杆，使其带动球体进行旋转，球阀便能在开启与关闭状态之间灵活转换，实现对流体通路的控制。为了确保球体在阀体内的稳定位置，尤其是当球阀处于关闭状态时，耳轴这一部件常被采用，用以将球体固定在阀体的中央位置，采用这种结构的球阀，称之为固定轴式球阀。相对地，那些没有配置耳轴结构，球体在阀体内能够相对自由移动的球阀，则被称为浮动球阀。

球阀阀体从外观上看，有圆柱形的，也有球形的。

3. 球阀的工作原理

球阀的设计中，其关闭件呈现为球形，且球体内部开有圆形孔洞。这一特殊设计使得球阀的操作直观且高效：当球体内部的孔洞与管道方向平行时，阀门处于开启状态，允许天然气顺畅地通过；相反地，当球体孔洞旋转至与管道方向垂直，即形成阻断状态，此时阀门关闭，天然气无法流通。在常规操作中，顺时针旋转球阀通常意味着关闭动作。通过旋转球体 90° 的角度，球阀便能迅速地从全开状态转换到全关状态，这一过程简洁明了，便于操作与维护。

4. 球阀的密封

（1）球阀阀杆的密封

不同球阀生产制造商在设计时采用的阀杆密封方式各不相同，这体现了各厂家在技术创新与适应性方面的差异。为确保阀杆密封的有效性，用户在执行密封操作前，务必参考由阀门制造商提供的详尽使用手册，依据阀门的特定工作环境与要求，采取针对性的密封措施。

除了关键的阀座密封系统外，球阀通常还额外配备有阀杆密封系统，这一设计进一步增强了阀门的整体密封性能。值得注意的是，由于阀杆密封槽的空间相对有限，所以在进行密封脂或润滑脂的注入时，应精确控制注入量，仅需微量即可满足密封需求，这样既保证了密封效果，又避免了浪费。

（2）球阀阀座的密封

阀座密封系统是一个复杂的结构体系，它通常涵盖以下几个关键组件：外部注脂接头，该接头内置有止回阀以防止介质倒流；独立的内部止回阀，用于进一步增强密封的可靠性；位于阀座背部的腔体，用于容纳并管理密封介质；穿过阀座的微小通道，这些通道在密封过程中起着关键作用；阀座前部与球体紧密相连的腔体，确保球体与阀座之间的紧密贴合。

对于固定轴式球阀而言，其阀座设计通常遵循两种主要模式。最为普遍的是下游阀座自泄放式设计，这种设计特别注重液体管道中的安全因素，通过自动释放阀腔内积聚的液体来避免潜在的安全隐患。另一种设计则采用双活塞效应，但不包含下游自泄放功能，它利用独特的机械原理来实现高效的密封效果。

具体到下游自泄放设计，其核心理念在于应对液体管道中的特殊情况。当球阀处于关闭状态且位于地面时，若阀腔内残留有液体，这些液体在受到太阳直射导致阀体温度升高时可能会膨胀。膨胀液体必须被泄放，否则将存在阀体破裂的风险。

在阀门关闭状态下，上游管线的压力直接施加于阀座环的外缘，迫使阀座环紧密贴合球体，确保密封。然而，一旦阀门密封部件出现磨损，介质便会绕过上游阀座，渗透至阀腔内部。当阀腔内的压力积累至超出下游管线压力的阈值时，下游阀座将不再紧贴球体，从而允许阀腔内过高的压力向阀门的下游方向安全释放。

某些类型的球阀可能会用到双活塞效应设计结构。双活塞效应设计结构的显著优势在于其独特的阀座尺寸布局，该布局实现了上下两个方向密封的独立性与互补性。通过弹簧的预紧力，阀座被预先推压至球体上，形成初步密封。在此基础上，无论是管线上游侧还是下游侧的压力，抑或是阀体中腔的压差，均会进一步促进密封效果。不管哪一侧的介质压力占据优势，上下游的阀座均能紧密贴合球体，确保流体被完全阻塞。尤为值得一提的是，即便在某一侧阀座遭受损伤的情况下，管线内的压力仍能发挥作用，它直接作用于上下游阀座密封圈的内侧，这种作用非但不会削弱密封，反而促使阀座密封圈与球体之间的接触更加紧密，从而恢复并增强密封性能，确保系统的整体密封效果依然良好。

5. 球阀整体结构的一般设计

（1）全焊接球阀

全焊接球阀，以其独特的全焊接结构设计，在埋地管线和大陆架管线等严苛环境下得到了广泛应用。其标志性的球形外观不仅美观，更蕴含了卓越的性能优势。球体与端盖之间通过精密的焊接工艺直接相连，彻底摒弃了传统的螺栓、螺母连接方式，这种设计不仅增强了阀门的密封性和承压能力，还大大减少了泄漏的风险，确保了介质传输的安全可靠。

（2）两段式螺栓连接阀体

对于小通径的球阀，两段式螺栓连接阀体是最为常见的结构类型。这种设计通过将阀体分为两部分，并利用螺栓和螺母在球体左侧进行紧固连接，以实现球体与端盖之间的牢固结合。这种连接方式不仅结构紧凑，便于安装和维护，还能有效保证阀门的密封性能和承压能力，适用于各种中小型的流体控制系统。

（3）三段式螺栓连接阀体

在制造业中，三段式螺栓连接阀体设计是一种常见且实用的结构。这种设计巧妙地利用螺栓和螺母在阀体两侧进行紧固，不仅确保了阀体的稳固性，还特别注意到了对末端封闭部分的有效保护。

（4）顶装式阀体

顶装式阀体作为一种创新的球阀设计，其显著特点在于阀体结构中，有一半球体配备有可拆卸的阀盖。这一设计带来的显著优势在于，当需要对阀门进行维护或替换球阀、阀座等部件时，无须完全拆卸整个阀门，仅需排空管线内的压力后，拆卸顶部的阀盖即可进行作业。这种便捷的维护方式不仅大大节省了时间和人力成本，还有效减少了因拆卸整阀可能带来的系统停机时间和风险，为用户提供了更加灵活和高效的管道控制解决方案。

6. 球阀接头

球阀有多种外部接头，主要包括以下几种。

①标准的球阀配置中，其上下游阀座通常各自配备有一个外部注脂嘴接头以便于润滑和维护。对于大型通径的球阀，可能还会在上下游阀座各增设一个外部注脂嘴接头。而对于那些小型通径的球阀，出于结构紧凑的考虑，设计者们可能会将注脂嘴直接整合到阀腔上，省去了上下游阀座上的独立注脂嘴。在阀门发生内漏时，通过直接向阀腔内注入大量密封脂，可有效实现密封，但此方法对密封脂的注入量相对较高。

②为确保阀杆部位的密封性，通常在阀杆外部专门设计有密封注脂嘴接头，以便于定期或根据需要进行密封脂的注入，从而保持阀杆的良好密封状态。

③为实现阀腔的安全泄压、放空操作以及排污清理，常规做法是在阀体的底部区域设置专门的阀腔泄压口或排污口。

④阀体丝堵，这一部件常设于阀体的顶部位置，其主要作用是作为阀腔泄压口的备用件。

在多数球阀的设计中，外部注脂嘴接头之后往往配置有内部止回阀，其初衷是为了允许在不停机即在线条件下安全地拆卸与更换外部注脂嘴接头，从而便于维护和保养。然而，在实际操作过程中，这种内部止回阀的可靠性却受到了质疑。随着阀门运行时间的增长，内部止回阀有可能出现功能退化或失效的情况。一旦内部止回阀失效，且需要拆卸外部注脂嘴接头时，潜在的风险便显现出来。此时，管线内的高压介质可能会通过注脂通道，无视已失效的内部止回阀的阻挡，直接冲击并可能将外部注脂嘴接头强力推出，造成设备损坏、介质泄漏乃至更严重的安全事故，后果不堪设想。

在特定紧急或必要情况下，若需尝试在线操作以拆卸并更换外部注脂嘴接头，可借助一种名为 SO-BV 的专业工具来完成。该工具设计用于直接连接至注脂嘴接头上，通过顺时针旋转其特制的 T 形手柄，驱动内部顶杆向下移动，以此强制推开注脂嘴接头内部的止回阀。在此操作过程中，若阀体上原有的内部止回阀已处于失效状态，则管线内的高压介质会顺势通过 SO–BV 工具的外部泄放口流出，形成明显的介质泄漏现象[①]。这一现象可作为直观判断，确认阀体上的内部止回阀已无法正常工作，此时不宜进行在线拆卸更换外部注脂嘴接头的操作，以避免潜在的安全风险。相反，若在使用 SO–BV 工具时，其外部开口未见高压介质流出，则说明内部止回阀仍可能保持有效状态，或至少未因介质压力而立即失效。在此前提下，可尝试进行在线拆卸与更换外部注脂嘴接头的操作。

7. 球阀的缩径设计

球阀有时会采用缩径结构，即球体上的孔洞直径小于与之连接的管线通径。为了准确识别球阀是否采用了这种简化结构，用户应细致查看阀体上的标识牌，以确认其简化端的类型。如果发现阀门的实际通径小于球阀末端连接的尺寸，那么这就表明该球阀具有缩径设计。

8. 球阀开关操作注意事项

①阀门的开启与关闭操作应严格限制为单人手动执行，严禁使用任何形式的加力杆辅助，同时禁止多人同时操作同一阀门，以确保操作的安全性和准确性。

②对于长时间未进行操作的阀门，在进行操作之前，务必先向阀门内注入适量的清洗液，并让清洗液在阀门内部浸泡一段时间，以有效清除可能积累的杂质或污垢，之后再进行开关操作，以保障阀门的顺畅运行。

③在准备操作球阀之前，必须首先检查排污嘴是否已经处于完全关闭状态。

④针对配备有旁通流程的球阀，在正式打开主阀之前，必须首先平衡阀门两端的压力。

9. 球阀内漏的原因及处理

（1）球阀内漏的原因

①阀门未完全开关到位问题。在正常操作下，球阀从全开状态旋转至关闭位置，或反之，应确保球体完成精确的 90° 旋转。然而，若因操作失误或阀门开关限位装置设置不当，导致阀门未能准确停留在预定的开关位置上，即便是微小的偏离，如 2° ~ 3° ，也可能引发持续的介质泄漏，严重影响阀门的密封性能。

②密封表面存在杂物。阀座泄漏的另一常见原因是密封面表面受到污染。这主要包括密封面上附着的硬化密封脂、管道中残留的杂质或其他污染物。这些污

① 聂宗军，夏建忠．球阀注脂嘴泄漏处置方法探讨 [J]. 机械管理开发，2015，30（6）：38–41.

染物会阻碍球体密封面与阀座密封面之间的紧密贴合，从而破坏密封的完整性，导致泄漏发生。

③密封面受损。阀座泄漏还可能源于密封面的物理损伤，如刮痕或磨损，以及阀座上 O 形密封圈的损坏。

（2）球阀内漏的处理

首先通过阀位观察窗口或手动操作来检查阀门是否已准确处于全开或全关位置[①]。若发现阀门位置偏离，应及时进行调整，确保其处于正确的开关状态。若确认阀门内漏并非由开关位置不当所致，接下来可采取清洗措施。向阀座的密封系统内缓缓注入适量的专业清洗液，并使清洗液在密封系统内保持足够长的时间，以便其充分渗透并软化密封表面上可能存在的硬化密封脂及其他顽固污染物。随后，反复并大幅度地操作阀门数次，甚至于十几次，以借助阀门的开闭动作促进清洗液在密封面间的流动与冲刷。在此过程中，清洗液将有效携带并排出附着在球体密封面与阀座密封面上的各种污物，从而恢复密封面的清洁与平整。最终通过这一系列的清洗与活动操作，球体密封面与阀座密封面能够重新实现紧密而有效的接触，构建起可靠的密封屏障。

若上述清洗步骤完成后，阀门内漏问题非但未能解决，反而有加剧的趋势，这通常意味着阀门的密封面已遭受了物理损伤。针对此情况，唯一的解决方案是向阀座的密封系统内注入适量的密封脂，以期填补损伤部位，恢复密封性能。然而，值得注意的是，由于阀座内部通道可能存在的局部堵塞现象，直接注入的密封脂可能无法顺利到达并覆盖所有受损的密封面。因此，在注入密封脂之后，务必多次操作阀门，通过阀门的开闭动作促进密封脂在密封系统内的均匀分布与流动。

### （二）旋塞阀

1. 旋塞阀的主要用途

旋塞阀在输气管线的辅助系统中，如干线旁通、排污及放空等场景，扮演着重要角色，这得益于其优异的密封性能和稳定的操作特性。然而，尽管旋塞阀在启闭时能提供较大的力矩，确保阀门的可靠开闭，但其独特的旋塞开孔设计却存在一个显著的局限性——缩径特点。这一设计特性限制了旋塞阀在管道干线主要功能中的应用，特别是在需要进行清管作业或内部检测时。由于清管器及内检测器的尺寸通常较大，而旋塞阀的缩径开孔无法满足其顺畅通过的要求，因此旋塞阀并不适用于作为干线截断阀。

---

① 王秀振，谈涛，刘新想，等. 燃气球阀内漏的在线处理 [J]. 煤气与热力，2014，34（3）：32–33.

2. 旋塞阀的结构及外观特征

（1）旋塞阀的结构

旋塞阀的构成精简而高效，主要包括阀体、旋塞以及驱动旋塞转动的阀杆等核心部件。这些组件紧密协作，共同实现了阀门的开启、关闭及流量调节功能。

（2）旋塞阀的外观特征

从外观上看，旋塞阀以其独特的楔形设计著称，这一设计不仅优化了流体的流动路径，还赋予了阀门更为紧凑的整体结构尺寸。

3. 旋塞阀的工作原理

在常规操作中，旋塞阀的关闭动作通常是通过顺时针方向旋转阀杆来完成的，这一过程需要持续旋转约 90°，直至旋塞阀从全开位置完全旋转至全关位置。

4. 旋塞阀的密封

（1）旋塞阀阀杆的密封

旋塞阀的阀杆密封系统特别设计有较小容积的密封槽，这一特点使得在维护过程中，每次仅需注入极少量的润滑脂或密封脂即可满足需求。

（2）旋塞阀阀体与旋塞的密封

旋塞阀的密封机制独特，它依赖于旋塞与阀体之间两个紧密贴合的金属面来实现。这种“金属—金属”密封方式，得益于金属材质的高强度特性，相较于球阀和闸阀中常见的软弹性体密封面，展现出了更卓越的耐磨损性能。

因此，旋塞阀能够提供更持久的密封效果，确保流体系统的长期稳定运行。旋塞与阀体之间的“金属—金属”密封接触面需要定期涂抹润滑油进行润滑，以有效减小旋塞在旋转过程中的扭矩，降低操作难度。

旋塞阀的一个显著特点是其缩径设计，这意味着在流体得以顺畅通过之前，关闭状态的旋塞需要旋转 15° ~ 20°，以确保通道的全面开启。

而对于锥形旋塞阀而言，其独特之处在于旋塞与阀体的接触面均采用了锥形设计。通过调整位于阀体底部的螺栓，操作人员可以精细地调节金属旋塞在阀体内的位置，从而达到更加紧密的密封效果。

5. 旋塞阀结构的几种设计

（1）顶装式旋塞阀

这是一种典型的顶装式设计应用于旋塞阀的结构之中，此类阀门因其特定的构造特点而常被选用于低压环境条件下的应用。

（2）锥形旋塞阀

锥形旋塞阀包含一个螺栓或专用的密封脂注入接头，用于向旋塞与阀体间的密封区域注入润滑脂，以确保良好的密封性能并减少磨损。同时，该阀的阀杆密封系统也采用了先进的设计，包括一个便捷的填料加注器以及可轻松更换的阀杆填料，这使得阀杆的密封维护变得既快捷又高效。

此外，锥形旋塞阀还配备了旋塞调节螺栓，它允许操作人员根据需要对旋塞与阀体之间的间隙进行微调，无论是拉紧以减小间隙，还是放松以适应特定的工况要求，都能轻松实现。

（3）柱形旋塞阀

这种旋塞阀采用了柱形设计的旋塞，这一形状为阀门提供了特定的流体控制特性和结构强度。

### （三）闸阀

1. 闸阀的主要用途

①闸阀在管道系统、压缩机装置及流量计量站中扮演着重要角色，它能够将这些设备或系统有效地分隔成多个独立部分，极大地便利了后续的维护保养工作以及各部分的独立操作管理。

②闸阀的具体安置位置并非固定不变，而是依据需要隔离的管道线段不同而有所差异。这一布置策略充分考虑了管道的地理位置、布局特点及实际运营需求，以确保闸阀能够发挥其最佳的隔离与控制功能。

③在输气干线这一关键环节中，平板闸阀因其独特的优势而得到广泛应用。它不仅能够稳固地将庞大的管线系统分割成多个易于管理的单元，还保证了每个单元之间的独立性和安全性。

2. 闸阀结构及外观特征

（1）闸阀的结构

闸阀的构造精细且复杂，主要由闸板、阀杆、阀盖以及阀体等核心部件构成。这些部件相互协作，共同实现闸阀的启闭功能。

（2）闸阀的外观特征

值得注意的是，闸阀通常具备一些显著的设计特征，如加长的阀体和长阀杆装置，此外，闸阀的阀体在形状上具有一定的灵活性，可以根据实际应用需求设计为扁平状或圆形。扁平状阀体在某些空间受限的场合具有优势，而圆形阀体则可能提供更优的流体动力学性能和承压能力。

3. 闸阀的工作原理

闸阀的工作原理基于闸板的垂直运动来实现阀门的开启与关闭。具体而言，当需要开启阀门时，闸板会沿着垂直方向向上移动，从而打开流体通道，允许介质顺畅通过；相反，当需要关闭阀门时，闸板则会沿着垂直方向向下移动，直至紧密贴合在阀座上，有效阻断流体通道，实现阀门的关闭功能。

4. 闸阀的三种类型

（1）平板闸阀

平板闸阀，又称直通闸阀，其独特之处在于其结构允许流体直接通过一块平钢板上的预留孔进行流通。当操作该阀门至开启状态时，平钢板上的预留孔会被精确地移动至与管线的通径对齐，从而允许流体顺畅通过。

（2）楔形闸阀

楔形闸阀在小管径及低压管线系统中展现出卓越的适用性。其特点在于实心设计的楔形阀板，这一设计在阀板逐渐下降至楔形阀座的过程中，有效地实现了对流体流量的精细控制。然而，值得注意的是，阀座泄漏问题可能偶发，这主要是由于闸板未能完全且紧密地嵌入阀座所致。深入分析其原因，不难发现，阀座底部积累的污物往往是导致闸板无法完全揳入的关键因素。

（3）双片伸缩式闸阀

在美标（API）井口闸阀系列中，双片伸缩式闸阀结构占据了极为重要的地位，被广泛视为最为通用和实用的设计之一。当操作人员顺时针旋转手轮时，这一动作促使闸板与阀座之间形成更为紧密的契合，从而显著提升阀门的密封性能。

尤为值得一提的是，当闸板与阀座底部达到初步契合状态后，继续旋转手轮将引发一个微妙而关键的变化——两片闸板会进行微量的扩展运动，进一步与阀座面贴紧从而实现无缝隙的紧密契合。

5. 闸阀的密封

（1）闸阀阀杆密封

闸阀的设计中，阀杆需穿越填料盖进行运动，这一较长的运动路径使得阀杆成为泄漏的易发点。更为复杂的是，阀杆在阀体内的部分直接暴露于管道输送的液体或气体中，而阀体外的部分则可能受到露水和大气环境的侵蚀。这种内外环境的差异，特别是阀杆表面光洁度的特点，极易导致腐蚀斑点的形成。随着时间的推移，这些腐蚀斑点会不断扩展，进一步侵蚀阀杆材质，从而加剧阀杆泄漏的风险。

有效防止阀杆泄漏的正确方法是逐步且均匀地拧紧填料压盖支架上的两个螺母。操作时应采取“交替拧紧”的策略，即每次先将一个螺母拧紧约半圈，随后暂停，转而拧紧另一个螺母以相同的量，如此循环往复，直至两个螺母都被逐步且同步地拧紧。这一过程中，需持续观察阀杆是否仍有泄漏现象，一旦发现泄漏停止，即可认为螺母已达到适宜的紧固程度。然而，重要的是要避免过度拧紧螺母，以免对阀门的正常启闭操作造成不必要的阻碍或损坏。

部分特定类型的阀门会采用一种独特设计的绳索作为填料，这种绳索被精心编织成麻花状，俗称绳索填料或盘根。值得注意的是，这种填料绳索内部还巧妙地融入了占其总体质量40%的油脂。当填料绳索被压缩以适应阀门密封需求时，其内含的油脂会被有效挤出。随后，在阀杆通过填料压盖的过程中，这些被释放的油脂会发挥关键作用，为阀杆提供优异的润滑效果，确保阀门的顺畅运行与密封性能。

（2）闸阀阀座的密封

闸阀的密封机制巧妙地利用了浮动阀座上的软密封衬垫与闸板之间的紧密贴合。

润滑脂或密封脂通过专门的独立注入系统被精准地输送至密封表面。这些润滑剂不仅能在闸板与密封衬垫之间形成一层润滑膜，减少摩擦和磨损，还能填补微小的间隙，增强密封的紧密性，从而起到辅助密封的重要作用。

## 四、阀门的维护保养

### （一）全面的阀门维护保养工作

即便阀门当前处于无泄漏且无故障的理想状态，进行年度至少一次的全面维护保养工作仍然是至关重要的预防措施，旨在防范潜在泄漏的发生或现有微小泄漏的进一步扩大。全面的阀门维护保养工作涵盖以下几个方面。

①检测法兰、注脂口、排污口及阀杆的泄漏情况。

②测试阀座密封泄漏情况。

③润滑阀杆、变速箱及所有需润滑的设备。

④按要求调整阀门限位。

⑤阀腔排污。

⑥开关活动阀门。

⑦清洗阀座密封系统。

⑧阀座密封系统的重新注脂。

### （二）阀门的全过程维护保养

1. 新阀门的预防性维护

①在项目设计的关键阶段，正确选择阀门是至关重要的环节。为确保阀门性

能符合项目需求，阀门技术规格书中必须详尽且明确地列出对材料、配套附件以及测试标准的各项要求。

②在规划阶段特别注意密封脂接头的配置、内部单向阀的选用，以及阀门放空 / 排污接头的具体大小和类型。

③从阀门的出厂检验到运输过程，再到现场的安装调试，每一步都需对阀门进行周密的保护。

2. 阀门投产前的维护保养

（1）目测检验

①所有运输包装符合技术规格书要求。

②连接口有防污物和防潮气的木盖。

③焊接端和法兰端带有防腐保护层。

④阀门内的缝隙有粘贴带。

⑤外观检测无明显损伤，阀体表面符合技术规格书的要求。

（2）吊装监督

①使用做了记号的吊环。

②在进行链条吊装作业时，必须对外涂层采取妥善的保护措施，以防止其在吊装过程中受损。

③若阀门附带支架及传动机构，务必确保吊绳稳固地固定在阀门的专用吊环上，而非传动机构上，以确保吊装过程的安全与阀门结构的完整性。

④在吊装过程中，需严格注意吊绳与吊装链条的路径，确保它们不会意外触碰到上方悬挂的管子，同时禁止将管子作为吊装支撑点，以防止管子受损或引发安全隐患。

3. 阀门安装焊接时的养护作业

（1）阀门安装焊接前的作业

①确保阀门已正确调整至“开”的工作位置。

②按照具体阀门的品牌和规格要求，适量注入润滑脂，以充分保护阀体及其内部的密封管路，防止磨损和泄漏。

③仔细清除阀球内部原有的保护油脂，随后在密封圈与球体之间的接触面上均匀涂抹适量的润滑脂，以确保其顺畅运转。

④对阀门端口进行必要的加固处理。

⑤对所有螺纹部分进行彻底的防锈处理，以防止因锈蚀导致的连接问题或泄漏。

⑥仔细检查并确认所有阀杆、注脂口接头等部件表面干净无涂料残留，确保后续操作不受影响。

⑦在安装埋地球阀时，务必确认球阀与地面上传动机构之间的操纵轴已配备外套，以保护操纵轴免受外界环境侵蚀。

⑧对埋地球阀向上延伸的密封管进行细致检查，并在地面的操纵面上牢固固定，同时做好清晰的标识，以便于日后的维护和管理。

（2）阀门焊接时的保护作业

①确认阀门预热及焊接时在全“开”位置。

②阀门必须稳固地安装在自有的底座之上，并确保在轴向上能够自由滑动，以维持其正常运作的灵活性。

③在进行焊接作业时，需严格控制球阀内部密封件的温度，确保不超过140℃，同时外部注脂口的温度也应保持在80℃以下，以保护密封件和润滑脂不受损害。

④焊接工作一旦完成，应立即为阀门添加适量的润滑脂，以维持其良好的运转状态和延长使用寿命。

⑤全面检查所有接头，确保它们紧固无松动，以避免因连接不牢而导致的泄漏或其他问题。

⑥仔细确认排污口和排压口均处于紧锁状态，防止在操作过程中发生意外的介质泄漏。

⑦通过手动将阀门转动至半开或半关位置，来检验其操作是否顺畅无阻。

⑧在焊接作业及所有相关安装步骤完成后，进行压力测试以全面确认阀门的密封性和工作状态是否完好。

4. 阀门压力测试时的监测和对密封系统的保护

（1）试压前

①在进行水压测试前的管道清扫阶段，务必确认阀门已调整至全开状态。

②当管道被完全注满水后，将球阀调整至半开状态，具体角度控制在10°～45°。

③在管道内压力稳定后，立即对所有接头进行仔细检查，确认是否存在任何泄漏现象。

④当水压测试圆满结束后，及时执行排污作业，彻底清除阀体内部及管道中的压力和可能残留的杂质。

⑤监督试压时间符合技术要求。

⑥在完成必要的检查和测试后，将阀门恢复到全开状态。

⑦为阀门添加适量的润滑脂，以减少摩擦和磨损。

⑧在现场操作过程中，密切监督并指导现场人员正确、安全地操作阀门。

⑨在进行试压测试时，严格监督试压时间，确保其符合既定的技术要求。

（2）试压阶段

①试压前检查阀门的正确位置。

②阀门全开并做泡沫测试。

③阀门全关并做泡沫测试。

④阀门恢复正常运行位置。

⑤添加润滑脂。

⑥做阀杆检漏测试。

⑦当管线投入运行并承受压力后，需持续监测阀门的工作状态，特别是关注其密封性能。一旦发现阀门存在泄漏情况，应立即启动应急响应机制，迅速定位泄漏点，并采取有效措施进行修复。

5. 阀门投产运行后的维护

①投产 1 年内每季度维护 1 次。

②投产后第 2 年每半年维护 1 次。

③投产 2 年以后每年维护 1 次。

④每年入冬前的阀门维护是生产运行中的重要环节。

⑤对于投产已满 2 年的阀门，其维护保养周期的设定依据操作频率而定：若阀门每年的操作次数不超过 5 次，则以时间作为基准，确保每年至少进行 1 次全面的维护保养，以维持其良好性能和延长使用寿命；若阀门每年的操作次数超过 5 次，则转而以操作次数为基准，规定每操作 5 次后需进行一次维护保养，以确保在高频率使用下仍能保持阀门的稳定性和可靠性。

# 第二节　分离设备

## 一、重力及惯性分离设备

### （一）工作原理

当气体进入室内后，其速度会逐渐减慢。在这一过程中，气体中携带的颗粒物会经历沉降运动，即受重力作用向下沉降，但同时也随着气体的流动而移动。

重要的是，这些颗粒物的沉降运动所需的时间应小于气体在室内停留的总时间，以确保颗粒物有足够的时间从气体中分离出来。

### （二）常见重力分离器

1. 卧式气液分离器

①该设备以卓越的分离性能著称，其设计指标确保出口气体中的含水率可严格控制在 1000 $mg/m^3$ 以下，有效保障后续工艺流程的气体质量。

②展现出宽泛的处理能力范围，单台设备即可灵活应对 10 万 ~ 35 万 $m^3/d$ 的气体处理量。

③除了其核心的气液分离功能外，该分离器还具备一定程度的除尘效果，能够在分离气体的同时，去除其中夹带的微小颗粒物，进一步提升被处理气体的纯净度，为下游设备提供更加清洁、安全的工作介质。

2. 立式重力分离器

①主要分离水，出口气体中水的浓度可控制在 1500 $mg/m^3$。

②处理范围宽。

## 二、旋风分离设备

### （一）旋风分离器的工作原理

含尘气体自侧面矩形进气管以切向方式进入旋风分离器内部，随即在圆筒形空间内进行自上而下的螺旋式圆周运动。在此旋转过程中，气流中的颗粒物受到离心力作用，被甩向分离器的内壁，并沿着内壁逐渐下滑，最终通过锥形底部排出装置从而被有效移除。由于旋风分离器在操作过程中保持其底部密封状态，因此，经过除尘处理的气体在抵达底部后会改变流向，向上折返，并继续沿着中心轴线旋转上升，最终通过顶部中央设置的排气管被纯净地排出系统。

### （二）旋风分离器的分离性能

旋风分离器的分离性能可以用“临界直径”和“分离效率”来表示。

1. 临界直径

指能够从分离器内全部分离出来的最小颗粒的直径。

2. 分离效率

指被分离出的颗粒重量与流体中含有的颗粒重量之比。

3. 旋风分离器的压降损失

①气流进入旋风分离器时，由于突然扩大引起的损失。

②与器壁摩擦的损失。

③流体旋转导致的动能损失。

④在排气管中的摩擦和旋转运动的损失。

⑤其他损失。

4. 多管干式除尘器

目前，多管干式除尘器也是我国天然气系统中常见的一种旋风分离设备。

①目前单管直径有 50 mm、100 mm 和 150 mm 几种。

②进口速度一般为 10 ~ 20 m/s。

③上部采用导向叶片，下部采用排尘底板结构。

④效率可以达到 70%。

⑤条件是排尘及时。

旋风分离器内的旋风子从结构形式上看，还可分为导叶式旋风子和切流式旋风子。

## 三、过滤分离设备

### （一）气体过滤的基本原理

滤饼过滤的核心原理在于利用外部作用力（包括重力、压力或离心力）的推动，促使悬浮液中的液体成分通过具有多孔结构的介质进行渗透与流动，而悬浮液中的固体颗粒则因受到介质孔隙的阻挡而被拦截并积累在介质表面，逐渐形成一层称为滤饼的固体层。这一过程实现了液体与固体颗粒之间的有效分离。

1. 过滤介质

在过滤操作中，所使用的具有多孔结构的材料被称为过滤介质。这些介质需具备一系列关键特性以确保过滤效率与耐用性，包括良好的多孔性以允许液体通过，适宜的孔径大小以有效拦截固体颗粒，耐腐蚀性以抵抗流体中的化学物质侵蚀，耐热性以应对高温环境，以及足够的机械强度来承受操作过程中的各种应力。

工业领域内广泛应用的过滤介质种类繁多，主要分为两大类：织物介质与多孔性固体介质。织物介质通常由天然纤维（如棉、麻、丝、毛）或合成纤维乃至金属丝等材料精心编织而成，形成致密的滤布；而多孔性固体介质则包括诸如素瓷板、素瓷管以及烧结金属等坚固且多孔的材料，它们以独特的孔隙结构实现高效的固液分离。

随着过滤过程的持续进行，固体颗粒被过滤介质有效截留，并在介质表面逐渐积累，最终形成一层致密的固体层，即通常所说的滤饼。

2. 过滤推动力

在过滤作业中，滤液在穿越过滤介质及随后形成的滤饼层时，会遭遇流动阻力的挑战，这要求必须施加外部力量以克服此阻力，推动滤液顺利流动。这些外力形式多样，包括但不限于重力、压力差以及离心力。其中，以压力差和离心力作为核心驱动力的过滤方式，在工业生产实践中展现出了尤为广泛的应用价值。

3. 滤饼的压缩性和助滤剂

（1）压缩性

滤饼的压缩性体现在其刚性的强弱上。当滤饼刚性不足时，随着滤饼厚度的增加或过滤过程中压差的增大，其内部的孔隙结构会发生变形，导致孔隙率显著降低，这类滤饼被称为可压缩滤饼。相反，若滤饼在面临相同条件时能保持其内部孔隙结构的稳定性，不发生显著变形，则被视为不可压缩滤饼。

（2）助滤剂

在某些过滤场景下，如滤浆中固体颗粒极其微小、滤饼孔道狭窄或滤饼本身具有可压缩性时，随着过滤的持续进行，滤饼可能会因受压而发生变形，进而显著增加过滤阻力，导致过滤过程变得困难重重。助滤剂是一类能够显著改善滤饼结构、增强其刚性的物质，它们通常以不可压缩的粉状或纤维状固体形式存在，能够在滤饼中形成结构疏松但稳定的固体层。通过添加适量的助滤剂，可以有效防止滤饼受压变形，降低过滤阻力，从而提高过滤效率。

在工业生产中，常用的助滤剂包括硅藻土、纤维粉末、活性炭以及石棉等。这些助滤剂各具特色，可根据具体的过滤需求和物料特性进行选择和使用。

## （二）过滤分离概述

1. 过滤分离的基本概念

（1）绝对过滤精度

指的是过滤器能够完全（100%）拦截并阻止所有尺寸大于某一给定微米值的颗粒通过。

（2）名义过滤精度（相对过滤精度）

是指过滤器能够过滤掉至少98%的、尺寸大于某一给定值的颗粒。

（3）过滤器的效率

衡量其过滤性能的关键指标，具体指被过滤器成功拦截的颗粒重量与进入过滤器前流体中总颗粒重量的比值。

（4）压力降

在一定的条件下，过滤器前后的压差。

（5）污染物容量

是指过滤器在保持其规定过滤性能的前提下，所能容纳的具有特定粒子分布状态的污染物的最大重量。

（6）破坏压力

是指当流体通过过滤元件时，达到足以引起过滤器内部各种形式的破坏（如破裂、变形等）或导致过滤器性能显著下降的压力差。

2. 过滤性能分类

（1）表面过滤

表面过滤是一种高效的过滤方式，其原理在于仅允许尺寸小于介质孔隙的颗粒通过，而尺寸较大的颗粒则会被拦截并沉积在介质的表面上。这一过滤作用主要集中并局限于介质的单一表面上，因此具有清洗便捷的优点，一旦需要清理，只需清除表面的颗粒即可。然而，也正因如此，表面过滤的容尘量相对较小，即其能够容纳并拦截的颗粒总量有限。

（2）深层过滤

与表面过滤不同，深层过滤不仅允许颗粒停留在介质表面，还能让其深入介质内部进行过滤。这种过滤方式依赖于介质内部复杂的流道结构，这些流道的尺寸被设计成小于待过滤颗粒的尺寸，从而实现对颗粒的有效截留。由于过滤作用发生在介质的整个厚度范围内，因此深层过滤具有更大的容尘量，即能够拦截并容纳更多的颗粒。

3. 常用的过滤材料

（1）方形网格金属线织物

此类材料以其坚固耐用和精准的过滤孔径著称，适用于多种工业领域的液体与气体过滤，能有效拦截较大颗粒杂质。

（2）缠绕的金属线毡

通过精密缠绕工艺制成的金属线毡，拥有高孔隙率和良好的表面过滤效果，能够深层过滤微小颗粒，确保流体清洁度。

（3）烧结金属丝网

采用高温烧结技术制成的金属丝网，结构紧密且强度高，具备出色的耐高温、耐腐蚀性能，适用于极端环境下的精密过滤。

（4）金属粉末冶金

利用金属粉末经压制、烧结等工艺制成的过滤材料，具有均匀的孔隙结构和较高的机械强度，广泛应用于需要高强度和精确过滤的场合。

（5）金属膜过滤材料

以超薄金属膜为基材的过滤材料，具有极高的过滤精度和优良的化学稳定性，适用于需要超净过滤的精密工业领域。

（6）压制纸——植物纤维

以植物纤维为原料，经过特殊工艺压制而成的过滤纸，环保可降解，具有良好的透气性和一定的过滤效率，广泛应用于食品、医药等行业的液体过滤。

（7）玻璃纤维滤芯（金属支架）

采用玻璃纤维作为过滤介质，结合坚固的金属支架制成，既保证了过滤效率又增强了结构强度，特别适用于高流速、高压力环境下的流体过滤。

## （三）过滤分离器的基本结构性能

①两段式结构：第一段核心部分采用圆筒形玻璃纤维模压而成，这一设计不仅保证了滤芯的结构强度，还充分利用了玻璃纤维的优良过滤性能。第二段则巧妙地选用了不锈钢金属丝网，其主要功能在于高效除雾，确保过滤后的流体更加纯净无杂质。

②玻璃纤维滤芯的制作工艺十分考究，它采用了直径为 10 μm 的超细玻璃纤维作为主要原料，并通过先进的压缩技术将这些纤维紧密地结合在一起。此外，特别加入了酚醛树脂和聚硅氧烷作为黏结剂，使得滤芯整体成为一种性能卓越的深层过滤材料。

③两台轮换使用。

④除尘效率：针对粒径超过 8 μm 的颗粒，其过滤效率高达 99.99%；而对于粒径为 6 ~ 8 μm 的颗粒，过滤效率则超过 99%。

⑤密封常出现问题：一旦某个过滤元件出现密封问题，这将直接导致整台过滤器的整体性能急剧下降，甚至可能完全失效。

⑥大量的含水会导致过滤精度降低。

⑦过滤元件质量低，使用寿命短。

⑧排液不及时。

⑨进出口压差指示表不准。

## （四）过滤分离器的操作、维护与检修

1. 使用前的检查

①在分离器的维护与检修工作完成后，并准备重新投入运行之前，必须严格确认分离器的进口阀与出口阀均处于完全关闭的状态；检查两路排污阀是否已处于开启状态，以便将可能残留的杂质或气体排出系统；确认筒体内部压力已降至零，确保在重新启动时分离器处于安全、无压状态。

②应确认安装在分离器上的压力表及差压表能够正确显示当前工况参数，并确认这些仪表是否处于其有效的检验期内。一旦发现任何显示不准确或超出检验期的情况，应立即采取措施进行校正或更换。

③应全面检查分离器的上下两路排污阀及其配套的手动操作机构，确认其是否完好无损、操作灵活无卡涩。如有必要，可拆开部分组件进行更深入的检查和清洁，以保障分离器的持续高效运行。

2. 启用

①在将分离器投入正式运行之前，首要任务是确保整个系统已经完成了必要的试压和吹扫程序，且所有测试结果均符合项目或工艺的设计要求。

②关闭排污阀和差压表的仪表阀，以防止在充压过程中流体或气体从这些通道泄漏。同时，打开压力表的仪表阀，以便在后续步骤中监测分离器内的压力变化。

③开启分离器的进口阀，对过滤器进行逐步充压。在此过程中，需密切关注过滤器的压力变化，直至其达到并稳定在一个预设的稳定状态。

④应先打开差压表的平衡阀，再依次打开差压表的左、右阀，并迅速关闭平衡阀。此时，观察差压表的读数，应确保差压值接近于零（考虑到仪表精度和测量误差），并记录下这一读数作为后续操作或故障排查的参考。

⑤应平衡分离器进、出口汇管的压力，缓慢打开过滤器的出口阀，使过滤器逐步投入正常使用。

3. 运行中的检查

①在分离器的日常运行中，必须严格监控其压力和温度参数，确保它们始终低于设计规定的工作压力和温度上限。一旦发现压力或温度超出此范围，应立即采取措施进行排查，如检查是否有泄漏、堵塞或超负荷运行等情况，并立即上报给调度部门。

②密切关注分离器的差压值，确保它低于设计或运行规定的限值。

③对于过滤器而言，当其差压值达到或超过设计或运行规定的限值时，可以先尝试开启排污阀进行排污操作，以清除滤芯表面的杂质和污垢，降低差压值。如果排污后差压值仍无法恢复到正常范围，则表明滤芯可能已经严重堵塞或损坏，需要更换新的滤芯以确保过滤器的正常运行。

④排污操作。通常来说，分离器的排污管线上会安装有两个阀门，靠近分离器的一般是球阀，用于控制排污流量；后端则是旋塞阀或专用排污阀，用于更精确地控制排污过程。在排污前，应先开启球阀使排污管线内充满介质，然后再缓慢开启旋塞阀进行排污。排污结束后，应先关闭旋塞阀以中断介质流动，再关闭球阀以完全隔离排污管线。在整个操作过程中，动作应平稳、缓慢进行。

⑤值得注意的是，天然气管道中常含有硫成分，这些硫与管道内壁发生化学反应后，会生成硫化铁粉末。这些细微的粉末一旦暴露于空气中，极易发生氧化反应，甚至自燃，构成安全隐患。所以，在处理含有硫化铁的分离器污物时，尽量采用湿式作业法，即在开启分离器的快开盲板之前，预先向分离器内注入适量的水。

⑥从设计角度出发，针对中低压设计压力的分离器，普遍采用在线排污的操作模式。这意味着在分离器保持运行状态的同时，即可进行排污作业，无须中断生产流程。然而，对于运行压力较高或需要特别保护排污管道及阀门的工况，操作者可能会根据实际需要，选择离线排污或离线降压排污方式。离线排污要求在进行排污操作前，先关闭分离器的进出口阀门，切断其与系统的连接，再执行排污作业。而离线降压排污则更为谨慎，需在关闭进出口阀门后，通过放空操作将分离器内部压力降低至安全范围，再进行排污，以确保排污过程的安全性和有效性。

4. 分离器的检修操作

①先确保关闭分离器的进口阀、出口阀以及差压表，以避免在排空过程中介质泄漏。随后，开启卧式分离器的放空阀，进行排空操作。若计划进行排污操作，需将分离器内部压力降至特定安全值，以便安全排污；若无须排污，则继续放空直至压力归零，确保分离器内部无残留压力。

②通过排污阀彻底排出分离器内的污物，直至过滤器压力表的显示值归零。随后，再次开启卧式分离器的放空阀，短暂放气以确认系统内无残余压力。

③在确保分离器内部已完全排空并确认安全后，可开始打开分离器的快开盲板。

④拔出过滤器滤芯，彻底清除过滤器壳体内的污物。在此过程中，需仔细检

查壳体O形圈、滤芯O形圈及其他相关部件的完好性。若发现任何损坏或老化迹象，应立即更换为新的备件，以确保密封性能和过滤效果。

⑤按照过滤器的结构要求，将清理或更换后的滤芯及其他组件重新组装好。安装过程中，应特别注意确保过滤器滤芯的密封圈与密封面紧密贴合，避免出现气体短路的情况。

⑥进行快开盲板的一般性维护检查，确保其处于良好状态。随后，安全关闭快开盲板及其配套的安全装置，以保障后续操作的安全性。

⑦在关闭排污阀后，缓慢开启过滤器进口阀，对过滤器进行介质置换操作。待置换合格后，关闭放空阀，并对过滤器进行严格的试压检漏测试。测试过程中，应逐级升压至0.5 MPa、1.0 MPa、2.0 MPa，模拟站场工况压力环境。在整个测试过程中，需确保过滤器无任何渗漏现象。若发现漏点，应立即处理直至完全无渗漏。

⑧开放空阀，并缓慢开启过滤器进口阀，进行第二次介质置换，以确保过滤器内部清洁无杂质。置换合格后，关闭放空阀和排污阀，使过滤器内部压力逐渐上升至站场工况压力。随后，开启过滤器进口阀、差压表平衡阀，以及左右两侧的阀门，并关闭平衡阀。至此，过滤器已完成所有投用前准备，可作为备用过滤器投入使用，随时准备接替主过滤器进行工作。

# 第三节　调压设备

## 一、调压器的作用及组成

### （一）调压器的作用

调压器作为流体输配系统中的关键组件，其核心作用在于将较高的入口流体压力精准地调节至较低的出口压力，并确保在出口端，这一压力能够稳定地维持在预设的恒定值。这一调节过程对于维护整个流体系统的稳定运行至关重要，它确保了压力工况的精确控制，满足了不同用户和应用场景对流体压力的具体要求。在实际应用中，调压器被广泛安装于气源厂、储备站以及输配管网的终端用户处。

### （二）调压器的组成

调压器作为天然气管道输送系统中至关重要的设备，其核心组成部分主要包括以下几个方面。

1. 敏感元件

这些元件负责感知并响应管道内压力的变化。常见的敏感元件有薄膜和导压管等，它们能够精确地捕捉到压力波动，并将其转化为可控制的信号或动作。

2. 给定压力部件

这些部件用于设定并维持调压器所需的特定压力值。其中，重块和弹簧是常见的给定压力部件。重块通过其重力作用提供稳定的压力参考，而弹簧则可根据设计需求调整其预紧力，以设定不同的压力阈值。

3. 可调节流阀

作为调压器的执行机构，可调节流阀负责根据敏感元件传递的信号调节介质的流量，从而实现对管道内压力的控制。这一类别下包含多种类型的阀门，如提升阀、滑动阀、活塞阀、蝶阀和旋塞阀等。每种阀门都有其独特的工作原理和适用场景，能够根据不同的调压需求进行选择和配置。

## 二、调压器的分类

根据调压器作用原理的不同，可划分为两大类：直接作用式调压器和指挥器作用式调压器。

### （一）直接作用式调压器

直接作用式调压器采用一种简洁而高效的工作原理，它完全依赖于内置的敏感元件（通常是薄膜）来感知出口压力的变化。当出口压力发生波动时，敏感元件会直接响应这种变化，并作为传动装置的驱动力元件，推动节流阀进行相应的移动调整。

根据作用在薄膜上的给定压力部件，直接作用式调压器可分为三种形式：重块式、弹簧式、压力作用式。它们的特性如表 6–1 所示。

**表 6–1　直接作用式调压器特性比较**

| 调压器类型 | 重量 | 尺寸 | 调节 | 灵敏度 | 进出口压力范围 | 适用范围 |
|---|---|---|---|---|---|---|
| 重块式 | 较大 | 稍大 | 灵活性差 | 受限（$p_2$ 大时） | 较小 | 低压 |
| 弹簧式 | 轻 | 较小 | 灵活 | 受限（$p_2$ 大时） | 稍大 | 低压 |
| 压力作用式 | 轻 | 较小 | 灵活 | 高 | 较大 | 压力范围广 |

调节弹簧的调节螺丝扮演着关键角色，通过旋转它，可以灵活地增大或减小系统所设定的给定压力值。当系统出口压力发生波动时，这一变化会通过导压管

迅速传递，使得压力 $p_2$ 作用于薄膜的下方。由于薄膜上方由弹簧施加的给定压力与下方受到的实际压力 $p_2$ 之间存在差异，薄膜因此失去了原有的平衡状态，并开始移动，带动节流阀做相应调整，从而改变通过孔口的流体量，自动恢复并维持压力的平衡状态。

常用的直接作用式调压器有液化石油气调压器、用户调压器以及各种低压调压器。

1. 液化石油气减压器构造

当前，广受欢迎的 YJ–0.6 型液化石油气减压器，作为一款国产的小型家用直接作用式调压装置，以其卓越的性能赢得了市场的青睐。这款减压器设计精巧，直接安装于液化石油气钢瓶的角阀之上，能够轻松应对流量在 0 ~ 0.6 $m^3/h$ 范围的变化，确保输出压力的稳定与可靠。

在连接方式上，YJ–0.6 型减压器的进口接头采用便捷的手轮旋入设计，用户可轻松将其旋入角阀并牢固压紧于气瓶出口处，而出口端则配备耐油橡胶软管，不仅具有良好的密封性，还能有效抵抗油类物质的侵蚀，确保与燃烧器连接的安全与可靠。

2. 液化石油气减压器工作特点

YJ–0.6 型减压器采用先进的弹簧薄膜结构，其独特的设计使得它在应对流量变化时展现出卓越的性能。随着流量的逐渐增大，弹簧会相应地伸长，这一过程中弹簧力会逐渐减弱，从而导致原先设定的给定压力值略有下降。与此同时，流量的增加还使得薄膜的挠度减小，有效作用面积随之增大。当气流直接冲击在薄膜上时，会产生一个向上的力，这个力会部分抵消弹簧的作用力。综合以上因素，随着流量的不断增加，减压器的出口压力会呈现出逐渐降低的趋势。

## （二）指挥器作用式调压器

在繁忙的城市流体输配系统中，指挥器作用式调压器扮演着至关重要的角色，尤其是在那些需要处理大流量流体的区域调压站中。这种先进的调压设备由两大核心部件组成：指挥器和主调压器。通过巧妙地组合不同的指挥器与主调压器结构，可以衍生出多样化的产品系列，满足不同场景下的特定需求。

指挥器作用式调压器的设计精妙之处在于其敏感元件与传动装置的分离。当出口压力发生细微变化时，敏感元件能够迅速捕捉并作出反应，驱动操纵机构（指挥器）启动。接通外部能源或被调介质（如压缩空气或流体），推动调节阀门的精准动作。尤为值得一提的是，指挥器具备强大的力放大能力，这意味着即便是出口压力的微小波动，也能触发主调压器调节阀门的显著反应，从而确保调压过程的高度灵敏性和准确性。

与直接作用式调压器相比，指挥器作用式调压器凭借其卓越的精度、广泛的压力调节范围以及多样化的阀体尺寸选择，在气体介质调压系统中迅速占据了重要地位，并得到了广泛应用。而对于指挥器作用式调压器，还有两种分类方式。

①从指挥器对主阀的控制类型出发，可以将其分为卸载控制型调压器和负载控制型调压器。卸载控制型调压器以其简约的结构设计著称，零件数量少，成本效益高，是经济实用的选择。而负载控制型调压器则展现出更强的负载承受能力和更高的调节精度，适用于对性能要求更为严苛的场合。

②按照安装类型的不同，指挥器式调压器又可分为曲流式调压器和轴流式调压器。曲流式调压器以其易于维护的特点受到青睐，尽管其最小工作差压相对较高。相比之下，轴流式调压器在流通能力上更胜一筹，能够实现更低的最小工作差压，并且响应速度更快，是追求高效能调压的优选方案。

## 三、调压器的选择

### （一）初步考虑因素

在初步筛选调压器时，首先需要依据进口压力与出口压力的范围进行考量。随后，在评估需求流量时，尤为重要的是要考虑到最低进口压力与最大流量需求这两个关键因素。通过设想并评估最坏的工作条件，可以确保所选的调压器能够在所有预期的运行场景下，稳定地通过所需的流体流量，从而保证系统的可靠性和安全性。

完成初步筛选后，要深入研读一种或多种潜在调压器的产品说明书，从而详细检查调压器的各项性能指标与流量特性。通过将应用的具体要求与调压器的技术规格进行逐一对比，可以进一步缩小选择范围，剔除那些不符合条件的选项。

将调压器的功能特性与应用需求紧密匹配后，往往能够锁定唯一一种最符合要求的调压器。然而，在做出最终决定之前，还可能需要考虑一些额外的因素，如是否有特殊的使用需求、产品的可获得性、成本效益以及用户的个人偏好等。

### （二）特殊要求

在调压器的最终选择阶段，还需考虑一系列特殊要求，这些需求可能涉及外部控制线路的接入需求、特定结构材料的采用，以及内部超压保护机制的设置。

特别是内部超压保护，它作为一项重要的安全功能，能够在压力异常升高时自动介入，防止设备损坏甚至更严重的安全事故发生。

### （三）经验的重要性

经验，作为对过往应用实践的深刻理解与对特定调压器类型的熟悉掌握，是调压器筛选与尺寸确定过程中不可或缺的宝贵财富。当面对特殊应用场景时，对所需调压器性能特征的清晰认知，能够极大地简化选择流程，避免盲目试错。例如，若应用场合对调压器的响应速度有着较高的要求，那么脑海中应立即浮现出直接作用式调压器这一选项。这类调压器以其直接、快速的响应机制而著称，能够迅速适应压力变化，满足紧急或高频次调节的需求。

此外，若需进一步提升响应速度，还可考虑选择装备有大流量指挥器的指挥器作用式调压器，以加速负载压力的变化传递，从而实现更为迅捷的调节效果。

### （四）规格确定

在精确设定指挥器作用式调压器的规格时，既可以依赖于专业的计算公式来推导，也可以通过这些公式来精准地计算出调压器在全开状态下的流量值，从而确保选择的准确性。而对于直接作用式调压器，其规格尺寸的选定则相对直观，可以直接参考制造商提供的使用说明书中的流量表或流量曲线图，以便快速定位到最适合的型号。

值得注意的是，无论选择哪种类型的调压器，当面对特殊或复杂的应用场景时，都可以积极地向调压器制造商寻求专业的咨询与建议。他们不仅能提供详尽的产品信息，还能根据具体需求，推荐最合适的调压器规格及解决方案。

### （五）阀体尺寸

调压器阀体的尺寸设计需遵循一个重要原则，即其尺寸不应低于所连接管道的尺寸，以确保流体流动的顺畅性和系统的整体性能。但是，在实际应用中，为了优化系统布局、降低成本或满足特定工况需求，所选用的调压器可能会具有比管道更小的尺寸，只要这种尺寸配置能够满足系统的正常运行和调节要求即可。

### （六）连接方式

为确保调压器的稳定运行和长寿命，其材料选择至关重要，必须与被控流体的化学性质和操作温度相匹配，以避免腐蚀、泄漏或其他不利影响。此外，调压器的终端连接方式也是不可忽视的关键因素，它必须满足系统连接的需求，确保调压器能够牢固、可靠地与管道系统连接，从而实现有效的压力调节和控制。

### （七）额定压力

在按照最小入口压力来选定调压器尺寸，以确保其在所有工作条件下都能提供充足的流量时，还需要格外关注调压器的最大入口压力和出口压力的额定值。

### （八）全开流量

在选择调压器时，一个重要的考量因素是其全开状态下的流量特性。通常情况下，调压器在全开时所能通过的流量会大于其设定的限制流量值。为了确保调压器在实际应用中能够稳定、精确地控制流体压力，避免因流量过大而引发的系统问题，在选型时应特别关注并明确调压器的限定流量参数。

### （九）出口压力范围和弹簧装置

在指定一种或多种弹簧装置的需求时，若已明确列出了出口压力范围与相应的压力设置点要求，那么，选择较小压力范围所对应的弹簧往往能够带来更高的调节精确度。

此外，一个常见的误区是认为保持弹簧在其压力范围的中间位置会更优。实际上，这并非必要之举。弹簧的设计允许其充分利用整个所列出的压力范围，无论是接近上限还是下限，都不会对弹簧的性能或使用寿命造成不利影响。

### （十）稳压精度

在调压器的选择与应用中，精度是一个至关重要的考量因素。它直接关联到调压器维持稳定出口压力的能力，一般以压降幅度的形式来量化，即出口压力随着流量增加而产生的减少量。这种精度可以通过多种单位来表示，如百分数（%）、英寸水柱（$inH_2O$①）等，它们各自从不同角度反映了调压器性能的细微差别。具体来说，精度指标衡量的是在最小流量条件下与规定最大流量条件下，出口压力之间的差异。

### （十一）入口压力

调压器入口压力值的直接测量点应设置在调压器的入口处。这是因为，在调压器上游的任何位置进行压力测量，都可能因沿线管道内的压力损失而导致读数不准确，从而低估实际到达调压器入口处的压力值。

因此，若系统上游的某个压力值被用作调压器入口压力的参考，那么必须进行相应的压力校正，以补偿这些沿程损失，确保调压器能够在正确的入口压力下

① 1 英寸水柱（$inH_2O$）约为 0.249 kPa。

工作。此外，还需注意的是，调压器的下游压力并非固定不变，而是会随着上游压力的变化而相应调整。

### （十二）阀口直径

在选择阀口尺寸时，优先考虑能够满足所需流量的最小尺寸。这一策略带来了多方面的操作优势：首先，较小的阀口尺寸有助于减少流体通过时的湍流和涡流现象，从而降低系统的不稳定性，提高流体控制的精度和稳定性；其次，避免使用过大的阀口尺寸可以减少阀座和阀瓣之间的摩擦面积，从而延缓磨损进度，延长阀门的使用寿命；最后，较小的阀口尺寸还意味着在达到相同流量的情况下，所需的闭合压力也相对较低，有助于降低系统的能耗和运行成本。

### （十三）响应速度

在应对快速的流量变化时，直接作用式调压器往往展现出比指挥器作用式调压器更为迅速的响应能力。这是因为直接作用式调压器直接根据进出口压力差或流量变化来调整其开度，无须通过额外的控制机构或介质传递信号，因此其反应时间更短，能够更迅速地适应流量的快速波动。

## 四、调压器的工作原理

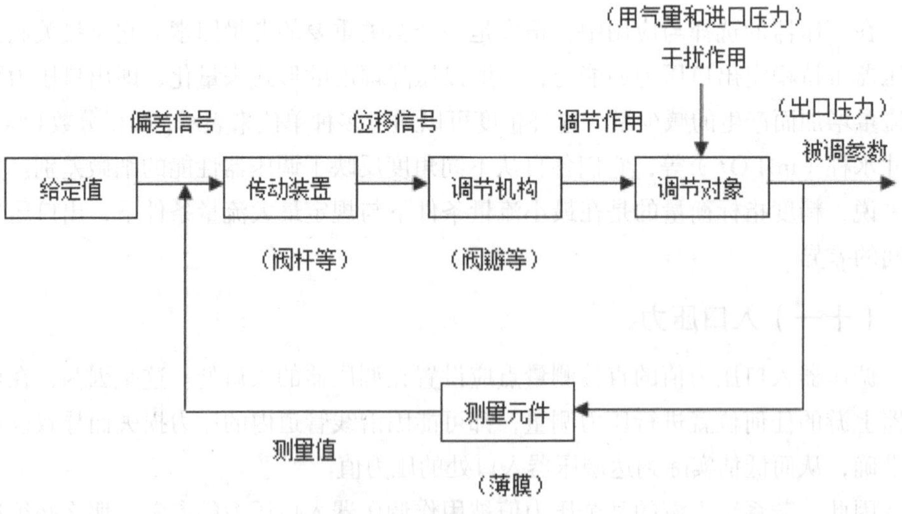


图 6-1 调压器的工作原理

如图 6-1 所示，每一个方块均象征系统构成的一个独立环节，环节间通过带有明确箭头的线条相连，这些线条不仅揭示了它们之间的相互作用，还通过线条上的文字具体说明了相互间传递的作用信号内容，箭头则直观地指示了信号流动的方向。在此自动调节系统中，调压器出口的压力被特别定义为“被调参数”，它实质上代表了调节对象所产生的输出信号。能够引发被调参数（输出信号）发生变化的因素主要有两个：一是用气量的增减，二是进口压力的波动，这两类因素共同被归类为“干扰作用”，它们作为输入信号直接影响调节对象的运行状态。为了应对这些干扰作用并维持系统的稳定，调节机构通过调整其流量来实施控制，这一过程中被调整的流量参数便成为实现调节目的的关键，因此它常被称作“调节参数”。

当外界施加一个干扰信号时，被调参数会随之发生变化，这一变化首先被测量元件捕捉。测量元件随即产生一个与给定值相比较的信号，通过比较得出偏差信号，并将此偏差信号传递给传动装置。传动装置依据接收到的偏差信号，生成相应的位移信号，进而驱动调节机构中的阀门进行动作。阀门的调节动作向调节对象输出一个具有调节作用的信号，旨在抵消或削弱干扰信号对被调参数的影响，从而恢复系统的稳定状态。

从系统图示中可以清晰观察到，所有信号均沿着预设的箭头方向流动，并最终形成一个闭环，即信号在经历一系列处理后又回到了其起始点。从信号处理的视角来看，这样的系统结构构成了一个闭环系统。特别地，系统的关键输出参数——被调参数，在通过测量元件的检测后，其信息被反馈回系统的输入端，这一过程被称为“反馈”。正是通过这种反馈机制，系统能够实时地根据输出状态调整其输入，以维持或恢复预定的运行状态。因此，压力的自调系统本质上是一个带有反馈机制的闭环系统，它依靠反馈来不断修正和优化系统的运行。

## 五、压力自动调节系统的过渡过程

### （一）过渡过程质量指标

1. 衰减比 $n:1$

衰减比是一个衡量系统衰减性能的关键指标，具体来说，衰减比是通过比较前后两个相邻峰值的大小来计算的，其值等于前一个峰值与后一个峰值的比例。在实际应用中，衰减比 $n$ 的值通常选择为 4 ~ 10 较为适宜。

2. 余差

作为衡量系统静态性能的一个重要参数，余差代表了系统过渡过程结束后仍然存在的偏差量。这一指标可以是正值也可以是负值，具体取决于实际工艺需求和系统调节的结果。在流体压力调节系统中，余差与给定值之间的相对大小尤为关键，通常控制在给定值的 5%～15%，以确保系统输出的准确性和稳定性。

3. 最大偏差

它是指被调节参数的实际测量值与期望给定值之间可能出现的最大差异。最大偏差直接反映了系统对给定值的偏离程度，偏离越大、持续时间越长，说明系统稳定性越差，越难以满足控制要求。在某些情况下，也会采用超调量来进行替代分析。无论是最大偏差还是超调量，都是评估系统调节性能和稳定性的重要依据。

4. 过渡时间

过渡时间是指从系统受到外部干扰开始，到被调节参数重新达到并维持在一个新的稳定状态所需的时间段。在实际工程应用中，会在新的稳定值周围设定一个微小的波动范围。当被调节参数的指示值稳定地保持在这一范围内，且不再超出时，即可认为系统已达到了新的平衡状态①。

过渡时间的长短直接反映了系统对干扰的响应速度和恢复能力。较短的过渡时间意味着系统能够迅速适应并克服干扰，即使干扰频繁发生，系统也能保持稳定运行。相反，过长的过渡时间则可能导致系统在多个干扰叠加下失去控制，无法满足预期要求。

5. 振荡周期或频率

在系统转换阶段，从一个波峰至紧接着的下一个波峰所需的时间被定义为振荡周期，也称作工作周期。而振荡频率，作为振荡周期的倒数，衡量的是系统在单位时间内的振荡次数。在衰减比率维持恒定的情况下，振荡周期与过渡时间成正比。一般而言，系统的振荡周期应尽可能短。

## （二）调节过渡过程形式

在无外部干扰，即供气量与进口压力维持恒定的条件下，整个系统会呈现出一种稳定的、非变化的状态，这种状态称之为静态。然而，一旦有干扰因素介入，如用气量的增减或进口压力的变动，原有的平衡状态便会被打破，导致被调参数（如压力）发生偏移。此时，压力自动调节系统会迅速响应，自动调整其控制机构，并相应改变调节参数（如流量），以抵消这些干扰并努力让系统恢复至平衡状态。在这一过程中，系统内各个环节的参数均处于持续变化之中，这种状态称之为动态②。鉴于燃气供应系统中，用气量与燃气压力常常处于动态波动之中，因此，深入理解并掌握压力自动调节系统的动态特性显得尤为重要。

---

① 张骏. 中央空调温湿度采用 PID 控制系统的探讨 [J]. 电子测试，2013（08）：105-106.

② 杨振宇. 过程控制系统中自动调节系统浅析 [J]. 价值工程，2011，30（12）：58.

自调系统的过渡阶段，实质上是系统从一种稳定状态平稳转换至另一种稳定状态的过程，其间伴随着被调节参数随时间推移而不断变化的特性。这一过程细分为以下几个子过程。

1. 发散振荡过程

此过程中，被调参数相对于其设定值的偏离程度非但不收敛，反而逐渐加剧，最终可能超出系统设计的安全范围，导致事故发生。由于这种过程表现出明显的不稳定性，因此在燃气压力调节系统的设计中，通常会极力避免采用可能引发此类振荡的控制策略。

2. 等幅振荡过程

尽管在某些特定情况下，被调节参数的振荡幅度可能保持不变（除非该振幅被严格控制在极小且可接受的范围内），但总体上，此类过程仍被视为不稳定。因为即使振幅不增大，持续的振荡也意味着系统未能达到稳定的平衡状态，这对于需要精确控制压力的燃气调节系统而言是不可接受的。

3. 衰减振荡过程

在这一过程中，被调参数虽然初始时会经历一定幅度的振荡，但随着时间的推移，这些振荡会逐渐减弱并最终收敛，使得被调节参数能够接近并稳定在设定值附近。这种能够自然趋于平衡且稳定性良好的过程，在燃气压力调节系统中是被高度期望的。

4. 非振荡的过渡过程（单调过程）

当系统要求被调节参数在调节过程中不得出现大幅度波动时，非振荡的过渡过程（或称单调过程）看似是一个可行的选择。然而，由于这类过程往往伴随着调节速度的减缓，导致系统达到平衡状态所需的时间较长。在燃气压力调节系统中，考虑到对压力控制的即时性和精确性要求，通常不会优先选择这种平衡速度较慢的过渡方式。

### （三）影响过渡过程动特性的因素

过渡过程的动特性主要由系统本身的固有动态属性所决定，它是系统各组成部分动态特性的综合体现。影响系统动态特性的关键因素包括以下几个方面。

1. 自行调整特性

自行调整能力指的是当系统原有的平衡状态被打破后，不依赖于外部调压设备，系统自身能够在新参数下重新达到稳定状态的能力。燃气管道系统就具备这样的自行调整特性，它能够在一定程度上自动适应压力变化，对维持调节过程的稳定性具有积极作用。

2. 容积系数

容积系数是衡量燃气管道系统对压力变化敏感程度的一个重要参数，它表示管道中的压力每增加一个单位值所需增加的燃气量。容积系数越小，意味着系统对压力变化的响应越为敏感，即小的压力波动就可能引发较大的燃气量变化。这种情况下，系统面对干扰时的调节难度会增加，稳定性也会相应降低。

3. 滞后

在调节过程中，由于系统内部各环节的惯性作用，会产生一定的滞后效应。这种滞后，特别是测量滞后和传送滞后，对调节的稳定性具有显著影响。它们不仅可能延缓调节机构对干扰的响应速度，甚至在某些情况下，还可能导致调节机构的动作方向与实际需求相反，从而恶化调节过程，加剧被调节参数的变化幅度，影响系统的稳定性和控制效果。

4. 干扰的特性

干扰作为影响系统动态特性的外部因素，其特性直接关系到调节过程的平稳性和稳定性。当干扰变化均匀且平稳时，系统能够更为顺畅地进行调节，减少参数波动，从而更容易达到并维持稳定的平衡状态。

# 第四节　传热及换热设备

换热器作为工艺流程中不可或缺的核心设备，其应用范围极为广泛，涵盖石油、化工、轻工、制药、食品、机械制造、冶金以及动力工程等多个工业领域。在油、气等流体的输送与处理工艺中，换热器同样扮演着至关重要的角色。

## 一、换热器的分类与结构形式

### （一）换热器的分类

1. 按作用原理分

（1）直接接触式换热器（混合式换热器）

在特定应用场景中，冷流体与热流体实现直接接触并相互混合，以此高效传递热量。这种传热方式以其结构简洁、传热效率卓越为显著特点，尤其适用于那些允许冷、热流体混合的场合。例如，凉水塔、洗涤塔、文氏管及喷射冷凝器等。

（2）蓄热式换热器（回流式换热器、蓄热器）

利用具有高热容量的固体蓄热介质，实现了热量从热流体向冷流体的有效传递。具体过程为：当蓄热体首先与热流体接触时，其吸收并储存来自热流体的热量，同时自身温度逐渐升高；随后，当蓄热体与冷流体接触时，先前储存的热量被释放并传递给冷流体，导致蓄热体温度相应下降。这一过程循环往复，实现了热量的交换与传递。该换热方式的特点显著，主要包括结构设计的相对简单性，能够承受高温环境的优良性能，以及由于蓄热体体积较大而可能带来的设备体积庞大性。然而，值得注意的是，它并不能完全避免热流体与冷流体之间的微量混合。蓄热式换热器适于高温气体热量的回收或冷却，如回转式空气预热器。

（3）间壁式换热器（表面式换热器、间接式换热器）

冷流体与热流体在换热过程中被坚实的固体壁面安全分隔，确保两者间无直接接触，热量则通过这一高效的传热壁垒，由热流体顺畅地传递给冷流体。此类换热装置不仅设计形式多样，还因其出色的适应性而广泛应用于各个工业领域。

特别值得一提的是，这种换热方式非常适合于那些严格要求冷、热流体不可混合的场合，如精细化工、食品加工以及医药生产等领域。为了满足这些特殊需求，市场上涌现了多种结构形式的换热器，其中最为典型的包括管壳式和板式结构的换热器。

2. 按用途分

（1）加热器

专为将流体加热至特定温度而设计，在此过程中，被加热的流体保持其物理状态不变，即不发生相变，如从液态变为气态。

（2）预热器

预热器被应用于流体处理流程的初期阶段，目的是预先提升流体的温度，以此优化整个工艺装置的运行效率，减少后续加热步骤所需的能量。

（3）过热器

过热器专门用于处理饱和蒸汽，通过加热使其超越饱和状态，进入过热状态。

（4）蒸发器

蒸发器的作用是将液体加热至其沸点以上，促使其蒸发为蒸汽。

（5）再沸器

再沸器专为蒸馏过程设计，它负责加热已经冷凝的液体，使其再次受热并汽化，从而维持蒸馏塔或蒸馏系统中的持续蒸汽供应。

（6）冷却器

冷却器的主要功能是将流体温度降低至所需水平，通过热交换过程移除流体中的热量，以满足工艺要求或产品规格。

（7）冷凝器

冷凝器专门用于处理凝结性饱和蒸汽，通过冷却作用使其释放潜热并转变为液态。

3. 按传热面形状和结构分

（1）管式换热器

此类换热器依赖管子壁面作为热量传递的媒介。依据传热管的具体构造形态，可细分为管壳式换热器、蛇形管式换热器、套管式换热器以及翅片管式换热器等几种类型。这些换热器因其广泛的适应性和高效性，在各类工业及民用领域得到了最为普遍的应用。

（2）板式换热器

板式换热器则是通过板面之间的直接接触来实现热量的交换。根据传热板的不同设计结构，板式换热器可以进一步划分为平板式、螺旋板式、板翅式以及热板式等多种类型。每种类型都各有特色，适用于不同的换热场景。

（3）特殊形式换热器

即为满足特定工艺过程中的独特需求，设计并制造的特殊结构的换热器。这些换热器往往具有独特的结构特点，如回转式换热器、热管换热器以及同流式换热器等。

4. 按所用材料分

（1）金属材料换热器

此类换热器完全采用金属材料加工而成，其常用的制造材料包括但不限于碳钢、合金钢、铜及其合金、铝及其合金，以及钛及其合金等。得益于金属材料卓越的导热性能，这类换热器展现出极高的传热效率，因而在众多工业领域中得到了广泛应用。

（2）非金属材料换热器

非金属材料换热器则是由诸如石墨、玻璃、塑料、陶瓷等非金属材质构成。尽管这些材料的导热系数相对较低，导致换热器的传热效率不如金属材料高，但它们在处理具有腐蚀性的介质时展现出了独特的优势。因此，这类换热器常被应用于对耐腐蚀性能有较高要求的工况环境中。

## （二）换热器的结构形式

1. 管式换热器的结构形式

（1）列管式换热器（管壳式换热器）

其结构设计紧凑，单位体积内能容纳的传热面积相当可观，范围为 40 ~ 150 $m^2/m^3$，确保了优异的传热效率和广泛的适应性。操作灵活，能够应对多种工况需求，特别在高温、高压环境及大型设备中表现出色，是管式换热器中应用最为广泛的类型。

对于列管式换热器而言，由于管内与管外流体温度差异显著，这一温差直接导致管束与壳体受热不均，进而产生不同的热膨胀量。当两流体间的温差增大至一定程度，特别是超过 50℃时，热应力问题变得尤为突出，可能引发设备变形、管子弯曲甚至断裂，极端情况下还会导致管子从管板上脱落。所以，在设计此类换热器时，必须充分考虑热膨胀的影响，并采取有效的热补偿措施。

按照热补偿方法的不同，可以将列管式换热器分为三种形式。

①固定管板式换热器。它巧妙地将两端的管板与壳体紧密相连，从而展现出结构简约、成本经济的显著优势。然而，也正因为其结构特性，壳体内的清洁与维护作业变得相对复杂，因此要求流经管外的物料必须保持清洁状态，不易形成积垢。针对温差变化较大的情况，可以在壳体的适宜位置焊接上补偿圈（又称之为膨胀节）。此补偿圈通过其弹性特性——拉伸或压缩的变形能力——来适应并补偿这种差异，从而确保设备的稳定运行。尽管这种补偿方式操作简便，但其适用范围有限，主要适用于两流体间温差不超过 70℃，且壳程流体工作压力低于 0.6 MPa 的应用场景。

②浮头式换热器。它独特地设计了一端管板与壳体紧密固定，而另一端管板则采取非固定连接方式，允许其沿轴向自由浮动。这种创新的结构设计不仅彻底消除了因温度变化而产生的热应力问题，还极大地便利了设备的清洗与维护作业，因为整个管束可以轻松地从壳体中抽出。尽管浮头式换热器的结构相对复杂，制造成本也较高，但其卓越的性能和灵活性使得它在各种应用场合中仍然备受青睐，成为广泛采用的一种换热器类型。

③ U 形管式换热器。它以其独特的结构设计脱颖而出，将每根管子巧妙地弯制成 U 形，两端则牢牢地固定在同一管板的两侧，并通过隔板将管板分为两个独立的室。这种结构赋予了每根管子自由伸缩的能力，而无须考虑其他管子或壳体

的影响，从而巧妙地解决了热补偿难题。U 形管式换热器不仅结构紧凑、易于制造，还具备承受高温高压环境的优异性能。然而，其管程部分由于结构限制，清洗作业相对困难，且由于管子弯曲的需要，管板的材料利用率也相对较低。

（2）蛇管式换热器

①沉浸式蛇管换热器。其核心部件是由金属管巧妙缠绕而成的蛇形管，这些管子根据容器的具体需求定制形状，完全沉浸在容器之中。在这一系统中，两种流体分别在蛇管内外流动，通过蛇管表面这一媒介实现热量的传递。此种换热器的显著优点在于其结构设计简单明了，制造过程便捷高效，同时能够承受高压环境，且可根据需要选用耐腐蚀材料进行制造，增强设备的耐用性。

然而，其局限性也显而易见，容器内液体的流动湍动性较弱，导致管外对流传热系数偏低，进而影响了整体的传热效率。此外，由于沉浸式设计的限制，其传热面积相对有限，因此更适用于传热量要求不高的容器。

②喷淋式蛇管换热器。将蛇形管有序地排列并固定在特制的支架上，冷却水通过安装在最上层管道顶部的喷淋装置均匀洒落，沿着管子的表面流动，与管内流动的热流体进行热交换。这种设计相较于沉浸式换热器，显著提升了传热效果，同时提供了更大的传热面积，且这一面积可根据实际需求进行调整。此外，其检修与清洗工作也更为便捷，降低了维护成本。

然而，需要注意的是，喷淋过程中水流的均匀性有时难以保证。因此，该类型换热器更常用于管内流体的冷却场景，并常设置于室外空气流通良好的区域，以便充分利用自然风冷效果。

（3）套管式换热器

将两种直径各异的直管巧妙地嵌套在一起，形成多层套管结构。根据具体的换热需求，这些套管被分割成若干段，每段被称为“一程”，每程的长度通常设定为 4 ~ 6 m。每程的内管通过精心设计的 U 形弯头与下一程的内管紧密相连，而外管之间也通过特定的管道实现连通。

此外，该设计还允许多排套管并列布置，每排套管均通过总管进行流体的集中分配与收集。在换热过程中，一种流体在套管的内管中流动，而另一种流体则在内外管之间的环隙中流动，两者始终保持逆流状态，从而实现高效的热量传递。通过精心选择内外管的直径，可以确保两种流体在各自通道内获得较高的流速，进而提升整体的传热系数。其优点在于结构相对简单，能够承受较高的工作压力，且传热面积可以根据实际需求进行灵活增减。然而，其缺点也同样明显，即设备整体结构不够紧凑，占用空间较大，金属材料的消耗量也相对较大。因此，它更适用于换热量需求不是特别大的场合。

（4）翅片管式换热器

翅片管式换热器通过在其管子的外表面巧妙地安装特定形状的翅片来增强换热性能，这些翅片主要分为横向和纵向两种布局方式。

当两种流体在进行对流传热时，若它们的传热系数存在显著差异，即一侧的表面传热系数 $h$ 相对较小，此时便可在该侧加装翅片。翅片的加入不仅显著增大了换热器的总传热面积，还通过其独特的结构促进了流体流动的湍动性，进而提高了对流传热系数。

2. 板式换热器的结构形式

为了优化换热器的结构紧凑性，显著提升单位体积内的传热面积，进而增强传热效率，并更好地满足特定工艺过程的需求，人们创新性地研发出了板式换热器。这种换热器通过特定的排列与组合方式，将平板作为主要的传热面积，实现了高效且灵活的热交换功能。

（1）平板式换热器

一组精心设计的长方形金属薄板被平行地排列并组装在坚固的支架上，利用先进的夹紧装置确保整体结构的稳固性。

为了实现板间液体的无泄漏流动，这些相邻的板边缘之间巧妙地嵌入了垫片，这些垫片通常由耐用的橡胶或压缩石棉等材料制成，经压紧后，在板内构建出封闭且安全的液体通道。每块金属薄板的四个角都精心钻制了圆孔，其中一对圆孔直接贯穿板间，形成连通的流体路径；而另一对圆孔则巧妙地通过加装垫片与板内空间隔离，并在相邻板上采用错位布局，从而巧妙地划分出两个独立的流体通道，从而使两种流体能够交替地流经板片的两侧，通过板片的热传导作用实现高效的热量交换。值得一提的是，这些金属薄板的厚度通常控制在 0.5 ~ 3 mm，板面压制出精美的波纹状图案，两板间距精心设定为 4 ~ 6 mm，在材质选择上，通常采用高品质的不锈钢材料。

平板式换热器的主要特点如下。

①总传热系数高。板式换热器凭借其独特的波纹状板面设计，极大地增强了流体的湍动性，有效减少了污垢沉积带来的热阻。即便在较低的雷诺数（约为 200）条件下，也能实现湍流状态。加之其板片厚度薄，使得总传热系数（$K$ 值）高达 1500 W/（$m^2$ · K），展现出非凡的换热性能。

②结构紧凑。得益于超薄板片与紧凑的板间距，板式换热器在单位体积内能够提供惊人的传热面积，范围在 250 ~ 1000 $m^2/m^3$，显著提高了空间利用率。同时，这一设计也减少了金属材料的消耗，体现了节能环保的设计理念。

③操作灵活性大。板式换热器采用可拆卸结构，使得用户能够根据生产需求灵活调整板片数量，从而增减传热面积，满足不同的工艺要求。此外，其可拆结构还极大地方便了设备的检修与清洗工作。

④板式换热器确保两种流体在换热过程中严格形成逆流，这一设计不仅增大了平均温差，还显著提升了传热推动力，使得热量交换更加高效、彻底。

主要存在的局限性在于其所能承受的操作压强和温度范围较为有限。由于板式换热器的板片设计较为轻薄，以优化换热效率和结构紧凑性，但这也意味着在高压强环境下容易发生形变，同时垫片在高压强条件下也更容易出现渗漏问题，因此其操作压强通常被限制在不超过 2 MPa 的范围。

受限于垫片材料的耐热性能，板式换热器的操作温度也受到了一定限制。对于采用橡胶垫片的换热器，其操作温度通常不超过 130℃，而采用石棉垫片的则不超过 250℃。此外，板式换热器的流通截面积相对较小，所以处理量相对较小。尽管存在这些局限性，但 20 世纪 50 年代以来，板式换热器凭借其高效、紧凑的优势，在轻工、食品等行业中得到了广泛应用。

（2）螺旋板式换热器

它由两张轻薄且平行的金属板，经过精细的工艺卷制成为两个同心的螺旋状通道。为了有效分隔这两个通道，确保流体的独立流动，特别在中央位置安装隔板。同时，为了维持通道间稳定的间距，两板之间还精密焊接了定距柱。此外，螺旋板的两侧还焊接有坚固的盖板和接管，以便于流体的进出。两种流体分别被引导至各自的通道内流动，它们通过螺旋板这一高效的传热介质进行热量的交换，实现高效的换热过程。

螺旋板式换热器的主要特点如下。

①总传热系数高。螺旋板换热器以其独特的螺旋形通道设计，使流体在流动过程中不仅受到惯性离心力的推动，还受到定距柱的有效干扰，从而在相对较低的雷诺数（1400 ~ 1800）范围内即能实现湍流状态。这种设计允许流体以较高的速度流动（液体可达 2 m/s，气体则高达 20 m/s），极大地增强了传热效率，使得水对水的换热过程中传热系数能够高达 3000 W/（$m^2$ · K）。

②不易结垢和堵塞。得益于螺旋形通道内的高速流体流动，以及流体自身产生的冲刷作用，悬浮在流体中的杂质和颗粒难以在通道内沉积，从而有效避免结垢和堵塞的问题，确保换热器长期稳定的运行效率。

③可以利用低温热源。螺旋板换热器的流道设计不仅长而且可以实现两流体的完全逆流，这一特点使得传热温差得以最大化，从而能够充分利用温度较低的热源进行高效的热交换，拓宽换热器的应用范围。

④结构紧凑。采用厚度仅为 2 ~ 4 mm 的薄金属板制成，螺旋板换热器在保持高传热效率的同时，实现了单位体积内传热面积的显著增加，最高可达 500 $m^2/m^3$。

螺旋板换热器的主要缺点在于其操作条件的局限性，即操作压强需保持在 2 MPa 以下，且操作温度需控制在 300 ~ 400℃的范围。另外，整个换热器通过焊接工艺牢固地连接成一体，一旦设备出现损坏，检修工作将变得相对复杂和困难。

螺旋板换热器的设计尺寸灵活多样，其直径通常不超过 1.5 m，板宽则可根据实际情况在 200 ~ 1200 mm 范围选择，而板厚则保持在 2 ~ 4 mm，两板间距设定在 5 ~ 25 mm，以确保流体流动的顺畅与高效。在材质选择上，可采用普通钢板或不锈钢制造，目前在化工、轻工、食品等行业中得到了较为广泛的应用。

（3）板翅式换热器

板翅式换热器的设计展现出多样化的结构型式，但其核心构造始终围绕着平行隔板与多种形态翅片组合而成的板束展开。

具体而言，板翅式换热器的制造起始于两块平行的薄金属板之间，其间巧妙地穿插了波纹形或其他特殊设计的翅片。接着，利用侧条的紧密固定与密封，这一组合结构被牢固地封装为一个完整的换热单元。

通过将多个单元体以巧妙的方式层层堆叠并有序排列，随后运用钎焊工艺将它们紧密且牢固地联结起来，从而形成了一个具备并流、逆流或错流特性的板束结构，该结构也被称作蕊部。为了有效引导流体的进出，特地在板束上焊接了配备流体进出口接管的集流箱。至此，一个完整的板翅式换热器便被成功制造出来。在翅片的选择上，最为常见的有三种类型，分别是光直型翅片、锯齿型翅片以及多孔型翅片。

板翅式换热器通常采用铝合金作为主要材料，这一选择赋予了它结构紧凑、重量轻巧的显著特点。其设计精妙地提高了单位体积内的传热面积，使得这一数值能够高达 4000 $m^2/m^3$，极大地提高了换热效率。同时，板翅式换热器还展现出卓越的传热性能，空气在其内部流动时的对流传热系数可达到 350 W/（$m^2$·K），确保了热量传递的高效性。

然而，值得注意的是，板翅式换热器在应对含有杂质或颗粒的流体时，容易发生堵塞现象，且由于其结构特点，一旦堵塞或需要维护，清洗和检修工作会相对困难。因此，它更适用于处理清洁且无腐蚀性的流体。如今，板翅式换热器已经在石油化工、气体分离等众多工业领域中得到了广泛的应用。

## 二、工业换热方式

在化工生产过程中，热量的传递主要发生在冷流体与热流体之间，以实现能量的交换。依据热量交换的具体实现机制，可以将其划分为以下几种主要类型。

### （一）直接混合式换热

直接混合式热交换是一种高效且直接的热量传递方式，它适用于允许冷、热流体直接接触的工业场景。在这种方式中，两种流体直接混合，在混合的过程中完成热量的交换。由于其操作简便且设备结构相对简单，直接混合式热交换常被应用于气体的冷却、液体的降温以及蒸汽的冷凝等工艺过程中。

### （二）蓄热式换热

当工业场景要求冷、热流体不能相互混合时，蓄热式热交换成为一种可行的选择。该方式通过设置一个充填有耐火砖等高效蓄热材料的蓄热室来实现热量的传递。冷、热流体交替通过蓄热室，热流体释放的热量被蓄热材料吸收并储存起来，随后再传递给进入的冷流体。蓄热式热交换设备结构简单，且能耐受高温环境，但其缺点在于设备体积相对较大，且在实际操作中难以完全避免两流体之间的微量混合。因此，它更多地被应用于高温气体的热交换领域。

### （三）间壁式换热

在化工生产中，常见的一种换热方式是通过一个固体壁面来实现两种参与换热的流体之间的热量传递。在这种方式中，热流体和冷流体分别位于固体壁面的两侧流动，确保了它们之间的物理隔离，从而避免了直接混合。热流体首先将其携带的热量传递给固体壁面，随后这些热量再由壁面传递给另一侧的冷流体。这种间接换热方式不仅保证了流体的纯净性，还因其广泛的应用性而成为化工领域中最常用的换热手段之一。

## 三、天然气加热水套炉

### （一）工作原理及结构描述

1. 用途

加热炉在液化天然气项目及输气干线工程中扮演着关键角色，其主要功能是为高压状态下的天然气提供充足的热能。这一加热过程确保了天然气在后续的远距离输送过程中，其温度能够持续保持在露点之上，从而有效防止了天然气因温度下降而凝结成液态，保障了输气管道的安全运行与天然气的稳定供应。

2. 结构特点及工作原理

水套加热炉作为油气田采油与输气作业中不可或缺的专用设备，其应用范围极为广泛，显著特点包括高度的安全性与可靠性、多样化的型号与配置、紧凑合理的结构设计、全面的功能覆盖、广泛的适应性以及高水平的自动化控制。

该设备由两大核心部分构成：加热炉主体（壳程）与热交换管（管程）。其中，火筒精心安置于壳体的下部，而加热盘管则巧妙布局于壳体的上部空间。火筒，作为火管与烟管的集合体，在加热炉中扮演着燃烧室的角色。在这里，燃料高效燃烧释放出的高温烟气首先通过火管以辐射传热的方式传递热量，随后烟气进入烟管，以对流方式进一步将热量传递给作为中间介质的水。这一过程中，水作为热量传递的桥梁，与加热盘管内部待加热的工艺气体进行热交换，确保工艺气体达到所需的温度要求，满足生产负荷。尤为值得一提的是，整个热交换过程在一个封闭的系统内进行，中间介质在正常工作状态下无须外界补充，有效避免了因介质接触外界空气而导致的筒体内氧化腐蚀问题。

卧式圆筒形水套加热炉，其构造精良，集成火筒、烟管、前烟箱、后烟箱、筒体主体、膨胀水槽、安全防爆门、高耸的烟囱以及高效的燃烧器等关键组件。这些部件均经过严格的工厂化制造与精细组装，确保每一环节都达到最优状态。整体组装完成后，加热炉还需通过全面的质量检验，合格后方进行喷砂除锈处理，以提升其防腐性能及外观质感。此外，加热炉采用先进的外保温结构设计。

3. 燃烧器

全自动燃气燃烧器，凭借其先进的前混合燃烧技术，从根本上消除了逆火现象，确保了燃烧过程的安全与高效。它精心配置了双阀型安全阀组，实现了供气的精准控制，还能在紧急情况下迅速切断气源，提供双重安全保障。此外，该燃烧器还集成了气体泄漏阀门检测功能，实时监测潜在的安全隐患。在点火机制上，燃烧器采用先点燃小火再逐步引燃大火的先进方式。独特的燃烧头设计，更是确保了火焰的稳定燃烧，进一步提升了燃烧效率与安全性。

值得一提的是，该燃烧器的燃气阀组及检漏装置采用常闭、慢开、快关的设计原理，确保了运行过程中的点火安全与启动平稳。在遭遇系统断电等突发情况时，燃气阀能够迅速自动关闭，及时切断燃气供应，从而有效保护燃烧器及相连的用热设备免受损害。安装方面，每台燃烧器均配备了标准化的安装法兰，使得安装过程变得简单快捷。用户只需将法兰牢固地固定在炉口上，接通电源与燃气源，即可轻松完成安装并投入运行。

PGP 系列燃气燃烧器，其精妙设计涵盖燃气供应、高效送风及智能控制三大核心系统。燃气自入口起始，历经燃气电磁阀组的精确调控与比例蝶阀的细致调节，沿预设燃气管路顺畅流动，直达主燃烧器头部。燃气通过精心布置的喷孔细腻喷出，与送风系统中风机强力输送的空气在宽敞的扩散筒内完美融合，形成易于点燃的可燃性气体混合物。随后，借助点火变压器释放的电火花，混合物瞬间点燃，绽放出稳定的燃烧火焰。

为确保燃烧过程的安全可靠，该燃烧器装备双重火焰自动监测与熄火保护机制。一方面，采用电离型检测技术，利用火焰燃烧时对周围空气产生的电离效应，在火焰监测电离棒与机体间构建起微弱的电流回路。电离监测型程序控制器精准捕捉这一电流信号，据此精准判断火焰的燃烧状态或熄灭情况。另外，辅以紫外线光电型检测技术，捕捉燃烧火焰释放的紫外线变化，紫外光电监测型程序控制器则根据这些细微变化，同样能够准确判断火焰的燃烧与否。

在点火尝试失败或燃烧过程中火焰意外熄灭时，燃烧器的程序控制器会敏锐地察觉到电流信号或紫外线变化信号的缺失，从而迅速判定火焰已熄灭。随即，控制器将自动触发锁定机制，并立即下达指令，紧急停止燃气供应并关闭燃烧器，确保安全。要重新启动燃烧器，必须先进行复位操作，以保障设备的运行安全与可靠性。

此外，燃烧器还配备全面的超低压保护系统，专门监测燃气压力和空气压力。一旦发现燃气压力降至安全阈值以下，或由于风机故障导致空气压力不足，乃至电机发生反转（此时风压无法被正常检测），系统将立即自动切断燃气供应，从而有效预防脱火、回火等安全隐患，以及因空气供给不足可能导致的燃烧不完全现象，确保燃烧过程的安全与效率。

在负荷控制方面，燃烧器采用先进的比例式控制方式。这一系统能够精准响应站控室可编程逻辑控制室控制系统的指令，按照用户热力负荷的实际变化，动态调整燃烧器的燃气供给量和助燃空气量。这种灵活的调节机制，不仅使得水套炉的运行更加平稳，还显著提升了能源利用效率，实现了经济运行的目标。

## （二）运行操作

加热炉的运行依赖于强制通风系统与微正压燃烧技术的结合，这就要求操作管理人员必须深入了解加热炉的独特结构特点及其自动控制系统的操作精髓。他们需全面掌握相关操作技能，并严格遵守既定的操作规程，以确保加热炉的安全、高效运行。操作人员与维修人员在上岗前必须接受严格的技术培训，确保每位员工都能胜任其岗位工作①。

① 刘建强．煤矿机电设备事故原因及预防措施[J]．机械管理开发，2017，32（02）：167-168+175.

1. 启炉前的准备工作

（1）工艺检查

①对燃烧道进行全面检查，确保其表面光滑无瑕疵、平整无凹凸，并仔细清理任何可能存在的杂物或障碍物。

②细致审查炉体及其相连的管道系统，确认保温防护措施完整无损，有效隔绝热量散失，同时检查防爆门等安全装置是否处于正确关闭状态。

③逐一检查系统中的各个阀门，确认其密封性能良好，无泄漏现象，且阀门本身完好无损。

④仔细核查设备上所有的排放口，确保它们均处于关闭状态。

⑤在完成上述所有检查并确认无误后，按照既定流程向主管部门提出燃料气源接通申请。在获得批准后，由专业的燃气供气单位执行管路排空操作。

（2）仪表检查

①对压力表与温度计进行细致检查，确认其安装稳固且表面清洁无污，同时校验其指示值是否准确无误。

②检查磁翻版液位计所指示的水罐液位，确保其读数处于预设的正常范围内，从而及时掌握储水状况。

③仔细审视温度与压力变送器的安装情况，确认其稳固无松动，并校验其信号输出是否准确反映实际温度与压力值。

（3）检查燃烧器

①对燃烧器进行全面的状态检查，确保其各部件完好无损，无损坏迹象。针对燃料气供给系统，细致检查管线、球阀、调压阀、点火阀及主燃气阀等关键部件，确认无燃气泄漏现象，且各阀门操作正常，无异常声响或卡顿情况。

②验证燃料气压力是否符合燃烧器运行的技术规格要求，确保压力值处于安全且高效的运行区间内。

③仔细检查燃气压力开关、助燃风压力开关以及泄漏检测开关的安装情况，确认其固定牢固，连接可靠，无松动或损坏现象。

④特别关注燃烧器的风门位置，确保其处于完全关闭状态。

（4）检查燃烧器控制盘。

①检查控制盘的控制门是否关闭紧密。

②检查确认控制电源指示灯亮。

③检查确认漏气指示灯灭。

④检查确认故障指示灯灭。

⑤检查确认燃烧（运行）指示灯灭。

⑥检查确认启 / 停炉开关在停炉位置。

（5）检查确认外安全联锁信号

①外安全联锁是站控室（station control spot，SCS）的故障停炉指令。

② SCS 作为中央监控核心，持续接收并分析来自水套炉的各种变送器信号。这些信号包括但不限于“水罐液位低低警报”“水罐温度低低警报”“烟气温度高高警报”“处理气进炉温度高高警报”“处理气出炉温度高高警报”“燃料气温度高高警报”“燃料气压力高高警报”“燃料气压力低低警报”。SCS 系统智能判断这些信号是否超出了预设的安全阈值，一旦发现超限情况，将立即启动相应的安全保护措施。

③为确保 SCS 在紧急情况下能够有效执行安全联锁功能，需定期检查并确认 SCS 系统的外安全联锁信号处于正常状态。

2. *启炉*

在全面确认水套炉系统的所有启动前准备工作均已妥善完成，并达到安全启动条件后，方可进行燃烧器的启动操作。此时，现场工作人员需保持高度警惕，全神贯注地监控水套加热炉燃烧器的工作状态，确保任何细微的异常情况都能被及时发现。一旦发现燃烧器工作出现任何不稳定或异常现象，必须立即采取果断措施，通过关闭电源来中断燃烧器的运行，并随即展开详尽的检查，以排除故障并恢复系统的正常运作。

①启炉时，将启 / 停炉开关明确无误地旋向启炉位置，闭合控制电源开关，此时程序控制器将自动接管控制流程，按照其内部预设的启动程序逐步执行各项操作，直至燃烧器顺利进入稳定工作状态。

②程序控制器启动后，首先检测燃气压力。

如正常，程序将继续运行。

如有异常，则报警；故障指示灯亮，停炉。

③进行燃料气阀门检漏工作。

如正常，程序将继续运行进入下一步。

如阀门漏气，则报警；漏气指示灯亮，启动程序锁定，停炉。

重新启炉需按泄漏复位按钮。

④燃烧器随即进入大风预吹扫阶段，这一关键步骤旨在彻底清除炉膛内部可能残留的燃气或杂质，通过强劲的气流吹扫，为后续的安全燃烧创造洁净的环境。

⑤在预吹扫程序持续进行的同时，程序控制器能够实时检测并监控助燃风的压力状况。

一旦程序控制器检测到助燃风的压力低于预设的安全阈值，系统将立即触发报警机制，故障指示灯将亮起以警示操作人员注意。同时，燃烧器将自动停止运行。

⑥火焰监测器工作。若在此阶段，程序控制器敏锐地检测到游离电流或紫外线的存在，这将是炉膛内存在疑似火焰的明确信号。出于安全考虑，程序控制器将立即采取保护措施，果断终止启炉运行。同时，系统会触发报警机制，故障指示灯将迅速亮起，以醒目的方式向操作人员发出警示。此外，燃烧器将自动停止工作。

如运行正常，程序将进入下一步运行。

⑦程序控制器精准地发出指令信号，触发点火变压器启动工作。在这一瞬间，点火变压器迅速将电能转化为高能电火花。

⑧与此同时，燃料气电磁阀组接收到同步指令后迅速开启，精确控制燃料气的释放。随着燃料气的流入，小火炬被成功点燃，经过短暂的预热与调整，主火焰也在几秒钟后轰然燃起。

火焰监测器未检测到火焰，则报警；故障指示灯亮，停炉。

⑨在点燃主火焰后，火焰监测器会持续检测。当火焰燃烧状态达到预设的正常标准时，系统会自动转入正常运行程序，此时运行指示灯将亮起。

然而，若系统未能检测到游离电流或紫外线的存在，这将是火焰未能正常燃烧的明确指示。面对这种情况，程序控制器将迅速作出反应，终止当前运行程序，并立即触发报警机制。故障指示灯将随之亮起，立即停炉，同时自动关闭燃料气电磁阀组。

⑩水套炉进入正常运行状态。在燃烧器从启动到火焰成功点燃的整个过程中，操作人员需保持高度专注，细致观察每一步骤是否与预设的控制程序完全吻合。一旦发现任何偏离正常流程或异常现象，如故障指示灯、漏气指示灯突然亮起，应迅速停机，认真、细致地检查导致异常的原因，并及时采取相应措施排除故障。在确认燃烧器及整个系统均处于正常、稳定的工作状态后，方可进入下一步的调节程序。

正常运行、负荷调节。

①当水套炉顺利进入稳定的运行状态后，SCS 内的可编程逻辑控制器将承担起智能调控的重任。它会根据实时监测到的热力设备负荷变化情况，自动而精确地调整燃气量和助燃空气量的供给比例。

②点火成功标志着燃烧器正式进入正常燃烧阶段。此时，为了确保燃烧过程达到最优效果，必须根据当前的燃烧状况进行相应的调节。理论上，最佳燃烧状

态应通过专业的燃烧效率分析仪器和排烟成分检测设备来精确测定。然而，在实际操作场景中，若受限于测试条件，操作人员也可以凭借丰富的经验，通过观察火焰的燃烧状态和排烟状况，来判断并调整燃烧状态，力求接近或达到理想的燃烧效果。

③在燃烧达到稳定状态后，首要任务是确认燃气流量是否满足设计要求。若实测流量偏离预设值，可通过微调燃气阀组的开度来进行校正。此外，为精细控制燃气供给，可借助调节比例马达与蝶阀连接杆的长度来改变燃气蝶阀的开度，必要时还需考虑调节进气压力。完成这些调整后，需再次按照前述步骤对燃烧状态进行全面检查与确认。

④在调节过程中，若遇到燃气或空气压力开关因设定值不当而引发的误动作情况，应立即着手重新设定其合理值。

⑤关于燃烧调节的具体操作方法，主要聚焦于通过调整风门的开度来实现对燃烧状况的精确控制。同时，也可根据实际需求，对电磁阀的开度及进口燃气压力进行适度调整，以在确保燃烧量达标的基础上，达到最佳的燃烧状态。

加热炉所配备的燃烧器，集成了先进的比例式空气调节装置，这一创新设计确保了燃气燃烧过程中所需空气量能够随着燃气量的动态变化而自动、精确地按比例进行调节。其精妙的工作原理在于：风门挡板（负责控制进风量）与蝶阀（负责调节燃气量）之间通过精心设计的连接杆与比例马达紧密相连，形成了一个协同工作的调节系统。当热力设备的负荷发生变化时，系统会即时捕捉并传递这一变化信号给比例马达。比例马达接收到信号后，会根据预设的比例关系，灵活地顺时针或逆时针旋转，进而驱动连接杆带动风门挡板和蝶阀同步改变其开启角度，实现燃气量与空气量之间的精准、比例式调节。

## （三）燃烧器的安全检查

完成燃烧器的调试工作后，至关重要的一步是对其安全保护装置进行全面而细致的检查，以确保设备的安全可靠运行。具体检查内容涵盖以下几个方面。

①在燃烧器正常运作状态下，人为调整空气压力开关的设定值，使其高于当前风压值。此操作应触发燃烧器立即停止工作。

②在燃烧器运行中，轻轻旋转燃气压力开关，使其设定值超过当前供气压力。此时，燃烧器应迅速响应并自动停机。

③在燃烧器运行时，人为断开控制开关。系统应能即时识别这一变化，并立即停止燃烧器的运行。

④当点火火焰稳定形成 2 s 之后，人为地将电离棒或紫外线光电管上的导线

断开。此时，燃烧器应在极短时间内自动停止运行，并触发报警信号。若在火焰保持正常燃烧的状态下重复这一操作，燃烧器同样应当迅速响应，停止工作并发出警报，以此验证火焰持续监测功能的有效性和可靠性。

上述每一项安全检查试验均需至少重复进行两次，此外，在日常运行过程中，也应定期对这些安全保护装置进行检查和维护。

### （四）运行监控

水套炉配备了全面的仪表检测系统，旨在实现加热炉关键运行参数的实时监控与远程管理。该系统不仅能在设备现场直接展示介质进出口的温度、进出口压力（含就地显示与远程传输及高低压报警功能）、排烟温度（远程显示与报警）、燃气压力（就地与远程显示及高低压报警）等关键数据，还能通过远程传输功能，在值班室等控制中心同步获取这些参数，确保信息的即时性与全面性。特别地，该系统还实现了介质出口温度的远程监控与控制调节，以及液位信息的就地直观显示与远程监控，同时配备了高低液位报警与控制功能。操作人员需承担起定期巡检的重要职责，详细记录各项运行参数，并密切关注数据变化。一旦发现数据异常，应立即启动应急响应机制，迅速查明原因并采取有效措施予以处理，从而有效预防潜在事故的发生。

### （五）运行中的注意事项

①在进行点火操作时，务必遵循燃烧器的使用说明书指导。若初次点火未能成功，严禁盲目重复尝试，而应系统性地检查整个燃烧系统，细致排查原因。在确认并排除所有故障后，方可再次进行点火操作。值得注意的是，每次点火失败后，重新尝试前都需执行大风清扫程序，以彻底置换炉膛内的残余可燃气体，确保安全。

②在正常燃烧过程中，应确保火焰状态稳定，无显著火星飞溅，且火焰方向应保持垂直，避免偏斜现象。同时，观察烟囱排放情况，确保无烟尘或黑烟排出。

③日常运行中，应坚持每日对燃烧器的燃烧状态进行细致观察，特别关注火焰的长度，以此判断燃烧是否充分。

④加热炉运行时，务必关闭膨胀槽上的放空口阀门，防止因水位过高导致的溢流问题。此外，还需定期开启放空口阀门进行排气操作。

⑤不定期地开启加热炉筒体下部的排污口阀门，进行排污作业，清除积累的杂质与沉淀物。

⑥经常检查液位报警装置，确保在水位过低或过高时能及时发出警报，从而避免由此引发的严重事故。

## （六）运行维护和检修

为确保水套加热炉的安全稳定运行与高效使用，对其燃烧器及仪表电气部分的日常维护与定期检查至关重要。一旦发现任何故障或潜在问题，必须严格遵循设备说明书中的指导原则进行检修作业。鉴于维护与检修工作可能直接关联到水套加热炉的正常工作，此类操作必须由具备相应资质和丰富经验的技术人员来执行。

1. 运行维护的内容

①对于炉体各密封部位，一旦发现存在漏烟现象，应立即采取措施，通过紧固连接件或更换老化、损坏的密封件来修复。

②定期并经常性地检查燃烧器及其所有部件的连接状态，确认是否紧固无松动，并观察其位置是否发生偏移或变化。

③在每次启动设备之前，务必进行电源及电路的全面检查，确保无短路、断路或其他异常现象。

④设备运行过程中，应密切关注其运行状态，仔细倾听是否有异常运转噪声产生，同时观察是否有其他异常情况。

⑤定期检查供气系统的压力值，确保其处于正常范围内，以维持燃烧器的稳定燃烧。同时，观察燃烧状况是否良好，火焰颜色、形状及稳定性等指标是否符合要求。

⑥水套加热炉燃烧器的工作环境必须保持清洁与干燥。特别强调的是，控制电路部分必须严格防止受潮和高温影响，以防止电路短路、元件损坏等安全隐患。

⑦对水套加热炉燃烧器实施定期的整体检查与保养计划。

⑧定期清洗各处滤网，保证气路畅通。

⑨燃烧器的清洁工作同样不容忽视，特别是火焰监测器这一关键部件。但请注意，在清洁过程中应避免使用有机溶剂。

⑩定期检查喷孔、电极以及稳焰板等关键部件的位置是否发生变化，并清理可能存在的结垢或积炭。

⑪ 定期清理烟囱，防止堵塞或漏烟。

⑫ 定期检查电气线路连接有无异常。

2. 燃烧器检修的内容

①燃气阀泄漏的常见原因包括电磁阀组密封面的磨损以及电磁阀内部被杂物卡阻。所以，日常使用中应频繁检查电磁阀的密封性，一旦发现泄漏迹象，应立即采取措施排除故障，进行维修。若问题严重，必要时需更换全新的电磁阀。

②定期对燃气阀组入口处的滤网以及其他位置的过滤装置进行拆卸清洗，使

其保持清洁状态，特别是在设备初始使用阶段，更应加强清洗频次。

③在非水冷炉膛环境中使用燃烧器时，停机期间的炉膛高温辐射可能对燃烧器造成损害。因此，为保护燃烧器免受高温影响，必须采取适当的保护措施。

④在进行燃烧器头部清洁、点火电极及电离棒等部件的更换工作时，可能涉及拆卸燃烧器头部的零部件，甚至可能需要断开燃气管路。在重新组装时，更是要格外注意细节，确保所有零件安装到位，燃气连接紧密无泄漏，点火电极、电离棒等部件位置准确且接地良好。

⑤完成燃烧器的检修工作后，不能立即投入使用，而是需要重新进行全面的安全检查并进行必要的调试，一切正常后才能投入使用。

### （七）故障处理

在加热炉的运行过程中，燃烧系统往往是故障频发的关键区域。因此，操作人员不仅要深入理解本操作指南的内容，还需在实战操作中不断积累经验，学会针对具体问题进行细致分析，从而把握故障发生的规律，及时消除潜在的安全隐患，确保加热炉能够安全、稳定地运行。当遇到以下任一紧急情况时，操作人员应立即采取停炉措施。

①燃烧器损坏严重，不能正常燃烧。

②炉体内烟管以及火筒损坏严重。

③膨胀槽内液位过高或过低。

④压力表或温度计失灵。

气体燃烧器因其卓越的性能，如高燃烧效率、燃烧过程的精准可控性，以及便于实现自动化控制等显著优点，被广泛应用于工业及民用热能设备领域。然而，值得注意的是，气体燃料若使用不当，潜藏着巨大的安全风险，极易引发中毒和爆炸事故，其后果往往极为严重。因此，用户在使用气体燃烧器时，必须采取一系列必要的安全防范措施，以杜绝中毒和爆炸事故的发生。

①当燃烧器因故障而被自动锁定停止运行时，应立即停机并深入检查故障根源。在彻底排除故障后，方可重新启动设备，严禁强行复位或频繁尝试启动，以免燃气积聚导致潜在的安全事故。

②确保燃气阀前端的燃气压力维持在阀体铭牌上所标示的允许最高压力值以下。超压将干扰阀门的正常运作，极端情况下还可能损坏阀门结构，进而引发整个设备的故障或安全事故。

③为保障预吹扫过程的有效性，吹扫风门的位置设置至关重要。通常建议调整风门以确保吹扫风量至少在额定风量的35%～50%。

④为保障燃烧器及关联用热设备的安全运行，控制器被设计为每 24 h 至少执行 1 次自我安全可靠性检测。这一过程巧妙地安排在每次启动前的等待时段内进行，无须额外操作。所以，确保燃烧器每 24 h 至少经历 1 次停机，无论是自动触发还是人为干预，都是维护系统安全的重要一环。

⑤所有配件上标有漆封的螺钉均被视为关键部件的保护标识，严禁擅自拆卸，以防止因不当操作导致组件损坏，进而引发安全事故。

### （八）加热炉的停炉

1. 正常停炉

①停炉操作可通过两种方式实现：一是直接按下就地 LCP 控制盘上的停炉开关，二是通过 SCS 系统发送停炉信号，两者均能有效执行停炉指令。

②在停炉的整个过程中，必须维持燃气供气压力的稳定性。

③一旦水套炉接收到停炉信号，它将自动执行安全程序，迅速关闭主燃气阀以及安全阀。

④风门会自动调整至最大开度位置，以便进行充分的通风换气。

⑤在完成大风量吹扫持续 30 s 后，风门将自动关闭，标志着水套炉已进入待机准备状态。

2. 故障报警停炉

一是当遇到下列情况时，水套炉会自动运行故障报警停炉程序，从而自动实现停炉。

①燃气压力高于或低于设定值。

②助燃风压力低于设定值。

③火焰检测装置检测到无火焰燃烧或燃烧异常。

④水罐液位低于或高于设定值。

⑤烟气温度高于设定值。

⑥工艺气进炉或出炉温度高于设定值。

⑦燃气温度高于设定值。

二是故障报警停炉按以下步骤进行。

①在接收到故障报警并触发停炉信号后，水套炉立即响应，自动关闭点火燃气阀、主燃料气阀以及安全阀。

②风门系统自动调整至最大开启位置，以促进炉内空气流通，加速残余气体的排出。

③执行大风量吹扫程序，持续 30 s，以彻底清除炉内可能残留的燃气或其他有害物质，确保环境安全。

④在吹扫完成后，系统将重复检查内部安全联锁和外部安全联锁的状态，直至确认所有安全联锁均恢复正常。

⑤经过上述一系列安全检查和准备工作后，水套炉进入待机准备状态，随时准备响应下一次的启动指令。

### （九）加热炉寿命、维护保养及大修要求

①加热炉的使用寿命通常长达 10 年之久，这体现了其良好的耐用性和长期运行稳定性。同时，对于关键的易损部件，如密封件和垫片等，其使用寿命均严格遵循并满足国家所制定的相关标准要求。

②系统检修周期如下。

设备在正式投入运行的首年，应当执行更为频繁的定期检查计划：于投运后的第 3 个月及第 6 个月分别进行一次全面检查，以确保设备状态良好，及时发现并处理潜在问题。自设备运行满 1 年后，则调整为每年度进行一次全面维修。

对于系统的长期规划，当系统连续运行满 6 年时，需安排一次深入的大修工作，这包括对主要部件的拆解、清洗、检修或更换，以确保系统性能的恢复与提升。

为确保设备的日常维护与保养得到有效执行，应制定详尽的《设备维修保养规程》，并明确由经过培训的操作人员负责执行。

# 第七章　天然气管道输送的关键技术

在当今社会，随着经济的快速发展和人民生活水平的不断提高，能源需求日益增长，其中天然气作为一种清洁、高效的能源，其重要性日益凸显。天然气管道输送作为实现天然气高效、安全、环保运输的关键环节，对于保障能源供应、促进经济发展和改善环境质量具有不可估量的价值。本章围绕天然气管道的基本结构与参数、天然气管道输送过程中的关键技术、国内外天然气管道输送技术发展趋势与挑战等内容展开研究。

## 第一节　天然气管道的基本结构与参数

### 一、天然气管道材质与规格

在天然气管道的建设和运行过程中，管道的材质和规格的选择扮演着举足轻重的角色。这两个因素不仅决定了天然气输送的安全性、稳定性，还直接关系到其经济性。因此，对天然气管道的材质和规格进行深入了解并做出正确的选择，是确保天然气管道高效、安全运行的基础。

#### （一）关于管道材质的选择

必须充分考虑到天然气本身的特性，如压力、温度、流速等，这些因素直接影响管道材料的选择。同时，输送距离、地形地貌等也是不容忽视的因素。当前，天然气管道常用的材质主要有钢管、不锈钢管和聚乙烯管等。

钢管因其出色的强度和耐压能力，以及良好的耐腐蚀性，在天然气管道建设中占据了主导地位。它能够承受较高的压力，保证天然气在输送过程中的安全性。此外，钢管的耐腐蚀性能也使其能够在各种复杂环境下长期稳定运行。

不锈钢管则以其卓越的耐腐蚀性和较长的使用寿命而受到青睐。在一些特定环境下，如酸性或碱性介质中，不锈钢管能够展现出其独特的优势，确保天然气管道的安全运行。

聚乙烯管则以其轻质、耐腐蚀、安装方便等优点，在短距离或小口径的天然气输送中得到了广泛应用。它不仅能够满足输送需求，还能够降低建设成本，提高施工效率。

### （二）关于管道规格的选择

主要包括管道的内径和壁厚等参数。这些参数直接影响天然气的输送能力和效率。

管道的内径需要根据天然气的流量和流速来确定。在流量和流速一定的情况下，适当增大管道内径可以降低流速，减少管道磨损和阻力损失，从而提高输送效率。同时，内径的增大还能够降低管道内的压力损失，保证天然气在输送过程中的稳定性。

管道的壁厚则需要根据天然气的压力和环境条件来确定。在高压或恶劣环境下，需要选择较厚的管壁以保证管道的安全性和稳定性。同时，壁厚的增加还能够提高管道的耐腐蚀性和抗磨损性，延长管道的使用寿命。

综上所述，天然气管道的材质和规格是确保天然气安全、高效输送的关键因素。正确的材质和规格选择不仅能够提高天然气的输送效率，降低输送成本，还能够保障输送安全。因此，在进行天然气管道建设时，必须充分考虑各种因素，科学合理地选择管道的材质和规格。

## 二、天然气管道线路与布局

在天然气输送系统中，管道线路与布局的设计是至关重要的一环。这不仅涉及输送效率和成本，更与环境保护、土地利用及安全运营紧密相连。以下从几个方面详细探讨天然气管道线路与布局的设计要点。

### （一）地质条件考虑

在规划天然气管道线路时，地质条件无疑是一个必须首要考虑的重要因素。地质稳定性直接关系到天然气管道的安全运行，对于确保能源供应的连续性和可靠性起着至关重要的作用。

首先，对选定的线路区域进行详尽的地质勘探。这一步骤至关重要，因为它可以帮助勘探者深入了解地下地质结构、岩性、土壤性质等关键信息。特别是对于那些地质条件复杂的地区，如地震频发区、断裂带等，地质勘探的精细程度更是需要加倍重视。通过收集和分析这些数据，可以对潜在的地质灾害风险有一个更为清晰的认识。

其次，在地质勘探的基础上，需要进行风险评估。风险评估是对管道线路可能遇到的各种地质灾害进行量化分析，以确定其对管道安全的影响程度。在风险评估过程中，需要考虑各种可能的自然因素，如地震、山体滑坡、泥石流等，以及它们对管道可能造成的破坏和损失。通过风险评估，可以确定哪些区域是潜在的地质灾害区域，需要特别关注。

最后，基于地质勘探和风险评估的结果，需要制定相应的避让措施。对于那些地质条件极为恶劣、风险极高的区域，应该尽量避开，选择更为稳定、安全的线路。同时，还需要考虑在管道沿线设置相应的监测和预警系统，以便及时发现并应对可能的地质灾害风险。

总之，地质条件是设计天然气管道线路时必须考虑的关键因素之一。通过详尽的地质勘探、风险评估和避让措施，可以确保天然气管道的安全运行，为能源供应的稳定性和可靠性提供坚实保障。

### （二）地形地貌因素

地形地貌因素的重要性在管道线路设计中不容忽视。在山区、河流、沼泽等复杂地形地貌区域，由于地势起伏、地质条件复杂，对管道的稳定性和安全性提出了更高的要求。因此，必须采用特殊的管道铺设技术和设备，如定向钻孔、顶管、桥管等，以确保管道在复杂地形中的稳定运行。同时，针对不同地形地貌特点，进行合理的管道线路设计，以减小地形对管道的影响。

此外，在管道线路设计过程中，还需充分考虑地形对管道输送能力的影响。在地势坡度较大或地形起伏较剧烈的区域，管道的输送能力会受到一定程度的限制，能耗和运营成本也会随之增加。因此，在设计时应尽量避免在坡度过大或地形起伏较大的区域铺设管道，而要选择在地势相对平坦、地质条件较好的区域施工，以降低管道运行过程中的能耗和运营成本。

综上所述，在管道线路设计中，应对地形地貌因素进行充分研究，采用合适的管道铺设技术和设备，合理规划管道线路，以保证管道的稳定性和安全性，提高管道输送效率，降低运营成本。

### （三）土地利用状况

在管道线路设计的详细规划中，土地利用状况占据着至关重要的地位。这是因为土地不仅是自然界的资源，也是社会经济活动的基础。因此，在设计过程中，必须对沿线地区的土地利用规划和现状进行深入的调研和了解。

首先，需要仔细研究沿线地区的土地利用规划，这包括农田、林地、草地、湿地、居民区、工业区等各种类型的用地。通过了解这些规划，可以确保管道线路的设计不会与当地的土地利用规划产生冲突，从而避免可能的法律纠纷和社会矛盾。

其次，需要对沿线地区的土地利用现状进行实地勘察。这有助于更准确地把握当地的地形地貌、土壤类型、植被覆盖等自然条件，为管道线路的设计提供更为科学的依据。同时，实地勘察还可以帮助人们更直观地了解当地的社会经济状况，如人口分布、交通状况、产业布局等，从而确保管道线路的设计能够最大限度地满足当地的发展需求。

在考虑土地利用状况的同时，还需要特别关注管道的占地问题。管道的建设必然会对土地资源产生一定的占用和破坏，但需要通过科学的设计和施工方法，尽量减少这种影响。例如，可以优化管道的走向和布局，选择对土地资源影响较小的建设方案；在施工过程中，可以采用环保材料和节能技术，降低对土地资源的破坏和污染。

总之，土地利用状况是管道线路设计中不可忽视的重要因素。需要充分考虑当地的土地利用规划和现状，优化管道的设计和施工方案，确保管道线路的建设能够与当地的社会经济发展相协调，实现可持续发展。

### （四）环境保护要求

随着社会对环境保护意识的不断增强和其不断深入人心，天然气管道线路的设计也在逐步提升对环境保护的重视程度。在设计天然气管道线路时，设计者需要全面考虑管道建设对周边生态环境可能造成的影响，这包括但不限于土壤、水质、植被、野生动植物的栖息地等。

为了最大限度地减少对生态环境的负面影响，设计者必须采取一系列必要的环保措施[①]。这可能包括在管道周边设置防护带，以减少对周围环境的破坏；在施工过程中使用低噪声设备，以及在可能产生粉尘的区域采取喷水等措施以减少粉尘污染。同时，还要对施工人员进行环保教育，提高他们的环保意识。

此外，天然气管道线路的设计还需严格遵循国家及地方相关的环保法规和标准，确保管道建设过程中的每一步都符合环保要求，实现建设与生态环境的和谐共生。同时，也要注重管道运行后的维护与管理，持续保护生态环境，促进可持续发展。

---

① 李士伟，邢瑞江．建筑工程施工中节能施工技术分析[J]. 建筑技术开发，2020，47（3）：153-154.

### （五）最优化原则

在管道线路规划时，必须严格遵循最优化原则，该原则旨在实现经济效益和环境效益的双重目标。这涉及诸多方面，如选择最短的路径、降低建设成本、提高输送效率以及减少对环境的影响等。选择最短的路径可以减少输送过程中的能量消耗，从而降低运营成本；降低建设成本可以减轻企业的财务负担，提高项目的投资回报率；提高输送效率可以增加输送能力，满足日益增长的能源需求；减少对环境的影响可以降低对生态系统破坏的程度，保护生态环境①。

为了实现这些目标，需要进行科学合理的规划和设计。在规划过程中，应充分考虑地形地貌、地质条件、气候特点等因素，确保管道线路的安全稳定。同时，还要充分考虑环境保护因素，采取有效措施减少施工和运营过程中对环境的影响，实现绿色可持续发展。在设计过程中，应采用先进的技术和材料，提高管道线路的输送效率和安全性。

通过科学合理的规划和设计，可以使天然气管道在运行过程中实现安全、高效、环保的目标。这有助于提高我国天然气行业的整体水平，满足人民群众日益增长的能源需求，促进经济社会的持续健康发展。同时，也有助于减少对环境的污染，保护生态环境，实现人与自然的和谐共生。

## 三、天然气管道运行与管理

天然气作为一种不可或缺的能源资源，其通过管道进行运输的安全性与效率性占据着举足轻重的地位。鉴于此，对天然气管道实施高效、精细的运行管理成为确保天然气能够安全、顺畅且高效地输送到目的地的关键环节。这一过程不仅关乎能源供应的稳定性，还直接影响社会经济活动的正常运作及环境安全。

### （一）管道巡检

管道巡检在天然气管道的运行管理中占据着至关重要的地位。这项任务的主要目的是确保管道系统的正常运行，防止潜在的安全事故的发生。通过定期对天然气管道进行细致的检查，可以及时发现天然气管道可能存在的损伤、泄漏等故障问题，从而采取相应的维修措施，避免事故的发生②。

① 刘晓慧．地下水资源保护与地下水环境影响评价分析 [J]. 农业灾害研究，2021，11（6）：144–145.

② 赵国斌，吴磊章，柴兴军．探讨天然气管道的防腐措施 [J]. 中国石油和化工标准与质量，2018，38（1）：19–20.

巡检工作的范围非常广泛，包括对管道本体、阀门、补偿器等附属设备的全面检查，以及对地形地貌、环境变化的密切观察。只有通过细致的巡检工作，才能确保天然气管道的稳定运行，保障人民群众的生命财产安全。

## （二）管道维修

在天然气管道巡检过程中，可能会发现一些问题，如管道的损伤、泄漏，或者相关设备的损坏等。对于这些问题，需要及时进行维修，以确保天然气管道的正常运行和输送安全。维修工作通常包括对损伤的管道进行焊接或更换，对泄漏的管道进行堵漏，对损坏的设备进行更换或修复等。这些维修工作的即时性和质量直接关系到天然气管道的正常运行和输送安全。

因此，在进行维修工作时，需要严格按照相关规定和标准进行，确保维修质量。同时，为了提高维修效率，还需要不断改进维修技术和方法，提升维修工作的水平。只有这样，才能确保天然气管道的正常运行和输送安全，为我国能源供应和社会经济发展做出贡献。

## （三）故障处理

在天然气管道的日常运行中，不得不面临各种潜在的故障风险，这些风险可能包括但不限于气体泄漏、管道破裂、管道内部堵塞等问题。这些故障不仅会对管道的正常运行造成影响，还可能对周围环境和人民群众的生命财产安全构成威胁。因此，对于这些故障的处理必须做到快速、精确和有条不紊。

1. 保障人员的安全是处理任何故障时的首要任务

一旦发生故障，应立即启动应急预案，确保所有相关人员能够迅速撤离到安全地带，从而避免因故障引发的次生灾害造成人员伤亡。

2. 进行现场应急处理

根据故障的类型，可能包括封锁泄漏区域、关闭气源、采取措施防止泄漏扩散等。现场应急处理的目标是尽快控制住故障的蔓延，并保障现场的安全。

3. 深入分析和调查故障发生的原因

这包括但不限于对管道材质、施工质量、维护保养、外部环境因素等方面的全面检查。对故障原因的详细分析，可以为今后的管道管理和维护提供宝贵的数据和经验，从而避免类似故障的再次发生。

在完成故障原因分析后，应对管道进行必要的维修或更换。维修工作应严格按照相关规范和标准进行，确保管道的运行安全和可靠性。在整个故障处理过程中，应保持与相关部门的密切沟通和协作，确保故障处理的高效和有序[①]。这样的流程，能够最大限度地减少故障对天然气管道系统运行的影响，保障我国天然气能源供应的稳定。

### （四）应急响应

在天然气管道的日常运行中，存在着许多潜在的风险和隐患，这些风险和隐患可能会导致各种紧急情况的发生，如天然气的大量泄漏、火灾、爆炸等。这些紧急情况不仅会对周围的环境造成严重的影响，更有可能对人们的生命安全构成威胁。因此，为了应对这些不可预见的风险和紧急情况，确保人员和环境的安全，必须制定并实施一套完善的应急预案。

当紧急情况发生时，必须立即启动应急预案，采取紧急处置措施，最大限度地防止事故的扩大和恶化。这包括但不限于迅速切断天然气供应、启动泄漏控制程序、启动火灾和爆炸的应急处理程序，以及组织人员疏散和救援。同时，还需要对事故现场进行严密的监控和控制，防止事故的进一步扩大，并对受影响的人员和环境进行及时的救助和恢复。

应急预案的制定和实施需要充分考虑可能出现的各种紧急情况，以及相应的应对措施和处置方法。同时，还需要定期进行应急演练，提高应急队伍的应急处理能力和效率，确保在真正的紧急情况下能够迅速、有效地进行应对和处置，最大限度地保护人员和环境的安全。

### （五）数据分析与优化

天然气管道的运行管理是一项复杂的任务，它需要进行深入的数据分析以及优化运行参数，以提高输气效率。为了实现这一目标，需要对管道运行过程中产生的各种数据进行全面的收集、仔细的整理和深入的分析。对这些数据的挖掘，可以揭示出管道的运行规律，暴露其中存在的问题，以及预示可能出现的故障。这样，就可以根据这些分析结果，制订出科学的运行方案，调整运行参数，以提高管道的输气效率。

具体而言，数据分析在天然气管道管理中扮演着核心角色，它涵盖多个关键步骤。首先，是对管道运行中至关重要的参数如压力、流量、温度等进行实时、不间断的监测，确保数据的即时性与准确性。随后，运用统计学方法和分析技术，深入剖析这些数据，揭示它们之间的内在联系与潜在规律。这一过程不仅帮助我

① 黄羽，张勋，王俊．水电站常见电气一次设备故障检修与故障处理研究 [J]. 机械工业标准化与质量，2023（10）：37-40.

们清晰掌握管道当前的运行状态，还能有效评估其运行效率，并基于历史数据预测未来的运行趋势，为预防潜在问题提供科学依据。进一步地，为了充分挖掘数据的价值，现代数据分析还融合了机器学习与人工智能的先进技术。这些技术能够深入数据内部，发现那些仅凭传统方法难以察觉的隐藏信息与模式，为管道运行管理带来前所未有的洞察力。

在优化运行参数方面，需要根据数据分析的结果，对管道的运行参数进行调整和优化。例如，可以通过调整管道的压力和流量，达到提高输气效率的目的。同时，还可以通过优化管道的运行模式，减少能源消耗，降低运行成本。

总的来说，数据分析与优化是天然气管道运行管理的重要组成部分。通过这一过程，可以提高管道的输气效率，保障管道的稳定运行，以及提升运行管理水平。

### （六）遵守安全标准和法规

天然气管道作为我国重要的能源基础设施，其运行管理必须严格遵守国家制定的安全标准和法规，这是保障人民生命财产安全、维护社会稳定和谐的重要举措。

天然气管道运行安全涉及众多环节。

首先，相关部门和单位需要对管道设备进行周期性的细致检查，这包括但不限于对管道的材料、结构、接口、防腐层等进行全面检测，确保其在高压、高温等极端环境下能够正常运行，避免设备老化、磨损等原因导致的事故发生。

其次，对工作人员进行全面的安全培训也是至关重要的。培训内容应涵盖紧急情况下的应对措施、事故应急预案，以及日常工作中可能遇到的风险和防范方法等。通过培训，工作人员熟悉掌握各项操作规程，提高他们在紧急情况下的应变能力，降低事故发生的风险。

最后，对天然气管道的运行情况进行定期的评估也是必要的。这包括对管道运行数据进行分析，评估其运行状态和安全性，以及识别可能存在的安全隐患。根据评估结果，对运行管理策略进行调整优化，提高管道的整体安全性能。

以上措施可以最大限度地降低事故发生的风险，确保天然气管道的安全、稳定运行。这不仅有助于保障我国能源供应的安全，也有利于保护人民的生命财产安全，促进我国自然环境的和谐发展。同时，这也体现了我们国家对安全生产的高度重视，展现了我国在天然气管道运行管理方面的责任和担当。

综上所述，天然气的管道运行与管理是一个复杂而重要的任务。只有做好管道的巡检、维修、故障处理、应急响应、数据分析和遵守安全标准和法规等工作，才能确保天然气安全、高效地输送。

# 第二节　天然气管道输送过程中的关键技术

## 一、气体压缩与输送

在天然气管道输送过程中，气体压缩与输送是至关重要的一环。它不仅关乎天然气的有效利用，还直接关系到管道输送的安全与效率。

### （一）气体压缩技术的重要性

1. 天然气压力损失与输送距离的关系

随着天然气在管道中传输距离的延长，其压力会经历一个逐渐下降的过程。这一压力降低的现象主要归因于多种因素的共同作用，包括管道内壁与天然气之间的摩擦阻力、地形的高度变化以及环境温度的波动等。鉴于这些因素对天然气输送效率的影响，为了确保天然气能够稳定且高效地抵达目的地，必须在长距离输送过程中采取一系列技术手段来有效补偿由此产生的压力损失。这些技术手段可能包括但不限于增设增压站、优化管道设计以减少摩擦阻力，以及利用先进的温度管理系统来调控气体温度，从而保障天然气输送的连续性和可靠性。

2. 压缩技术维持天然气压力的必要性

气体压缩技术在这一过程中起到了关键的作用。通过在输送管道的适当位置设置压缩机站，可以将天然气的压力提高到一定的水平，从而补偿因输送距离增加而产生的压力损失。这样不仅可以确保天然气在管道中的稳定流动，还能提高其输送效率，降低能耗。此外，气体压缩技术还能帮助优化管道输送系统，减少因压力不足而导致的管道破裂、泄漏等安全事故的发生。因此，在天然气管道输送过程中，气体压缩技术的应用是不可或缺的。

### （二）压缩机设备的选择与运用

1. 不同类型压缩机的特点与应用

压缩机是工业领域中不可或缺的重要设备，它能够将气体压缩并输送到需要的地方。根据不同的工作原理和应用需求，压缩机可分为多种类型，每种类型都有其独特的特点和适用场景。

（1）离心压缩机

离心压缩机以其高速旋转的离心叶轮将气体加速并通过离心力进行压缩，适用于中高压范围，特别适用于大流量、中高压的气体压缩。离心压缩机广泛应用于石化、电力、钢铁等工业领域，能够满足这些行业对高效、稳定的气体压缩需求。

（2）容积式压缩机

容积式压缩机，又称往复式压缩机，通过活塞在缸体内往复运动将气体压缩。这种压缩机适用于低到中等压力范围，排气压力通常在500 bar以下。容积式压缩机广泛应用于制冷、空调、汽车发动机等领域，特别适用于小流量、低至中等压力的气体压缩。

（3）轴流压缩机

轴流压缩机则是通过由叶轮产生的轴向力将气体加速压缩，主要适用于较低压力范围，通常排气压力在20 bar左右。轴流压缩机广泛应用于冷却、通风、工业热回收等领域，特别适用于大流量、较低压力的气体压缩。

（4）螺杆压缩机

螺杆压缩机依靠两个精密设计的螺杆相互啮合并旋转运动，从而实现气体的有效压缩，这一过程特别适用于中至高压范围的工作需求，其常规排气压力通常维持在3～70 bar。由于其结构设计紧凑、易于维护且包含的易损件数量相对较少，加之运行过程中能够保持较低的排气温度，螺杆压缩机在制冷行业中获得了广泛应用。这包括但不限于冷冻设备、冷藏系统、空调系统以及各类化工工艺中的制冷装置，成为这些领域不可或缺的重要设备。

2. 压缩机运行效率与能耗的优化

优化压缩机运行效率和能耗是降低生产成本、提高经济效益的重要手段。以下是一些优化压缩机效率和能耗的措施。

①选择合适的压缩机型号是关键。在同等处理量的情况下，选择效率更高的压缩机型号，可有效降低能耗。同时，考虑压缩机的运行参数和工况条件，确保压缩机能够高效、稳定地运行。

②控制压缩机转速也是优化效率和能耗的重要手段。通过调整电机转速等方式，控制压缩机转速，以优化效率和能耗之间的平衡。但需注意，高转速带来的噪声、振动和磨损等问题也需要考虑。

③控制工况参数如进气温度、进气压力、排气温度、排气压力等也是影响压缩机效率和能耗的重要因素。尽可能使压缩机处于最优工作条件下，可以提高压缩机的运行效率和降低能耗。

④优化润滑方式和排气方式也可以提高压缩机的效率和降低能耗。选择合适

的润滑方式和排气方式，可以减小摩擦、降低阻力、提高效率和降低能耗。

⑤定期对压缩机进行维护和保养也是确保压缩机高效运行的重要措施。通过检查、清洁、润滑等方式，确保压缩机处于良好的工作状态，可以提高压缩机的效率和降低能耗。

综上所述，选择合适的压缩机型号、控制转速、控制工况参数、优化润滑方式和排气方式以及定期维护和保养是提高压缩机运行效率和降低能耗的重要措施。

## （三）天然气输送管道的选择

1. 管道材质、直径、壁厚的选择依据

在选择天然气输送管道时，需全面权衡多个关键因素，确保管道运作的安全性、效率及成本效益。以下是管道材质、直径与壁厚选择的核心考量点。

（1）抗腐蚀性能

鉴于天然气管道长期暴露于潜在腐蚀性环境之中，选择具备卓越抗腐蚀性能的材料至关重要。常见的优质选择包括耐腐蚀的碳钢（经过防腐处理）、不锈钢（因其固有的高耐腐蚀性）以及钛合金（以其高强度与出色的耐腐蚀性闻名）。

（2）强度和硬度

考虑到管道需承受极高的内压，材料的强度和硬度成为不可或缺的评价标准。高强度钢以其卓越的承载能力和韧性而广受欢迎；合金钢则通过添加特定元素提升了基础钢材的性能，更加适应极端工况；此外，复合材料凭借其轻质高强、耐疲劳等特性，在特定条件下也是理想之选。

（3）密封性能

天然气的高度易燃易爆特性，对管道系统的密封性提出了极为严格的要求。为此，需选用具备优异密封性能的材料，如橡胶密封件和不锈钢密封垫等，以确保天然气在输送过程中不会发生泄漏，保障公共安全。

（4）可塑性和可焊接性

天然气管道在铺设过程中，往往需要弯曲以适应地形变化，以及通过焊接等方式进行连接。所以，所选材料需具备良好的可塑性和可焊接性。碳钢和不锈钢等材料因其良好的加工性能和焊接性能，在这方面表现出色，能够满足管道施工和维护的多样化需求。

（5）经济性和环境友好性

在管道材质的选择上，经济性和环境友好性同样不可忽视。碳钢作为传统材料，其成本相对较低，且易于获取，是经济性较好的选择。不锈钢和钛合金等高端材料虽然成本较高，但其优异的耐腐蚀性和长寿命等特点，有助于降低长期维护成本。同时，选择可回收或可再利用的材料，如部分不锈钢和合金钢，有助于减少资源浪费，降低对环境的负面影响，实现可持续发展。

（6）管道直径的选择

管道直径的大小是根据输送距离、气压、气量等因素来确定的。长距离、高压输气管道需要选择大口径的管道，以减少气体在输送过程中的摩擦损失；中短距离、中压输气管道可以选择中口径的管道；而城市燃气、家庭管道等小型输气管道则可以选择小口径的管道。

（7）管道壁厚的选择

管道壁厚的选择是一个综合考量管道直径、所输送气体的压力水平及温度条件等多因素的过程。在设计阶段，为了确保管道系统的安全稳定与可靠运行，必须细致评估气体的压力强度及温度波动对其产生的影响。通常而言，当管道直径增大、所承受的气体压力上升，或是面对更低的运行温度时管道需要更厚的壁层来增强承压能力和防止低温下的脆性断裂。

2. 地形地貌对管道选择的影响

地形地貌对天然气管道的选择和建设具有重要影响。不同的地形地貌会对管道的布局、设计和施工方式产生不同的影响。

（1）地形起伏

地形的起伏变化是管道规划路径时不可忽视的重要因素。在崎岖的山地环境中，管道的设计需灵活应对，可能需要穿越崇山峻岭或巧妙绕过山体，以确保路径选择的合理性，进而降低施工难度和总体成本。同样地，在平原或丘陵地带，尽管地形相对平缓，但细微的起伏变化也需纳入考量范畴，旨在避免管道布局出现不必要的曲折或陡峭倾斜，这些因素都可能对天然气的顺畅输送效率及系统整体的安全性造成不利影响。

（2）地貌特征

不同的地貌特征也会对管道的选择和建设产生影响。例如，在湿地地区，需要考虑土壤的承载能力和稳定性，选择适当的管道材质和地基处理方式；在地震频发地区，需要加强管道的抗震设计和建设，以确保管道在地震等自然灾害中的安全可靠性。

综上所述，在选择天然气输送管道时，需要综合考虑地形地貌、管道材质、直径和壁厚等多个因素，以确保管道的安全、高效和经济性。

## （四）泵送技术的高效应用

### 1. 泵送设备的选择与配置

在泵送技术的高效应用中，泵送设备的选择与配置是至关重要的一环。首先，需要根据具体的泵送需求，如泵送的介质类型、流量要求、扬程等，来选择适合的泵送设备类型。例如，对于高黏度介质，可能需要选择具有强剪切力的螺杆泵；对于大流量、低扬程的场合，离心泵可能是更好的选择。

在选择泵送设备时，还需要考虑设备的材质、密封性能、耐腐蚀性等因素，以确保设备能够在恶劣的工作环境下稳定运行。此外，泵送设备的配置也需要根据实际需求进行优化，如选择合适的驱动方式、控制系统、管道布置等，以提高泵送系统的整体效率和可靠性。

### 2. 泵送速度与效率的平衡

泵送速度与效率的平衡是泵送技术高效应用的关键。在实际应用中，过快的泵送速度可能导致管道堵塞、设备磨损加剧等问题，从而降低泵送效率；而过慢的泵送速度则可能无法满足生产需求，造成资源浪费。

因此，需要根据具体的泵送需求和设备性能，合理设置泵送速度。同时，还需要注意泵送过程中的流量变化、压力波动等因素，及时调整泵送速度以保持稳定的泵送效率。此外，通过优化管道布置、减少弯头、缩短管道长度等措施，也可以减少泵送过程中的能量损失，提高泵送效率。

在泵送技术的高效应用中，泵送设备的选择与配置以及泵送速度与效率的平衡是两个关键方面。通过合理的设备选择、配置和速度调整，可以实现泵送系统的高效稳定运行，满足生产需求并降低运行成本。

## （五）调控系统的作用与实现

### 1. 实时监测与参数调控

调控系统在现代工业、农业、交通及科技领域扮演着至关重要的角色。其首要功能在于实时监测，通过对各种设备、流程或系统的持续观察，收集关键数据，确保它们运行在预定的参数范围内。参数调控则是基于实时监测数据，对设备或系统的工作状态进行动态调整，以达到优化性能、提高效率、降低能耗的目的①。

在工业生产中，调控系统能够精确控制生产线的温度、压力、流量等关键参

① 路子豪．大数据技术在人工智能中的应用分析[J]．数字技术与应用，2018，36（10）：212-213.

数，确保产品质量和生产安全。在农业领域，调控系统可以根据土壤湿度、光照强度等环境因素，自动调节灌溉、施肥等作业，提高农作物产量和品质。在交通系统中，调控系统通过监测交通流量和路况，调整交通信号灯的配时，缓解交通拥堵，提高道路通行效率。

2. 应急响应与问题解决

除了实时监测与参数调控外，调控系统还具备应急响应和问题解决的能力。当设备或系统出现异常或故障时，调控系统能够迅速识别并启动应急响应机制，采取相应措施，防止事故扩大或造成严重后果。

应急响应通常包括报警通知、紧急停机、自动切换备用设备等操作。调控系统还可以根据故障类型和严重程度，自动选择最合适的应急方案，确保设备或系统的安全稳定运行。同时，调控系统还可以记录故障信息和处理过程，为后续的故障分析和改进提供依据。

在问题解决方面，调控系统通过收集和分析历史数据和实时数据，找出故障发生的规律和原因，提出相应的改进措施和建议。这些改进措施可以包括优化设备设计、改进工艺流程、加强维护保养等，以降低故障率、提高设备可靠性和延长使用寿命。

综上所述，调控系统的作用在于实现对设备或系统的实时监测、参数调控、应急响应和问题解决，确保它们安全、高效、稳定地运行。随着科技的不断发展，调控系统的功能和性能将得到进一步提升，为各个领域的发展提供更加强有力的支持。

## 二、输送过程中的安全与稳定

不仅关系到设备的使用寿命，更关乎操作人员的安全。因此，对输送过程中的各项参数进行严格的控制与管理至关重要。

### （一）压力与流速的控制

1. 防止压力波动对管道的影响

在流体输送过程中，压力是一个重要的参数。如果压力波动过大，会对管道造成冲击，甚至引发管道破裂等严重事故。为了防止这种情况的发生，需要采取一系列措施来稳定压力。

首先，保障输送设备的持续稳定运行是预防压力异常的首要任务，任何设备故障都应及时排除，以防其引发压力波动。其次，为了精确控制压力，需安装减压阀与安全阀等关键设备，这些装置能有效调节压力，确保其在安全且高效的范围内波动。此外，定期的管道检查与维护工作同样不可或缺，它们能够及时发现并解决管道堵塞、泄漏等潜在问题，从而维护压力系统的稳定性，保障整体运行的安全与顺畅。

2. 确保流速稳定以减少磨损

流速的稳定对于减少管道和设备的磨损具有重要意义。如果流速过快，会对管道内壁产生冲刷作用，加速管道的磨损；如果流速过慢，则会导致管道内沉积物的增加，影响输送效率。

为了确保流速的稳定，需要根据输送介质的特性和管道的设计参数来设定合适的流速范围。同时，还需要对输送设备进行精确控制，确保其在运行过程中能够保持稳定的流速。此外，对于输送过程中可能出现的异常情况，如堵塞、泄漏等，需要及时采取应急措施进行处理，以避免对管道和设备造成损害。

以上措施的实施，可以确保输送过程中的安全与稳定，为生产活动的顺利进行提供有力保障。

## （二）管道磨损与防腐措施

1. 内壁涂层与防腐材料的应用

在管道输送系统中，内壁涂层的应用是防止管道磨损和腐蚀的重要手段之一。在内壁均匀涂覆一层或多层防腐材料，可以有效地隔绝管道内部介质与外界环境，从而减少或避免腐蚀的发生①。这些防腐材料通常具有优异的耐腐蚀性、耐磨性和附着性，能够长期保持管道的稳定性和安全性。

内壁涂层的施工需要严格遵循一定的工艺流程，包括表面预处理、涂料选择、涂层施工、质量检测等步骤。在表面预处理阶段，需要对管道内壁进行除锈、除油、除污等处理，以保证涂层与管道内壁之间的良好附着。在涂料选择方面，需要根据管道输送介质的性质、使用环境和防腐要求等因素进行综合考虑，选择合适的防腐涂料。

应用内壁涂层于管道之中，其深远意义不仅体现在显著提升管道的耐腐蚀性能与耐磨性能上，更在于它能有效降低管道内壁的粗糙程度，进而减小流体在管道流动过程中的阻力与能耗。这一改进直接促进了流体输送效率的提升，使得能源利用更加高效。所以，在管道输送系统的设计与维护中，内壁涂层的应用被视

① 陈玉龙．供水管道腐蚀的危害及防治技术探讨 [J]. 全面腐蚀控制，2020，34（9）：101-103.

为一项至关重要的技术举措，对于保障系统长期稳定运行、优化能源利用以及降低运营成本均具有不可估量的价值。

2. 预防管道腐蚀与延长使用寿命

管道腐蚀是管道输送系统中常见的问题之一，它会导致管道壁厚减薄、强度降低、泄漏等安全隐患。为了预防管道腐蚀并延长其使用寿命，需要采取一系列有效的防腐措施。

首先，通过合理选择管道材料来预防腐蚀。不同的材料具有不同的耐腐蚀性，需要根据输送介质的性质和使用环境等因素进行选择。同时，在管道设计和施工过程中，还需要注意避免应力集中和裂纹等缺陷的产生，以减少腐蚀的诱因。

其次，采用内壁涂层和外壁涂层等防腐技术来增强管道的防腐能力。内壁涂层可以隔离管道内部介质与外界环境的直接接触，外壁涂层则可以防止土壤、水分等外部环境因素对管道的腐蚀。这些涂层材料通常具有优异的耐腐蚀性、耐磨性和附着性，能够有效地保护管道免受腐蚀的侵害。

最后，还可以采用电化学保护、添加缓蚀剂等方法来辅助防腐。电化学保护是通过外加电流或电位来改变金属的电化学状态，使其处于不易腐蚀的状态；添加缓蚀剂则是通过向介质中添加少量化学物质来减缓或抑制腐蚀反应的发生。

综上所述，预防管道腐蚀并延长其使用寿命需要采取多种有效的防腐措施。这些措施不仅可以保证管道的安全性和稳定性，还可以降低维修和更换成本，提高经济效益和社会效益。

## （三）输送过程中的故障预防

1. 定期检查与维护的重要性

在输送过程中，无论是对于机械设备还是对于整个输送系统，定期检查与维护都显得尤为重要。这种定期检查与维护不仅能确保设备的正常运行，还能在故障发生前及时发现问题，减少不必要的损失。

首先，通过实施定期的检查机制，能够及时且准确地掌握输送设备的磨损状况、性能表现以及潜在的安全风险因素。一旦在检查过程中发现任何问题或异常情况，即可迅速响应，采取必要的维修措施或进行设备更换，以确保问题得到及时解决。这种做法有效预防了因设备突发故障而导致的生产停滞，保障了生产流程的连续性和稳定性，降低了因意外停机带来的经济损失和安全隐患。

其次，定期维护还能延长设备的使用寿命。通过专业的维护手段，可以清除设备内部的污垢、杂质，保持设备的清洁和润滑，降低设备的磨损率，提高设备的运行效率。

最后，定期检查与维护还能提高整个输送系统的可靠性。通过优化设备之间的配合，提高整个系统的协调性和稳定性，从而确保输送过程的安全和顺畅。

2. 故障预测与预防措施的实施

故障预测与预防措施的实施是预防输送过程中故障发生的重要手段。通过采用先进的监测技术和数据分析方法，可以对输送设备的运行状态进行实时监控，并预测可能出现的故障。

在实施故障预测与预防措施时，可以采取以下几种方法。

（1）建立完善的监测体系

为了实现对输送设备运行状态的全面监测，首先需要构建一个完善的监测体系。这包括在关键部位安装传感器、监测仪表等设备，以实时获取设备的运行参数，如温度、压力、振动等。同时，还需要确保这些设备能够稳定运行，数据传输准确可靠。通过实时监测，可以及时发现设备的异常情况，为后续的故障预测和处理提供数据支持。

（2）加强数据分析

在获取了设备运行状态数据后，需要利用先进的数据分析方法和模型，对监测数据进行深度挖掘和分析。这包括对历史数据的统计分析、趋势预测、模式识别等，以找出设备故障的规律和趋势。通过数据分析，可以更加准确地预测设备可能发生的故障类型和时间，为后续的预防措施制定提供有力支持。

（3）制定预防措施

根据故障预测的结果，需要制定相应的预防措施。这包括但不限于以下几个方面。

对于可能出现磨损的部件，可以提前进行更换，避免在设备运行过程中出现意外停机或事故。

对设备进行定期润滑保养，确保设备在良好的润滑状态下运行，减少因摩擦而产生的故障[①]。

定期对设备进行巡检和维修，及时发现并解决设备存在的隐患问题。

建立应急预案，对于可能出现的突发情况，制定相应的应对措施，确保设备在出现故障时能够及时得到处理。

---

① 王燕庆，黄斌. 化工设备的日常管理与安全生产的致关性 [J]. 化工管理，2017（16）：116.

（4）加强员工培训

员工是设备故障预防和处理的重要一环。因此，需要加强员工对设备故障的认识和防范意识，让员工掌握正确的操作方法和维护技能。这可以通过定期的培训、讲座、实践操作等方式进行。同时，还需要建立完善的考核机制，对员工的技能水平进行评估和反馈，确保员工能够熟练掌握相关的知识和技能。

以上四个方面的措施可以进一步完善和优化设备故障的预防和处理流程，提高设备的可靠性和稳定性，减少设备故障对生产的影响。

实施以上故障预测与预防措施可以大大降低输送过程中故障发生的概率，提高整个输送系统的可靠性和稳定性。

## （四）环境保护与泄漏处理

1. 泄漏监测与报警系统

在环境保护与泄漏处理中，泄漏监测与报警系统扮演着至关重要的角色。这一系统通过安装各种传感器和探测器，对可能产生泄漏的设备和区域进行实时监控。一旦监测到泄漏事件，系统会立即触发报警，通过声音、光线或其他形式的警示，及时通知工作人员进行处置。

泄漏监测与报警系统的设计和实施需要考虑多种因素，包括监测对象的特性、泄漏的可能性和后果、监测设备的灵敏度和准确性等。为了确保系统的可靠性和有效性，需要定期进行维护和校准，以确保其正常运行和及时响应。

此外，泄漏监测与报警系统还需要与企业的其他安全管理系统进行集成，以实现信息的共享和协同工作。这样可以在发生泄漏事件时，快速启动应急响应程序，减少泄漏对环境的影响。

2. 泄漏应急响应与环境保护

在发生泄漏事件时，及时有效的应急响应是减少泄漏对环境影响的关键。企业需要制定详细的泄漏应急响应计划，明确应急响应的组织结构、职责分工、处置措施和资源保障等内容。

在应急响应过程中，需要迅速启动泄漏监测与报警系统，对泄漏源进行定位和隔离，同时采取必要的措施控制泄漏的扩散和减少泄漏量。此外，还需要对泄漏物质进行收集和处理，以防止其进入环境造成污染。

在环境保护方面，企业需要遵守国家和地方的环境保护法律法规，采取有效的措施减少污染物的排放和泄漏。这包括采用环保的生产工艺和设备、加强污染物的治理和回收、开展环境风险评估和监测等。同时，企业还需要加强员工的环境保护意识培训，提高员工对环境保护的重视程度和参与度。

总之，环境保护与泄漏处理是企业必须面对的重要问题。通过建立完善的泄漏监测与报警系统和制定有效的应急响应计划，企业可以及时发现和处置泄漏事件，减少泄漏对环境的影响。同时，加强环境保护意识培训和管理措施的实施，也可以提高企业的环保水平和社会责任感。

## 三、智能化与自动化技术的发展

随着科技的不断进步，智能化与自动化技术已成为推动各行各业发展的重要力量。这些技术不仅极大地提高了生产效率，也为企业带来了更多的创新可能性。以下详细探讨智能化与自动化技术中的一个重要应用领域——智能管道系统。

### （一）智能管道系统的应用

智能管道系统是通过集成传感器、控制器、执行器等设备，实现管道网络的智能化管理的。该系统能够实时监测管道的运行状态，对异常情况进行预警和智能诊断，从而确保管道系统的安全、高效运行。

#### 1. 传感器与数据采集技术

传感器是智能管道系统的核心部件之一，它能够实时采集管道内的温度、压力、流量等关键数据。这些数据通过有线或无线方式传输到中央控制系统，为后续的远程监控和智能诊断提供基础数据支持。随着传感器技术的不断发展，其测量精度、响应速度等性能指标也在不断提高，为智能管道系统的应用提供了更加可靠的技术保障。

#### 2. 远程监控与智能诊断

通过中央控制系统，操作人员可以实现对管道系统的远程监控。系统能够实时显示管道的运行状态、关键数据等信息，并提供多种报警方式，确保异常情况能够及时被发现和处理。

此外，智能管道系统还具备智能诊断功能，能够对采集到的数据进行分析和处理，发现潜在的安全隐患或故障点，并给出相应的处理建议或解决方案。这大大提高了管道系统的维护效率和安全性。

总之，智能管道系统的应用为管道网络的智能化管理提供了有效的技术手段。随着科技的飞速发展与广泛应用领域的持续拓宽，智能管道系统正逐步展现出其巨大的潜力与影响力，预示着在未来能源供应、交通运输、环境保护等多个关键领域内将扮演更加举足轻重的角色。

## （二）自动控制技术的应用

1. 调控系统的智能化发展

随着科技的飞速发展，自动控制技术正逐步向智能化方向迈进。调控系统的智能化发展不仅提高了生产过程的自动化水平，也为企业带来了更高效、更精准的管理手段。在智能化调控系统中，通过集成先进的传感器、执行器和控制器，实现对生产过程的实时监测和精准控制。同时，借助大数据分析和人工智能算法，系统能够自动优化运行参数，提高生产效率，降低能耗和成本。

智能化调控系统的应用范围广泛，涵盖了制造业、能源、交通等多个领域。在制造业中，智能化调控系统能够实现对生产线的实时监控和调度，确保生产过程的稳定性和产品质量。在能源领域，智能化调控系统可以优化能源分配，提高能源利用效率，降低碳排放。在交通领域，智能化调控系统可以实时监控交通状况，优化交通流量，缓解交通拥堵。

2. 优化运行参数与提高效率

自动控制技术在优化运行参数和提高效率方面发挥着重要作用。通过自动调节生产设备的运行参数，如温度、压力、流量等，可以确保生产过程的稳定性和产品质量。同时，自动控制系统还可以根据生产需求实时调整设备运行状态，避免设备空载或过载运行，降低能耗和成本。

此外，自动控制系统还可以对生产过程进行实时监控和数据分析，帮助企业及时发现和解决生产过程中的问题。通过对运行数据的分析，企业可以了解设备的运行状况、生产效率和产品质量等方面的信息，从而制定出更加科学、合理的生产计划和管理策略。这不仅可以提高企业的生产效率和经济效益，还可以为企业创造更大的价值。

## （三）未来技术发展趋势

1. 新型材料与技术的探索

在科学技术的不断驱动下，新型材料与技术的探索已然成为引领未来技术革新与发展的重要引擎。这些前沿成果以其独特的物理、化学特性为基石，不仅在理论研究上开辟了新的视野，更在多个实际应用领域中展现出非凡的潜力与价值。

其中，纳米技术作为一种新兴的材料科学分支，已经取得了一系列突破性的进展。纳米材料具有极高的比表面积和独特的量子效应，使得其在电子、光学、生物医学等领域展现出广阔的应用前景。例如，纳米材料在电池、传感器、药物传递系统等方面的应用，为这些领域带来了革命性的变化。

此外，生物材料技术也是未来技术发展的重要方向之一。生物材料技术通过模拟生物体的结构和功能，开发出具有生物相容性、生物可降解性等特点的材料。这些材料在医疗、环保、能源等领域具有广泛的应用前景，如生物可降解塑料、组织工程支架等。

展望未来，随着科学技术的持续飞跃，新型材料与技术领域的探索将不断迎来新的里程碑，这些突破性进展将极大地拓宽人类社会的发展边界，带来前所未有的可能性与机遇。

2. 清洁能源与可持续发展

面对全球能源需求持续攀升与环境污染问题日益严峻的双重挑战，清洁能源与可持续发展的理念已经成为全球技术进步的核心导向之一。

清洁能源，作为一类能够源源不断提供能量且对自然环境影响显著降低的能源形式，正逐步成为替代传统化石能源的关键选择。这包括但不限于太阳能、风能、水能，它们不仅具备可再生性，减少了对有限自然资源的依赖，还通过减少温室气体排放和其他污染物排放，有效缓解了环境压力，为构建绿色、低碳、可循环的经济发展模式奠定了坚实基础。

太阳能作为一种广泛分布的清洁能源，具有巨大的发展潜力。太阳能光伏发电技术通过利用太阳能电池将太阳能转化为电能，为人们的日常生活和工业生产提供了清洁、可再生的能源。此外，太阳能热利用技术也在不断发展，如太阳能热水器、太阳能空调等，为人们的日常生活带来了更多的便利。

风能作为另一种重要的清洁能源，也受到了广泛的关注。风能发电技术通过利用风力发电机将风能转化为电能，已经在全球范围内得到了广泛应用，特别是在风能资源丰富的地区，如欧洲、北美等地。

除了太阳能和风能外，水能、地热能等清洁能源也在不断发展。这些清洁能源的利用不仅可以减少对传统能源的依赖，降低环境污染和温室气体排放，还可以促进经济的可持续发展。

展望未来，随着科技的持续进步与生产成本的不断下降，清洁能源的应用领域将迎来前所未有的拓展，其影响力也将日益增强，成为驱动全球可持续发展进程的关键力量。清洁能源，以其环保、可再生等独特优势，将逐步替代传统的高污染、高能耗能源，为全球能源结构的优化升级注入强大动力。

# 第三节　国内外天然气管道输送技术发展趋势与挑战

随着全球对清洁能源需求的持续增长，天然气作为一种高效、清洁的能源，其在全球能源结构中的地位日益凸显。因此，天然气管道输送技术作为连接天然气供应与需求的关键环节，其发展趋势与挑战也日益受到业界的关注。

## 一、国内外天然气管道输送技术发展趋势

### （一）智能化与自动化水平提升

随着信息技术、物联网、大数据等前沿科技的迅猛进步，天然气管道输送系统正加速向智能化、自动化方向迈进。这一转型将深刻改变管道管理的面貌，显著提升其运行效能与安全性。智能化管道输送系统，依托先进的传感器网络、云计算平台与人工智能算法，能够实现对管道运行状态的全方位、高精度实时监控，及时发现潜在风险并发出预警信号，为管理者提供科学、精准的决策支持。这种智能化的管理模式，不仅增强了管道运行的安全性与可靠性，还使得应急响应更加迅速有效，降低了事故发生的概率与影响[①]。

与此同时，自动化技术的应用也是推动天然气管道输送系统升级的重要力量。通过自动化控制系统的部署，管道的运行、维护与管理过程得以高度集成与优化，显著降低了对人力资源的依赖，减轻了工作人员的劳动强度，并有效提升了运行效率与经济效益。

### （二）新型管材与焊接技术的发展

随着材料科学领域的日新月异，一系列创新性的管材正逐步崭露头角，其中高强度钢与复合材料等新型管材将成为天然气管道建设中的新兴力量。这些新型管材具有更高的强度、更好的耐腐蚀性和更低的成本，能够满足更复杂的输送需求。

此外，焊接技术的发展也将为天然气管道建设提供更大的便利，如激光焊接、超声波焊接等技术的应用将进一步提高管道的连接质量和安全性。

### （三）多能源互补与综合能源系统

展望未来，天然气管道输送系统将与电力、热力等其他能源系统实现深度融

① 邹永胜.山地油气管道智能化建设实践与展望[J].油气储运，2021，40（1）：1-6.

合，共同构建起一个多能源互补、协同优化的综合能源系统。这一系统通过智能集成与高效调度，能够最大化地发挥各类能源的独特优势，实现能源资源的优化配置与高效利用。它不仅能够灵活应对不同用户的多样化需求，提供更加个性化、定制化的能源解决方案，还能够促进能源系统的整体平衡与可持续发展。在此过程中，综合能源系统的构建与发展也将为天然气管道输送技术带来前所未有的创新机遇。

## 二、国内外天然气管道输送技术面临挑战

### （一）能源转型与市场需求变化

在全球能源结构持续转型与市场需求动态变化的背景下，天然气管道输送系统正面临着前所未有的挑战与机遇。为了适应这一复杂多变的能源供应与需求环境，天然气管道输送系统必须具备更高的灵活性与可调整性。这意味着系统需要能够快速响应市场变化，根据不同用户、不同区域的特定需求，灵活调整输送量、压力、流向等参数，确保能源供应的稳定、高效与精准。

### （二）环境保护与可持续发展

天然气作为一种备受推崇的清洁能源，在其通过管道输送的过程中，同样承载着环境保护与可持续发展的重要使命。为此，天然气管道输送系统在设计、建造及运营的全生命周期中，必须采取一系列环保、高效且可持续的策略，确保管道运行的安全性和可靠性。

### （三）技术创新与人才培养

天然气管道输送技术的持续创新与飞跃，离不开一支拥有高素质、专业化技术的人才队伍的坚实支撑。但是，当前该领域正面临着人才短缺与培养周期冗长的双重挑战，这在一定程度上制约了技术的快速发展与行业竞争力的提升。针对这一现状，亟须加大技术创新与人才培养的投入力度，双管齐下，以破解人才困境，推动行业向前发展。

# 第八章 天然气管道输送安全检测技术

随着天然气需求不断增长，天然气管道的建设规模也在不断扩大。然而，管道在长期使用过程中受到各种因素的影响（如腐蚀、外力破坏、焊缝开裂等），容易发生泄漏事故。这些事故不仅会造成巨大的经济损失，还会引发环境污染和人员伤亡等严重后果。因此，如何有效检测和预防天然气管道泄漏，确保管道安全运行，成为亟待解决的问题。本章围绕天然气管道腐蚀与焊接缺陷检测技术、天然气管道泄漏检测技术、天然气管道内检测技术等内容展开研究。

## 第一节 天然气管道腐蚀与焊接缺陷检测技术

### 一、管道腐蚀防护系统的检测

#### （一）交流电位梯度法

1. 交流电位梯度法基本原理

交流电位梯度法（alternating current voltage gradient，ACVG），其核心理念在于：通过向管道输送特定频率的交流电流信号，若防腐层存在破损，该信号电流便会从破损点逸出，并在破损处周围形成一个以之为中心的球形电位场。在地表，通过精密测量该电位场地面投影所产生的电位梯度变化，能够精准定位电位场的中心，进而确定防腐层破损点的具体位置。值得注意的是，环境因素中，特别是周围环境介质电特性的显著差异，可能导致电位场发生畸变，使得地面上的电位场中心位置发生偏移。尽管如此，ACVG 仍是目前防腐层缺陷定位技术中较为精确的方法之一，定位精度可达到 ±15 cm 的高精度范围。

2. 交流电位梯度法仪器设备介绍

ACVG在检测过程中，广泛采用的仪器包括基于管道电流测绘仪（pipeline current measurement，PCM）技术的A形支架，以及依据皮尔逊原理设计的防腐层破损点检漏仪（SL）。值得注意的是，SL检漏仪已经成功实现了国产化，国内企业能够自主生产这一关键设备。然而，尽管国内也有企业涉足PCM的生产，但在实际应用中，其性能与效果相较于国际先进水平仍存在一定的差距，有待进一步提升[①]。

（1）PCM的A形支架

PCM系统的A形支架设计用于精确测量两个固定金属地针之间的电位差异。在检测过程中，特定频率的交流信号被注入管道内，随后检测人员会在管道上方将A形支架的地针插入地表中。通过解读接收机显示的箭头方向以及dB值（或电流值）的强弱，检测人员能够推断出防腐层破损的位置及其相对严重程度。在利用dB值评估破损相对大小时，需考虑多个关键因素的综合影响，这些因素包括测量点处管道中的电流强度、破损的具体程度、管道的埋设深度以及土壤的电阻率。其中，管道中电流的大小对dB值的测定结果具有最为显著的影响，是判断破损程度时不可忽视的重要参数。

所以，判断破损程度不应仅依赖dB值这一单一指标，为确保测量结果的准确性，探针必须与管线上方土壤紧密接触。在测量过程中，外电流阴极保护系统可以保持正常运行状态。一旦发现防腐层破损点，可以利用管道定位器进行定位或在地面做出标记。此外，也可借助全站仪来测定破损点的大地坐标，以便精确记录测量数据并进行完整性对比分析。

此方法主要提供关于漏点大小的定性评估，即在给定信号强度下，dB值越高通常意味着破损程度越严重。然而，它并不具备直接指示阴极保护效果或外覆盖层剥离状态的能力。此外，在进行温度测量时，该方法易受到外界电流的干扰，这可能会影响检测结果的准确性。值得注意的是，该方法的检测精度、定位准确性在很大程度上依赖于操作者的技能水平，因此有时可能会误报不存在的缺陷信息。

为了增强信号在管道中的传输距离并提升接收机的灵敏度，可以采用大功率发射机，该设备能够向管道内加载包含多种频率成分的混合交流信号。具体而言，PCM系统的发射机能够产生最大电流达3 A的交流信号，这些信号由4 Hz、8 Hz、128 Hz、640 Hz等多种频率叠加而成，从而实现广泛的频率覆盖。这样的

① 杨永. 埋地钢管外防腐层破损检测中的电位梯度法[J]. 管道技术与设备，2008（3）：55-56.

设计使得信号能够传输至最远 60 km 的距离，有效延长了检测范围，增强了系统的整体性能。

PCM 混频信号中 8 Hz 的电流方向指示功能使防腐层漏点查找更加人性化，破损定位精度更高。如果接收机箭头向前指，说明漏点在前面；接收机箭头向后指，说明漏点在后面。由于施加了高频率的 128 Hz 或 640 Hz 信号，管线定位精度得到提高。

PCM 接收机有以下 3 个基本特征：①能够手动调节接收机线圈与回路，从而与发射机频率相匹配；②可手动调节接收机增益；③接收机包含两个水平线圈和一个竖直线圈，可用峰值或谷值法对管线位置进行确认。

（2）皮尔逊法

皮尔逊法作为交流电压梯度法的一个分支，目前在国内已有成熟的应用，具体体现为 SL 系列检测仪器。此技术早期便广泛应用于识别管道外部防腐层上的局部连续或不连续破损点，运作机理简述如下：向埋地管道施加频率为 1000 Hz 的交流信号，当该信号遇到防腐层破损点时，会泄漏至周围的大地和土壤中，从而在破损点的正上方地表形成一个可检测的交流电压梯度场。检测过程中，通常需要两名操作人员，他们沿管道上方保持一前一后的行走模式。随着他们逐渐接近防腐层的破损点，所携带的检漏仪会开始有反应；而当精确行至破损点正上方时，检漏仪的反应信号达到最强，示数也呈现最大值。由于此方法中利用了两个操作人员的人体作为自然形成的“接地电极”，因此该技术亦被称为“人体电容法”。

ACVG 法在检测埋地钢管外防腐层破损方面展现出了极快的检测速度和极高的定位精确度，是目前该领域内最为精确且效果显著的技术之一。然而，需要注意的是，当面对干燥的水泥、柏油等硬质地面时，该方法的检测效果可能会受到一定限制，表现为灵敏度降低或难以准确捕捉破损信号。因此，在复杂多变的实际应用场景中，为了确保检测的全面性和准确性，要将 ACVG 法与其他多种检测手段相结合，同时充分考虑现场的具体条件。

## （二）直流电位梯度法

1. 直流电位梯度法测试原理

在埋地管线中，若施加直流电源或运行阴极保护系统，电流将通过土壤介质流向管道防腐层破损处暴露的钢管，这会在破损点正上方的地面区域形成一个清晰的电位梯度场。该电位梯度场的范围受土壤电阻率的制约，通常在 12.2 ~ 45.8 m 范围内波动。对于较大的涂层缺陷，电流流动可产生 200 ~ 500 mV 的高电压梯度，而对于较小的缺陷，也能检测到 50～200 mV 的电压梯度。值得注意的是，这些电压梯度主要集中在距离电场中心 0.9 ～1.8 m 范围内。一般情况下，随着防腐层破损面积的增大以及检测点逐渐接近破损中心，电压梯度会变得更加显著且集中。这一特性使得直流电位梯度法（direct current voltage gradient，DCVG）在埋地钢质管道外覆盖层缺陷检测领域脱颖而出，成为最为简便、准确且可靠的技术之一。DCVG 技术不仅能够精确定位缺陷位置，还能为后续的修复工作提供有力支持，是埋地钢质管道维护管理中的重要工具。

为了有效消除外部电源可能产生的干扰，DCVG 测试技术巧妙地运用了不对称直流信号，这一信号由专门安装在阴极保护阴极输入端的中断器周期性施加，以形成独特的检测环境[①]。

DCVG 测试技术的核心在于利用管道地面上方设置的两个 $Cu/CuSO_4$ 接地探极，通过与之相连的高灵敏度毫伏表，精确捕捉由管道防腐层破损所引发的电压梯度变化。这一过程不仅能够准确指示管道破损点的位置，还能在一定程度上反映破损的大小[②]。在实际检测中，操作人员会将两根探极保持约 2 m 的间距，沿着管道线路逐步移动。当探极逐渐靠近防腐层破损区域时，毫伏表的读数会显著增大，而当探极跨越破损点继续前行时，读数则会逐渐减小。特别地，当破损点恰好位于两探极之间时，毫伏表的读数会归零。为进一步提升定位精度，在完成粗检测后，操作人员可以将探极间距缩小至 300 mm，进行更为细致的扫描。此外，通过观察地表电场分布的形状，还可以对破损缺陷的具体形态进行初步推测，为后续的修复工作提供有价值的参考信息。

2. 埋地管道防腐层缺陷特征描述

DCVG 测试技术以其卓越的定位精度著称，不仅能够精确锁定埋地管道防腐层的破损点位置，还能通过特定方法初步判断破损点的形状。具体而言，通过在地表绘制等压线，可以直观地反映出破损处上方的电场分布，进而推断出破损形状的轮廓。在 DCVG 测试技术定位破损点后，为了进一步分析破损情况，可以采用一种精细测试方法：将一根探极置于破损点地表电场的中心，另一根探极则围绕中心以等电位间隔进行测试。通过观察并描绘出电场等压线形状，可以对破损点的具体形状及其在管道上的相对位置进行较为准确的评估。

然而，值得注意的是，这种围绕中心点进行等电位测试的方法相对耗时较长，

---

① 李彦慧，赵国强．靖咸输油管道腐蚀检测与应用效果评价 [J]．中国高新技术企业，2009（20）：191-192.

② 何鹏程．浅析石油天然气长输管道腐蚀 [J]．中国石油和化工标准与质量，2013（5）：250.

因此在常规的管道检测流程中并不常用。它更多地被应用于管道维修前的详细诊断阶段，为制订针对性的修复方案提供重要依据。

对于管道顶部的小型破损点，其等压线呈现为完整的圆形图案；而当破损位于管道正下方时，等势区域则偏向管线的一侧，呈椭圆形状，其中破损的较长部分对应着拉长的等势线。面对管道防腐层因老化导致的广泛龟裂与破损情况，管道两侧会展现出连续的电压梯度变化，这种变化在管线方向的两端达到最大值，而中间区域则形成一个相对平缓的无效区。在实际的检测过程中，通过分析由裂口引发的特定电压梯度轮廓线形态，能够便捷地识别出裂口的形状特征，为后续的修复工作提供精准指导。

在实际检测作业中，通过观察防腐层裂口所引发的电场等势轮廓线，可以直观地识别出裂口的形状特征。值得注意的是，在防腐层缺陷的邻近区域，往往伴随着强烈的电压梯度变化。因此，为确保检测的全面性和准确性，检测人员需遵循每三步在管线垂直方向上进行一次检测的原则，这样不仅能有效描绘出缺陷的具体形状，还能有效避免对防腐层缺陷点的遗漏。

针对那些彼此靠近的小破损点，它们可能因相互间的电场作用而在中间区域形成一个无效的检测区。为了精确锁定这些破损点的位置，检测时应采取缩小两探极间距的策略，以增强对细微缺陷的分辨能力，从而实现缺陷点的精准定位。此外，在实际操作中，若遇到间距极小的缺陷，可视为单一缺陷点进行处理，这一灵活的处理方式有助于简化检测流程，提高检测效率。

*3. 管道防腐层破损点腐蚀情况的判断*

在 DCVG 检测技术中，通过引入不对称信号作为核心机制，该技术能够有效地评估管道系统中是否存在电流的流入或流出现象，并据此判断管道是否享有适当的阴极保护。这一特性进一步允许检测人员识别出埋地管道在防腐层破损点处裸露的钢管是否已遭受腐蚀，以及该特定位置阴极保护的有效性程度。实践验证表明，DCVG 测试技术在这些测试指标上展现出高度的准确性，但需要注意的是，其结论虽具指导意义，却非绝对无误。尤为突出的是，DCVG 测试技术能够独特地识别防腐层破损位置处的腐蚀状况，这是众多管道缺陷检测工具中鲜有的能力。

在阴极保护系统处于正常运作状态时，利用 DCVG 测试技术精准定位防腐层破损点后，需对测试信号进行适当调整。具体而言，是将直流信号调整至与阴极保护正常工作时相匹配的保护水平，假设此水平下管地电位维持在 –1000 mV。然而，当引入中断器后，阴极保护的输出电流会相应减少，进而导致保护电位降低。为了准确评估埋地管道在阴极保护有效作用下的腐蚀状况，特别是在防腐层破损点处的腐蚀严重性，进行腐蚀测试时同样需要将管地电位调整回 –1000 mV 的基准水平，并确保中断器在此过程中保持运行状态。这一系列的设定条件旨在模拟并评估在阴极保护系统正常运行情境下，埋地管道防腐层破损点处的真实腐蚀状况，从而为后续的维护与修复工作提供科学依据。

## 二、管道管体腐蚀和焊接缺陷的检测技术

### （一）传统无损检测技术

1. 射线检测技术

射线的种类繁多，其中 X 射线、γ 射线及中子射线以其卓越的穿透能力脱颖而出。这 3 种射线均在无损检测领域发挥着重要作用，但应用场景各有侧重：X 射线和 γ 射线因其普遍适用性，广泛被采纳于压力管道焊缝缺陷的检测中；相比之下，中子射线则因其特殊性，仅被用于某些特定的高端或特殊检测场合。

在工业无损检测的广阔天地里，射线检测占据着举足轻重的地位，它专注于揭示试件内部的宏观几何缺陷，即所谓的“探伤”工作。射线检测的技术分支繁多，其分类依据包括所采用的射线类型、记录信息的工具、工艺流程以及技术关键点等多种特征。

尤为值得一提的是射线照相法，它利用 X 射线或 γ 射线的强大穿透力，穿透待测试件，并通过胶片这一传统而可靠的媒介来捕捉并记录检测信息。这种方法不仅基础扎实，而且应用极为广泛，被视为射线检测领域中的基石与典范。

（1）射线检测设备

① X 射线探伤机。X 射线探伤机由四大核心组件构成：机头、高压发生装置、供电及控制系统，以及冷却与防护设施。依据其应用场景与便携性，X 射线探伤机可细分为移动式和携带式两大类。移动式 X 射线探伤机专为透照室环境设计，具备强大的射线发射能力，其管电压可高达 450 kV，管电流则可达 20 mA，能够穿透厚度达 100 mm 的物体。此类机器的高压发生装置、冷却系统以及 X 射线机头均设计为独立安装，便于维护与管理。相比之下，携带式 X 射线探伤机则侧重于现场作业的便捷性，广泛应用于各种需即时检测的现场环境中。其管电压通常设定在 320 kV 以下，以确保操作的安全性，最大穿透厚度约为 50 mm，满足大多数现场检测需求。

② γ 射线探伤仪。γ 射线探伤仪凭借其紧凑的射线源设计，无须外接电源，展现了高度的灵活性与适应性，能够在狭窄空间、高空作业乃至水下环境中自如

工作，实现全景式的无损检测，因此已成为射线探伤领域广泛采纳的先进设备。然而，鉴于 γ 射线的强放射性，使用该设备时必须严格遵守放射防护规范，确保操作人员的安全，并加强对放射同位素的科学管理，以防辐射泄漏风险。γ 射线探伤仪的构造精密，主要由以下四大核心部分组成：放射源、源容器、操作机构、支撑和移动机构。

③高能射线探伤设备。高能射线探伤仪主要有电子直线加速器和电子回旋加速器。其核心技术原理在于运用超高压、强磁场及微波等先进手段，对射线管内的电子实施高效加速，使之获得极高的能量，进而形成一束能量强大的电子束。这束电子随后猛烈撞击靶面，通过这一撞击过程释放出高能 X 射线。这些 X 射线具备显著的特性：其能量超过 1MeV，赋予了它们强大的穿透能力，能够轻松穿透厚度达 500 mm 的钢板；同时，它们拥有极小的焦点，转换效率高达 40%；此外，散射线极少，图像清晰度极高且具备较大的宽容度，能够更全面地捕捉并呈现检测对象的细节信息。

（2）射线检测方法的优缺点

①检测结果有直接记录——底片（也有可直接转为电子文件的数字射线成像方法）。

②能够直接获取缺陷的投影图像，实现对缺陷性质的精确判定及尺寸的准确测量。

③对于体积较大的缺陷，其检出率较高；然而，对于面积广泛或分散的缺陷，其检出率可能受到多种因素的制约。

④适宜检验较薄的工件而不适宜较厚的工件。

⑤在检测对接焊缝时表现出色，但对角焊缝的检测效果相对较差，且不适用于直接检测板材、棒材、锻件等形状复杂的材料。

⑥在某些情况下，由于试件结构的复杂性或现场条件的限制，射线照相可能不是最合适的检测方法。

⑦确定缺陷在工件厚度方向上的具体位置及其尺寸（如高度）往往具有一定的难度，需要借助额外的技术手段进行分析。

⑧检测成本相对较高。

⑨与其他快速检测方法相比，射线照相的检测速度较慢。

⑩射线对人体具有潜在的辐射伤害。

*2. 超声波检测技术*

超声波检测技术主要聚焦于深入探测试件内部的各类缺陷。这里的超声波，是指那些频率超过 20 kHz 的声波，它们超出了人耳的正常听觉范围。在超声波检测的实际应用中，所采用的声波频率范围广泛，涵盖从 0.4 MHz ~ 25 MHz 的广阔区间。在众多超声波探伤技术中，脉冲反射法因其高效性和准确性而得到了广泛应用。而在超声波信号显示方面，A 型显示技术因其成熟度和直观性而备受推崇。

（1）超声波检测原理

超声波检测技术涵盖多个应用领域，主要包括超声波探伤、超声波测厚，以及超声波在测量晶粒度、应力等方面的应用。在超声波探伤这一核心领域，存在多种检测方法，其中最为普及的是脉冲反射法。该方法通过分析缺陷回波与底面回波的特征来评估缺陷情况。

此外，还有穿透法，它依据缺陷形成的声影来判断缺陷存在；共振法，利用被检测物体内部产生的驻波现象来判断缺陷或板厚。目前，脉冲反射法因其高效性和准确性而成为应用最广泛的方法。在具体操作中，脉冲反射法会根据探伤需求选择使用纵波或横波。在垂直探伤场景下，常采用纵波进行检测。而在斜射探伤时，则多选用横波，横波倾斜入射的方式使其擅长捕捉垂直于探测面或倾斜角度较大的缺陷，因此成为焊缝探伤的首选。

（2）超声波检测工艺要点

①检测方法分类。按原理可分为脉冲反射法、穿透法和共振法。

按显示方式可分为 A 型显示、B 型显示、C 型显示。目前常用的是 A 型显示探伤法[①]。

按探伤波型可分为直射探伤法（纵波探伤法）、斜射探伤法（横波探伤法）、表面波探伤法和板波探伤法，用得较多的是纵波和横波探伤法。

按探头数目可分为单探头法、双探头法和多探头法，用得最多的是单探头法。

按接触方法可分为直接接触法和水浸法。

②基本操作方法。探伤时机的选择。按要达到检测的目的，选择最适当的探伤时机。

探伤方法的选择。按照工件情况，选定探伤方法。

③探伤仪器的选择。按照探伤方法及工件情况，选定能满足工件探伤要求的探伤仪。

探伤方法和扫渣面的确定。进行超声波探伤时，探伤方向很重要，探伤方向应以能发现缺陷为准，由缺陷的种类和方向来决定。

频率的选择。根据工件的厚度和材料的晶粒度大小，合理地选择探伤频率。

---

① 周晓东 . 议无损检测在压力容器中的应用分析 [J]. 化工管理，2018（32）：105-106.

晶片直径、折射角的选定。

探伤面修整。不适合探伤的探伤表面，必须进行适当的修整，以免不平整的探伤面影响探伤灵敏度和探伤结果。

耦合剂和耦合方法的选择。确定探伤灵敏度。

进行初探伤和精探伤。

（3）超声波的检测特点

①面积型缺陷检出率较高，而体积型缺陷检出率较低。

②适宜检测厚度较大的工件，不适宜检测较薄的工件。

③应用范围广，可用于各种试件。

④检测成本低、速度快，仪器体积小、质量轻，现场使用方便。

⑤无法得到缺陷直观图像，定性困难，定量精度不高。

⑥检测结果无直接见证记录。

⑦对缺陷在工件厚度方向上的定位较准确。

⑧材质、晶粒度对探伤有影响。

⑨工件不规则的外形和一些结构会影响检测。

⑩不平或粗糙的表面会影响耦合和扫渣，从而影响检测精度和可靠性。

3. 磁粉检测技术

（1）磁粉检测原理

当磁材料被磁化后，其内部会生成极为强烈的磁感应强度，导致磁力线的密度急剧上升，增幅可达数倍至数千倍。若材料内部存在任何形式的不连续性，这些不连续性可能源自缺陷、结构变化、形状差异或材质不均等因素，它们将引发磁力线的显著畸变。在此情况下，部分磁力线可能不再局限于材料表面，而是穿透并逸出至材料表面，进而在周围空间中形成所谓的漏磁场。漏磁场中，局部区域会形成明显的磁极，这些磁极具有吸引铁磁性物质的能力。

试件中存在的裂纹作为不连续因素，会导致磁力线发生显著的畸变。由于裂纹内部填充的空气介质磁导率远低于试件本身的磁导率，磁力线在穿越裂纹时会遭遇阻碍，从而引发复杂的路径变化。具体表现为，部分磁力线被迫挤向裂纹底部，部分则直接穿过裂纹，还有部分则绕过裂纹，从工件表面逸出后再重新进入工件内部。当在工件表面撒上磁粉时，这些逸出的磁力线（漏磁场）会吸引并固定住磁粉颗粒，形成与裂纹形状相似或对应的磁粉堆积图案。然而，值得注意的是，当裂纹的延伸方向与磁力线的自然传播方向平行时，磁力线的传播路径不会受到显著影响，因此这种情况下，裂纹缺陷可能无法使用磁粉检测法有效识别出来。

（2）磁粉检测设备

①磁粉探伤机。根据设备的尺寸、体积及便携性，磁粉探伤机可细化为固定式、移动式及便携式三大类。

②灵敏度试片。灵敏度试片作为一种专用的检测工具，旨在全面评估磁粉探伤系统（包括设备、磁粉及磁悬液）的综合效能。这些试片由薄铁片精心制作，其一侧刻有精确深度的直线与圆形细微凹槽，用以模拟实际检测中的缺陷形态。检测时，需将试片的刻槽面紧密贴合于待检工件表面，随后对工件进行规范的磁化操作并施加适量磁粉。若磁化参数选择恰当，则试片表面应能清晰展现出与人工刻槽一一对应的磁粉堆积图案，以此验证整个探伤系统的灵敏度与准确性。

③磁粉与悬浮液。磁粉主要由高磁导率、低剩磁特性的 $Fe_3O_4$ 或 $Fe_2O_3$ 微粒构成。根据所含添加剂的不同，磁粉可细分为荧光磁粉与非荧光磁粉两大类。非荧光磁粉以其多样的颜色选择（如黑色、红色、白色）而著称，而荧光磁粉则以其远超非荧光磁粉的现实对比度为特点。因此，采用荧光磁粉进行探伤检测时，能够显著提升磁痕的可视性，加快检测速度，并提高检测灵敏度。磁悬液，作为一种关键的工作介质，是通过将水或煤油作为分散液，并混入适量磁粉制备而成的悬浮液。其配制浓度需根据磁粉类型精确控制：对于非荧光磁粉，通常浓度范围设定在 10 ~ 20 g/L 之间；而对于荧光磁粉，则更为精细，浓度一般控制在 1 ~ 2 g/L，以确保最佳的检测效果和悬浮稳定性。

（3）磁粉检测工艺要点

①磁化方法。在磁粉探伤中，磁化方法展现出丰富的多样性，主要包括线圈法、轴向通电法、触头法、中心导体法以及旋转磁场磁化法等。每种方法都针对特定应用场景和检测需求而设计，确保磁化效果的有效性和针对性。

②磁粉探伤方法分类。根据检测时机的不同，磁粉探伤可分为连续法和剩磁法。连续法强调磁化、磁粉施加与观察同时进行，确保检测流程的连贯性；而剩磁法则适用于剩磁特性显著的硬磁材料，通过先磁化后施加磁粉的方式进行检测。

依据使用的电流类型，磁粉探伤又可分为交流法和直流法。交流法凭借其集肤效应，在表面缺陷检测中展现出较高的灵敏度①。

施加磁粉的方法则进一步细分为湿法和干法。湿法采用磁悬液作为载体，适用于检测表面光滑且需关注细微缺陷的工件；而干法直接喷洒干粉，更便于在粗糙表面上进行检测。

---

① 吴碧华．浅谈磁粉检测在压力杀菌锅上的应用及注意事项 [J]. 化学工程与装备，2014（9）：211-212.

③磁粉探伤的一般程序。探伤操作遵循一套严谨的步骤，包括预处理阶段（准备工件，去除干扰因素），磁化和施加磁粉阶段（根据所选方法实施磁化和磁粉施加），观察阶段（仔细查看磁痕以识别缺陷），记录阶段（准确记录检测结果），以及后处理阶段（包括退磁处理，确保工件后续使用的安全性）。

（4）磁粉检测特点

①专注于铁磁材料的检测，对于非铁磁性材料则不适用，因此它是铁磁材料缺陷检测的理想选择。

②擅长揭示材料表面及近表面的缺陷，如裂纹、夹杂等，但对于材料内部的深层缺陷则难以触及，因此其应用范围局限于表面及近表面检测。

③以其卓越的检测灵敏度而著称，能够精准捕捉到极其细微的裂纹及其他不易察觉的缺陷。

④检测成本低廉，检测速度快。

⑤工件的形状复杂性和尺寸大小可能会对磁粉探伤的效果产生一定影响。

4. 渗透检测技术

（1）渗透检测的基本原理

工件表面首先被均匀涂抹上一层含有荧光或着色染料的渗透液。其次，利用毛细作用原理，渗透液在一段时间内能够自动渗透进工件表面存在的任何开口型缺陷中；完成渗透过程后，通过特定的清洗步骤，将工件表面多余且未渗入缺陷的渗透液彻底清除干净。再次，在工件表面均匀施涂一层显像剂。显像剂同样利用毛细作用，将缺陷内已保留的渗透液吸引并促使其回渗至显像剂层中。最后，在特定光源（如紫外线灯照射或白光增强照明）的照射下，缺陷处因渗透液与显像剂的相互作用而显现出明显的痕迹。这些痕迹清晰展示了缺陷的形状、大小及分布情况，从而实现了对工件缺陷的高效探测与定位。

渗透检测操作包括以下 4 个基本步骤。

①首先将工件完全浸没于渗透液中，或者利用喷雾器、刷子等工具将渗透液均匀地涂覆于工件表面。若工件表面存在缺陷，渗透液将借助毛细作用自然渗入这些缺陷内部，这一过程被称为渗透。

②在确保渗透液已充分渗透至所有可检测到的缺陷后，需采用水或专用的清洗剂对工件表面进行彻底清洗，以去除表面多余且未渗入缺陷的渗透液，此过程被称为清洗。

③将显像剂均匀地喷洒或涂覆于清洗干净的工件表面上，可将残留在缺陷中的渗透液吸引并带出至工件表面，从而在缺陷位置形成明显放大的黄绿色荧光

（对于荧光渗透液）或红色（对于着色渗透液）显示痕迹。这一过程是缺陷可视化的关键步骤，被称为显像。

④在适宜的光照条件下（荧光渗透液需在紫外线下观察，而着色渗透液则在自然光下即可），利用肉眼直接观察工件表面。此时，缺陷位置因渗透液与显像剂的相互作用而呈现出鲜明的颜色对比，即便是极细小的缺陷也能被轻易发现，这一过程被称为观察。

（2）渗透检测的分类

①根据其内含的染料成分，可明确区分为荧光法与着色法两大类别。荧光法渗透液特别添加了荧光物质，当这些渗透液渗入工件缺陷后，在紫外线的照射下，缺陷图像会发出明亮的荧光，从而实现缺陷的可视化。而着色法则采用含有有色染料的渗透液，缺陷图像在普通白光或日光下即可显现出鲜明的颜色，便于观察与检测。

②根据渗透液从工件表面去除的不同方法，可以将渗透探伤技术进一步细分为水洗型、后乳化型和溶剂去除型三种类型。水洗型方法直接利用水或清洗剂冲洗工件表面，去除多余的渗透液；后乳化型则需配合乳化剂使用，使渗透液在工件表面形成乳状液，随后再行清洗；而溶剂去除型则是采用特定溶剂来溶解并去除渗透液。

③在渗透探伤过程中，显像法同样展现出丰富的多样性，主要包括湿式显像、快干式显像、干式显像以及无显像剂式显像四种方法。湿式显像利用湿润的显像剂覆盖工件表面，通过毛细作用吸引缺陷中的渗透液；快干式显像则采用快速干燥的显像剂，提高检测效率；干式显像则无须额外液体，直接利用干粉或特殊材料在工件表面形成显像层；而无显像剂式显像则是一种更为特殊的技术，它依赖于渗透液本身的特性或后续处理步骤，直接在工件表面形成可见的缺陷图像。

（3）渗透检测的特点

①渗透检测具有极高的灵活性，能够应用于除疏松多孔性材料之外的大部分类型的材料上，展现出其广泛的材料兼容性。

②即便是形状极为复杂、难以触及的部件，渗透探伤技术也能轻松应对，通过一次操作即可实现对部件表面的大致全面检测，确保无遗漏。

③同时存在几个方向的缺陷，用一次探伤操作就可完成检测。

④不需要大型的设备，也可不用水、电。

⑤渗透检测的准确性在一定程度上受到试件表面光洁度的影响，且操作人员的技能水平和经验也会直接影响探伤结果。

⑥虽然渗透检测在表面开口缺陷的检测上表现出色，但它对于埋藏较深的缺陷或闭合型的表面缺陷则显得力不从心，无法进行有效检测。

⑦渗透检测的过程涉及多个步骤，相比其他快速检测方法，其整体流程显得较为烦琐，且完成全部检测所需的时间较长。

⑧与磁粉探伤相比，渗透检测在检测灵敏度方面稍显不足，可能无法达到与磁粉探伤相同的精确度。

⑨渗透检测所需的特定材料和试剂价格较贵，这直接导致了检测成本的增加。

⑩值得注意的是，渗透检测中使用的某些材料具有易燃性和毒性。

## （二）管体腐蚀和焊接缺陷检测新技术

### 1. 磁力断层摄影技术

磁力断层摄影技术（magnetic tomography method，MTM）的检测原理与其他的检测方法不同，该方法不是直接检测缺陷尺寸，而是根据管道局部应力的变化来检查和评估缺陷。

（1）基本原理

该技术的基本原理是：承受载荷的管道存在缺陷时，会导致应力集中，这使得这个区域的磁场方向和磁场强度发生变化；用仪器对磁场变化数据进行检测和记录，并对缺陷处的受力情况进行分析，从而得出缺陷处管道的应力水平、最大允许操作压力、使用寿命、估计缺陷尺寸和类型等信息。

（2）MTM 管道检测器检测的结果

MTM 管道检测器包括管道线路探测器 Poisk-A/03 和无接触式扫描磁力计 MBS-04“SKIF”。MTM 管道检测器检测的结果信息包括以下内容。

①异常的位置和长度、类型，包括疑似裂纹、面腐蚀、点腐蚀、焊缝异常、几何改变等。

②缺陷等级：分为三级，一级需要立刻维修。

③外防腐等级：分为三级，一级需要立刻维修。

④“异常”的完整性指数：综合缺陷簇计算结果、表征危险程度指数；预测金属损失百分比。

⑤评估“异常”的最大允许操作压力、安全系数及当前条件下的安全操作年限。

（3）MTM 技术的优点

MTM 技术具有以下优点。

①以外检测的方式达到内检测的效果。

②管道无须做额外的准备。

③不受防腐层影响。

④在地面检测深度可达管径的 20 倍。

⑤直接根据缺陷处的管道局部应力来评估缺陷和管道承压能，并能给出较为丰富的缺陷数据和评估结果。

MTM 检测器在上海某机场停机坪地下管网和四川天然气管道上进行了试用，效果有待确认。

2.PFC 射线测厚技术

PFC 射线测厚技术采用包检测技术，可以快速便捷地对在役管道进行检查。传统的管道测厚技术主要有切向 X 射线法和超声测厚法。尽管切向 X 射线法与超声测厚法均能有效且精确地测量管道厚度，它们在实际应用过程中却面临着相似的挑战——数据记录与分析的耗时性。这两种方法均依赖于人工逐一记录管道上不同位置的检测数据，以便后续详细分析，这一环节显著延长了整体的检测周期。具体而言，超声测厚法在操作前需要额外步骤，包括移除绝缘层及彻底清理管道表面，所以超声测厚法在效率与成本方面略显劣势。切向 X 射线法虽然无须复杂的表面预处理，但其检测范围相对局限，每次仅能清晰地展示管道的一小部分区域。为了获得全面的管道厚度数据，必须多次移动并重新定位检测装置，这无疑延长了检测时间。更为重要的是，由于 X 射线的辐射特性，检测过程中必须采取严格的防护措施，如将被检区域完全包裹起来，所以该方法具有速度慢、成本相对较高等特点。

PFC2000 便携式管道射线检测仪集成了先进的射线技术与智能处理系统，其核心组件包括同位素源或 X 射线源、高效的射线传输系统、高精度的微槽板（micro channel plate，MCP）X 射线检测器、便携式计算机以及专为该设备设计的软件。该专用软件具备强大的数据处理能力，能够将射线源发射出的辐射密度实时转换为直观的线性厚度数据，并通过便携式计算机的监控器清晰展示，为用户提供即时、准确的检测结果。同位素源直接对向一种特殊设计的闪烁器。这一闪烁器内置了精密的电子元件，其中包括一个性能卓越的 X 射线 CCD 照相机等效元件，能够高效捕捉并转换射线信息。随后，闪烁器与光电倍增管紧密相连，两者输出信号完美匹配，确保了射线信号的高效传输与精确转换。值得一提的是，该设备中的 MCP X 射线检测器与闪烁器均受到微处理器的精准控制，它们共同构成了强大的 X 射线和同位素检测器。

在实际应用中，放射同位素发出的所有辐射光子，在到达闪烁器屏幕时，会被高效地转换为大量的可见光子。这些闪烁器屏幕以其对低能量 X 射线或 γ 射线的高吸收系数著称，能够将这些不易察觉的射线能量转化为明亮可见的光信号，且转换效率颇高。闪烁器屏幕被巧妙地安置在一个高增益 MCP 板可视光图像加强器的真空壳外部。MCP 图像增强的输入与输出面板，均采用光纤制成，这些光纤不仅能够有效防止图像在传输过程中的退化，还通过其独特的结构设计，增强图像的凹凸感与立体感，使检测结果更加直观清晰。当屏幕上的可视光图像与输入光纤面板接触时，位于真空管一侧的光电阴极管便迅速响应，将光信号转换为电子图像。这一过程是图像从光学领域向电子领域转换的关键步骤。随后，这些电子图像在聚焦系统的作用下，精准地投射到电子放大器（microchip，MCP）上，通过电子倍增效应得到显著增强。在 MCP 的加速作用下，电子以 5 eV 的电压穿越 1 ~ 2 mm 的间隙，最终撞击到位于输出面板真空管一侧的铝磷屏幕上。这一过程中，铝磷屏幕不仅作为电子的收集极，还负责将电子能量转化为可见光，形成增强的可视光图像。

PFC2000 便携式管道射线检测仪在新疆某石化公司进行了测试应用，该检测仪器具有以下优点：①能够在不拆解压力管道的防腐保温层、不中断管道内部介质流动的情况下，甚至在极端高温环境中围绕管道进行连续的腐蚀状况检测。②具备强大的识别与定位功能，能够精确识别管道内的堵塞物位置，并对对接焊缝进行精确定位。③在数据采集方面，实现每秒捕获一个数据点的高速率，确保检测结果的时效性和准确性。同时，其最小检测深度可达 0.9 mm，能够有效识别并量化微小的腐蚀缺陷。④扫描速度为 20 ~ 50 cm/s。⑤适合于埋地管道跨越段检测。

## 第二节 天然气管道泄漏检测技术

管道泄漏的识别和定位技术包括泄漏检测和监测两方面。以下主要介绍管道泄漏检测技术。

### 一、巡线观察法

在管道泄漏检测领域，一种传统而实用的方法是依赖有经验的技术人员或经过特殊训练的动物沿着管线进行巡查。这些专业人员或动物通过视觉观察、嗅觉检测、听觉辨识等多种感官手段，来初步判断管道是否存在泄漏情况。这种方法虽然操作简便，对于明显的、大规模的泄漏具有较高的识别准确率和较低的误报率，且能较为精确地定位泄漏点，但其报警灵敏度相对有限，可能无法及时捕捉到微小的泄漏迹象。尤其面对海底管道、广袤沙漠或人烟稀少的荒原等复杂环境，泄漏检测的难度显著增加。尽管如此，这种基于人工或动物感官的检测方法原理直观，易于实施，且在一定程度上能够满足基本的检测需求。然而，其检测结果往往高度依赖于巡查人员的个人经验和对泄漏迹象的敏锐度，难以实现连续、自动化的监测，因此在灵敏性和实时性方面存在不足。

为了提升管道泄漏检测的效率和准确性，国内多数管道运营单位已配备了专业的管道巡线员，他们会定期或不定期地对管道线路进行巡查。此外，部分先进的管道公司还引入了直升机进行空中巡线，利用高空视角和先进设备，进一步扩大了巡查范围，提高了检测效率。

## 二、空气采样法

该方法的核心在于利用火焰电离检测器（flame ionization detector，FID）和可燃气体检测器来识别泄漏事件，主要依据是可燃气体的存在。FID 的工作原理是：在电场的作用下，利用纯氢火焰灼烧泄漏出的烃类气体，并精确计算此过程中产生的带电碳原子数量。当这些带电碳原子的个数超过预设的安全阈值时，即表明周围空气中的可燃气体浓度已达到危险水平，从而确认泄漏发生[①]。此方法以其高灵敏度和强大的抗干扰能力著称，能够有效捕捉微弱的泄漏信号。可燃气体检测器则直接监测管道周边环境中的可燃气体浓度，一旦浓度超过安全标准，立即触发报警机制，确保及时发现并响应泄漏情况。

然而，空气取样法虽然具有检测准确、灵敏度高及受外界干扰小的显著优点，但其应用也伴随着一定的局限性和风险。首先，该方法需要与人工巡线相结合，增加了人力成本和操作复杂性。其次，在封闭空间内使用时，若泄漏气体浓度较高，存在引发爆炸的潜在危险。

## 三、热红外成像法

为了减小原油在运输过程中的流动阻力，常规做法是在原油输送前对其进行加热处理以降低其黏度。然而，一旦管道发生泄漏，泄漏出的原油会迅速渗透并包围周边的土壤，导致该区域土壤温度显著上升。这种温度的变化可以通过红外

① 常景龙，李铁．输气管道泄漏检测技术的选择和优化 [J]. 油气储运，2000，19（5）：9-13+17.

辐射的差异被有效捕捉并识别。在泄漏检测过程中，首先，会利用先进技术绘制并存储管道周边土壤在正常状态下的温度分布图于计算机系统中。随后，部署直升机搭载热红外成像设备，在空中对管道沿线土壤的温度场进行实时、非接触式的监测与数据采集。通过将实时监测到的土壤温度分布图与计算机中存储的正常状态图进行对比分析，可以迅速准确地识别出温度异常的区域，进而推断出可能的泄漏位置。值得注意的是，热红外成像技术在应用时存在一定的深度限制。具体而言，当直升机在大约 300 m 的高度进行飞行监测时，其有效埋设深度大致限定在 6 m 以内。

热红外成像法不能对管道进行连续检测，实时性差，且对管道埋深有一定限制，受周围环境影响较大。适用于加热输送的管道或管内介质与环境有一定温差的管道。

## 四、气体成像法

在输气管道泄漏检测领域，气体成像技术作为一种高效手段，近年来取得了显著进展。传统的气体成像方法主要依赖于背景吸收气体成像技术和红外辐射吸收技术，这些方法虽然有效，但所需设备往往较为庞大，且离不开大型激光器的支持，给现场操作带来了一定的不便。为了克服这些局限性，近年来一种创新的“纹影”技术应运而生。该技术巧妙地利用了空气中光学折射成像的原理来检测管道泄漏。与传统方法相比，“纹影”技术不仅能够快速、准确地识别泄漏点，还能通过成像结果提供关于泄漏量的直观指示。

## 五、超声导波检测法

超声导波也称为制导波，其运作机理在于利用精密的探头阵列发射一束强大的超声波能量脉冲。这一脉冲不仅覆盖整个管道圆周方向，还穿透整个管壁厚度，向远处高效传播。在导波传输的路径上，一旦遭遇管道中的任何缺陷（这些缺陷在径向截面上占据一定面积），导波会在缺陷处遭遇阻碍并产生一定比例的反射波[①]。正是基于这一原理，同一探头阵列能够捕捉到这些返回的反射波信号，进而通过分析这些信号来发现和评估缺陷的具体大小。值得注意的是，无论是管道内壁还是外壁的任何厚度变化，包括由腐蚀或侵蚀导致的金属缺损，都会引发反射信号的产生并被探头阵列精确接收。此外，通过识别由缺陷产生的附加波形转换

① 盛峰，冯柏旗．超声导波检测系统在场站管道检测中的应用研究 [J]. 中国石油石化，2017（7）：81-82.

信号，该技术还能有效区分金属缺损与管道本身的外形特征，实现对管道健康状况更加全面和准确的评估。

## 六、声波法

压力管道泄漏时释放的声发射信号，属于广义范畴内的声学现象，其中管壁本身并不作为能量源，而是作为这些声信号的传播媒介。在泄漏发生之际，由于管道内外存在的压力差，导致管道内的流体在泄漏点处形成复杂的多相湍流喷射。这种喷射流不仅扰乱了流体的正常流动状态，还通过与管道壁及周围环境的相互作用向外辐射出能量，进而在管道壁上激发出高频的应力波①。这些高频应力波，如同携带了泄漏点详细信息的信使，沿着管道壁向两侧迅速传播。它们蕴含着关于泄漏孔的形状、大小等关键信息，通过对这些声发射信号进行精密的采集、分析与处理，可以准确地识别出泄漏的存在，并进一步确定其位置。

管道泄漏所引发的声发射信号，其特性表现为一种连续的波形，其频率覆盖广泛，主要集中在 1 ~ 80 kHz 的频带范围内。这类信号独具以下几方面的显著特点：①泄漏声发射信号源自管道内流体介质在泄漏过程中与管道壁及邻近环境介质的动态相互作用，其连续性的本质意味着监测设备无须采用极高的采样频率即可有效捕捉并记录这些信号，降低了数据处理的复杂度；②沿着管道向上下游两个方向传播，通过接收并深入分析这些信号，可以提取出关于泄漏源的具体信息，包括其大小、位置等关键数据，为快速定位与应对泄漏提供了有力支持；③管道泄漏声发射信号受多种复杂因素影响，包括但不限于泄漏孔径的尺寸与形状、介质压力的高低、管道周围环境的介质特性以及环境噪声的干扰等②。这些因素共同作用，使得该信号表现出非平稳随机信号的特性，增加了信号分析与解读的难度；④基于导波理论，管道泄漏声发射信号还展现出多模态的特性，即信号在管道内部传播时，会根据不同的模态路径进行传播，并伴随有频散现象的发生。

声波法具备操作简便、使用快捷、检测效率高以及成本低廉的优势，能够有效识别微小泄漏。然而，其泄漏识别和定位的准确性会受到多种因素的制约，从而使得检测距离相对有限，通常两传感器之间的间距需保持在 300 m 以内。尽管如此，该方法仍然适用于所有埋地管道的泄漏检测与定位。

---

① 王毅，李俊飞，纪宝强，等. 流型对多相流管道泄漏声波信号的影响 [J]. 油气储运，2021，40（10）：1138-1144.

② 沈功田，刘时风，王玮. 基于声波的管道泄漏点定位检测仪的开发 [J]. 无损检测，2010，32（1）：53-56.

基于波形相关时差计算的定位方法是管道泄漏声发射源定位的重要方法之一，其定位公式如下。

$$x=L/2+(t_1-t_2)v/2 \tag{8-1}$$

式中，$L$——为管道长度；

$t_1$、$t_2$——信号分别传到上下游的时间；

$v$——泄漏声信号沿管壁的传播速度；

$x$——泄漏位置。

$t_1$、$t_2$ 以及 $v$ 的准确程度将直接影响泄漏定位精度。

模态声发射，作为声发射技术与导波理论深度融合的创新成果，是一种前沿的声发射检测技术。该理论核心在于，声发射源产生的信号并非单一波形，而是由多种不同模式的波共同构成。这些波在传播介质中的行进速度与频率特性各异，展现了丰富的物理特性。为了精准捕捉并解析这些复杂的声发射信号，模态声发射技术采用了高分辨率的宽带传感器作为信号采集工具。这些传感器能够捕捉到宽频带范围内的声发射信号，为后续分析提供了丰富的数据基础。在信号处理阶段，模态声发射技术通过先进的信号处理技术，对采集到的声发射信号进行精细分离，并分别进行深入分析。通过对每个模式信号的特性进行研究，技术人员能够识别出与声发射源紧密相关的模式信号，进而获取到声发射源的特征信息。

基于模态声发射理论，通过利用管道内导波传播的频散特性，并在精确提取单一模态导波的基础上执行相关时差计算，可以显著提升泄漏点的定位精度。然而，当前模态声发射技术在管道泄漏检测领域的应用仍处于实验探索阶段，国内外研究者虽已提出多种试验方案，但这些方案大多聚焦于问题的特定方面，尚未形成一套全面、高效且完善的管道泄漏检测试验方案[①]。因此，进一步的研究与实践仍是推动该技术在实际应用中取得突破的关键。

## 第三节　天然气管道内检测技术

### 一、管道变形检测技术

该技术主要用于检测管道因外力引起的凹坑、椭圆度、内径的几何变化以

① 焦敬品，何存富，吴斌，等．管道声发射泄漏检测技术研究进展 [J]. 无损检测，2003，25(10)：519-523.

及其他几何异常现象，并确定变形具体位置。变形检测器技术发展较早，也较为成熟。

管道几何形状检测技术的里程碑式进展源自通径内检测器的问世。这款革命性设备集成了环状分布的伞状感测臂与里程轮系统，感测臂均匀安装于中心柱周围，紧贴管壁，形成全方位检测。中心柱末端连接着记录笔，它在由步进电机驱动的里程轮间带动的记录纸带上移动，记录下检测过程中的每一个细节。每当管壁出现几何变形，相应的感测臂会根据变形程度转动，并带动中心柱微移，记录笔随即在纸带上标记出相应的数据，从而直观反映管道内径的变化情况及具体位置。然而，由于这种检测器的测量元件需直接与管壁接触，所以对管道的清洁度有严格要求，以避免机械故障的发生。随后，电子测径仪的问世标志着管道检测技术的新飞跃。该仪器尾部装备电磁场发射器，利用电磁波技术精确测量发射器与管壁之间的距离，并将这一信息转化为电信号，实时存储于内置的电子计算机中，极大地便利了数据的保存与分析工作，大大提高了变形检测的测量精度。国内外很多检测公司具有此设备，市场上提供的被测管径范围从 100 ~ 150 mm 不等。其灵敏度通常为管段直径 0.2% ~ 1%，精度为 0.1% ~ 2%。

## 二、管道漏磁内检测技术

### （一）漏磁检测技术的原理

漏磁检测技术的核心原理在于利用永磁铁构建的强大磁场，该磁场通过铁磁性管道并使之达到饱和磁化状态，从而在管道壁圆周上形成一个闭合的磁回路场。在理想状态下，即管道壁无任何缺陷时，磁力线将完全封闭于管壁内部，呈现出均匀的磁场分布。然而，一旦管道壁上存在诸如缺陷、裂缝或焊疤等异常情况，这些区域的磁通路便会因受到阻碍而变窄，导致磁力线的正常路径发生扭曲和变形。随着磁力线的变形，部分磁力线无法再保持封闭于管壁内，而是穿透管壁外泄，形成所谓的“漏磁”。这些漏出的磁力线可以被高度灵敏的磁敏探头（如霍尔传感器）捕捉和检测，从而实现对管道完整性的有效评估与监测。

漏磁场通过位于两磁极间、紧密贴合管壁的探头被精确捕捉，这些探头随即产生相应的感应信号。这些原始信号经过一系列精细处理，包括滤波以消除噪声、放大以增强信号强度，以及模数转换以便于数字化处理，最终被存储于专用存储器中。随后，通过对记录数据的深入分析，特别是关注数据曲线的幅值变化、斜率趋势以及周期性特征，可以精确判断管线的腐蚀程度、缺陷的具体类型及其大小。

为了确保漏磁检测器能够顺利通过管道中的复杂弯头结构，其通常采用灵活的节状设计，各节之间通过万向连接装置实现自由转动与调节。在动力节部分，安装有一个比管道内径略大的橡胶碗，该碗在运行时能够有效阻塞管道内介质的流动，从而利用产生的推力推动整个检测装置前进。

在至关重要的测量节上，沿管壁周向精心布置了数十乃至上百个磁敏探头，这些探头不仅数量众多，而且每个探头内部还集成了多个检测通道，以便从多个方向全面捕捉漏磁场信息。探头的密集排列确保了对缺陷处漏磁场的高精度、全方位记录，从而提高了检测结果的准确性和完整性。

在漏磁检测器运行期间，行走轮与管道壁之间的摩擦转动会生成连续的触发信号。每当系统接收到这样一个触发信号，就会即刻启动并记录所有检测通道在同一时间点的数据。若采用数据块的方式来组织这些数据，则每次触发信号下，各通道采集的值将作为数据块中的一个列向量，而每个通道在不同触发信号下的数据序列则构成了数据块的行向量。鉴于漏磁场在管道壁上具有显著的空间分布特性，特别是在缺陷区域，相邻通道间的数据以及同一通道内相邻采集点间的数据表现出强烈的空间相关性。这种数据间的相互依赖性，与图像中相邻像素间的空间关系极为相似，所以可以将漏磁数据块视为一种特殊的图像，其中数据值代表了漏磁场的强度分布。基于上述观察，可以创造性地应用图像压缩技术来处理漏磁检测数据。

## （二）管道漏磁检测装置的结构

1. 压差牵引节

管道漏磁内检测器是在管道保持正常运输状态的前提下，通过分输站内的发球装置安全地送入管道内部。该检测器以管道内流体产生的压力作为动力源，进行实时的在线管壁检测。其核心部件——压差牵引节，由多个具备弹性的驱动皮碗构成，这些皮碗能够紧密贴合于管道内壁，形成有效密封。在管道内流体压力差的作用下，驱动皮碗前后产生的力量沿管道轴向推动检测器，确保其顺畅地穿越整个管线，完成对管道的全面检测。

漏磁检测器一般配备有一组或多组复合驱动皮碗，这些皮碗的设计旨在助力检测器顺畅穿越管道的各个连接点，如 T 形接头或阀门区域。在这些复杂位置，若流体从单个驱动皮碗周围泄漏，会导致压差降低，进而削弱驱动力。为解决这一问题，增设第二套驱动皮碗成为有效策略。通过确保两组皮碗之间保持足够距离，使得至少有一个皮碗始终位于连接处或阀门之外，从而能够维持稳定的压差，产生足够的推进力，确保检测器持续前行。

漏磁检测器的驱动力需足以克服多重阻力，包括检测器与管道内壁之间的摩擦力、检测器自身因磁场而产生的磁阻力等。驱动压力的具体数值受多种因素影响，包括皮碗的使用周期与状态、检测器的重量、磁场强度、管道内部的复杂结构（如弯曲、阀门、凹痕等）、管道的内部清洁度以及管线的干燥程度。对于大多数漏磁检测器而言，维持其移动所需的压差相对较小。然而，在启动阶段，因为需要克服静态摩擦力和磁吸引力，所以初始时所需的压差会相对较高。

2. 测量节

测量节的核心组件涵盖磁化装置、传感器阵列、前置放大电路以及滤波模块。在漏磁检测器的设计中，磁化装置的选择灵活多样，既可采用无须外部能源的永磁铁，也能选用电磁铁，后者通过调节磁线圈中的电流强度来灵活控制磁场强弱。电磁铁的优势在于其可调性，而永磁铁则以其稳定的磁场输出和无须动力驱动的特点著称。在选择磁铁类型时，需综合考虑磁场强度的可调性与系统能耗限制之间的平衡。近年来，钕铁硼永磁铁因其卓越的磁性能——高磁能积、高矫顽力以及稳定的磁特性，成为漏磁检测领域的新宠。它不仅轻松满足检测所需的磁化强度要求，还极大地促进了检测设备的小型化进程。

因此，当前广泛应用的漏磁检测器大多采用钕铁硼永磁铁作为主要的励磁元件。磁铁强度的设定依据是被测管道的壁厚及其材料属性，旨在实现管壁材料的充分磁化至饱和状态。此外，磁铁的布置方向也需根据待检测缺陷的类型精心规划。一般而言，金属损失类缺陷会显著产生漏磁信号；对于与磁力线垂直的裂缝，同样能捕捉到较强的漏磁信号；然而，当裂缝走向与磁力线平行时，漏磁信号则极为微弱，甚至可能无法有效检测。

当前，多数漏磁检测器采用的励磁系统设计，使得其产生的磁力线主要平行于管道轴线。这一布局不仅优化了磁铁间的空间利用，为传感器阵列提供了连续排列的理想位置，从而实现了对管道内表面全面的、无遗漏的监控。在这样的配置下，磁化的漏磁检测器能够敏锐地捕捉到管壁金属损失的情况，并对周向裂纹进行有效识别与评估。然而，针对那些以轴向裂纹为主要检测对象的管道，可以采用环状磁场设计，通过精心布局，沿管道的周向交替排列 N 极和 S 极磁铁，以此形成环绕管道的闭合磁场。尽管这种设计能够增强对轴向裂纹的检测能力，但由于传感器无法在这些磁铁直接放置的区域实现连续布置，所以可能会存在检测盲区，即磁铁所在位置的管道状况无法被直接监测到。

传感器阵列的设计采用了磁场传感器，它们沿着周向以等间距的方式排列。这一阵列中，常见的传感器类型包括感应线圈和霍尔元件。感应线圈以其高灵敏度著称，且无须外部电源供电，但其检测信号的强度会受到检测器运行速度的影响。相对而言，霍尔传感器能够直接且精确地反映磁场的强弱变化，但其运行需要消耗一定的电能。在现行的管道漏磁内检测器应用中，这两种传感器均得到了广泛采用，以各自独特的优势服务于管壁缺陷的检测。为了进一步提升管壁缺陷判别的精准度，漏磁检测器内部还集成了多种辅助传感器，这些传感器与磁场传感器协同工作，共同构建起一个全面、高效的检测体系。

3. 信号记录节

漏磁检测器在进行检测时会产生大量数据，这些数据量的多少取决于多个因素，主要包括传感器的数量、每单位距离的取样次数以及总的检测距离，具体可以通过以下公式来计算确定。

数据量＝传感器的数量 × 单位距离的取样数 × 总的检测距离

数据处理与记录系统肩负着对传感器所捕获数据进行精细加工与高效存储的重任。传感器采集到的海量数据，首先经过一个高度集成且结构独特的数据采集系统精心筛选与整理，随后被安全地存储在检测器的内部存储空间中。面对检测器内部极为紧凑且有限的物理空间，设计团队需巧妙规划，确保上千个精密元器件能够有序安置，既要考虑每个组件的精准位置，以最大化利用空间，又要应对高温、高压及持续振动等极端环境条件的挑战。这一环节对计算机的软硬件系统提出了极高的可靠性要求。

4. 电池节

漏磁检测器的电源核心——电池节，内置多组高性能电池组，这些电池组是驱动整个检测设备在管道上持续作业的关键能源。电池的能量储备能力直接决定了漏磁检测器能够连续作业并覆盖的管道长度。鉴于这一关键要素，如何研发出体积小、重量轻且能量密度高的新型电池，已成为漏磁检测技术领域的一个重要研究方向。

5. 附件系统

除了以上结构，漏磁检测器还需要以下部件。

①里程轮负责估算并追踪自检测启动以来，检测器沿管道行进过程中所遇到的可识别特征（如管道标记、结构变化等）的具体位置。通过精确计数里程轮旋转的完整圈数，系统能够准确计算出检测器已行走的距离，为后续的数据分析与位置标定提供坚实的数据基础。

②为确保电子组件与电池系统在恶劣的管道检测环境中免受有害摇动与振动的侵扰，特别设计摇动与振动隔离衬垫系统。

③地面标记设备被部署于埋地管道的上方地表，其主要功能是通过监测由管道内漏磁检测器经过时产生的磁扰动信号，来实现对该检测器在管道内部位置的精确定位与实时跟踪。为了确保时间同步与精确定位，地面标记器集成了 GPS 系统，用于对检测过程中的关键时间点进行精确标定，进一步提升定位与跟踪的准确性和可靠性。

## 三、超声波检测技术

### （一）超声波的概念

超声波作为一种特殊的振动传播方式，其核心在于超声振动在各类介质中的传播。从本质上讲，超声波是机械振动能量以波动形式在弹性介质内部进行传播的一种现象，其显著特征在于振动频率远超人类听觉所能感知的范围，即高于 20 kHz。

### （二）超声波的分类

超声波的分类方法很多，下面简单介绍几种常见的分类方法。

1. 按质点的振动方向分类

波动可以根据介质质点振动方向与波传播方向的关系进行分类，主要包括纵波、横波、表面波以及板波等类型。

（1）纵波

纵波（标记为 L）是指那些在介质中传播时，其质点的振动方向与波的传播方向保持一致的波动形式。当介质中的质点受到周期性变化的正应力作用时，这些质点之间会发生相应的伸缩形变，即它们之间的距离会时而缩短时而拉长，导致体积周期性变化。这种形变过程随即引发弹性恢复力，促使质点回到其原始位置，从而形成了纵波的传播。由于纵波传播过程中介质质点呈现出疏密相间的分布状态，因此它也被称作压缩波或疏密波。

任何能够承受拉伸或压缩应力的介质都有能力传播纵波。由于固体介质能够承受这两种应力，所以它们可以传播纵波。虽然液体和气体不能承受拉伸应力，但它们可以对压应力做出反应，并导致体积上的变化。这种特性让液体和气体介质也可以支持纵波的传播，且在这些介质中，纵波的振动方向与波的传播方向是平行的。在需要检测或应用其他类型的波形时，人们常常利用纵波声源作为起点，通过特定的波形变换技术，将原始的纵波转换为所需的波形类型。

（2）横波

横波（标记为S）是指在介质中传播时，其质点的振动方向与波的传播方向保持垂直的波动形式。

当介质中的质点受到交变的剪切应力作用时，它们会经历切变形变，这种形变进而产生并传播横波。因此，横波也常被称为切变波。

值得注意的是，横波的传播特性与介质的性质密切相关。由于固体介质具有承受剪切应力的能力，横波能够在固体介质中有效传播。然而，液体和气体介质因为无法承受剪切应力，所以横波无法在这类介质中传播。

（3）表面波

当介质表面同时经受交变的正应力与切应力作用时，会激发出一种沿介质表面特定路径传播的波形，其被称为表面波，常以R作为标识。此概念由瑞利在1887年首次提出，所以表面波亦称为瑞利波。

在表面波的传播过程中，介质表面的质点执行椭圆形的振动轨迹，其中椭圆的长轴垂直于波的传播方向，而短轴则与之平行。这种椭圆振动可视为纵向振动（质点振动方向与波传播方向一致）与横向振动（质点振动方向与波传播方向垂直）的综合效应，也就是纵波与横波在表面上的叠加。由于横波的传播受限于固体介质，表面波同样只能在固体介质中传播，无法在液体或气体介质中传播。

表面波具有显著的表面局域性，其能量随着传播深度的增加而迅速衰减。具体而言，当波的传播深度超过其波长的两倍时，质点的振幅已显著降低。这一特性决定了表面波检测的有效范围主要局限于工件表面至其内部约两倍波长深度的区域，使得该技术特别适用于探测这一深度范围内的缺陷或异常。

（4）板波

在板厚与波长相当的薄板中传播的波，称为板波。根据质点的振动方向不同，可将板波分为水平剪切波和兰姆波。各种类型波的比较归纳如表8–1所示。

**表8–1　主要几种类型波的比较**

| 波的类型 | 质点振动特点 | 传播介质 | 应用 |
|---|---|---|---|
| 纵波 | 质点振动方向平行于波传播方向 | 固、液、气体介质 | 钢板、锻件检测等 |
| 横波 | 质点振动方向垂直于波传播方向 | 固体介质 | 焊缝、钢管检测等 |

续表

<table>
<tr><th colspan="2">波的类型</th><th>质点振动特点</th><th>传播介质</th><th>应用</th></tr>
<tr><td colspan="2">表面波</td><td>质点做椭圆运动，椭圆长轴垂直波传播方向，短轴平行于波传播方向</td><td>固体介质</td><td>钢管检测等</td></tr>
<tr><td rowspan="2">兰姆波</td><td>对称型（S 型）</td><td>上下表面：椭圆运动<br>中心：纵向振动</td><td rowspan="2">固体介质（厚度与波长相当的薄板）</td><td rowspan="2">薄板、薄壁钢管等（$\delta < 6$ mm）</td></tr>
<tr><td>非对称型（A 型）</td><td>上下表面：椭圆运动<br>中心：横向振动</td></tr>
</table>

2. 按波的形状分类

波的形状（波形）是指波阵面的形状。

波阵面指的是在某一特定时刻，介质中所有振动相位相同的质点连接形成的平面。

波前指的是在某一具体时刻，波动已经传播到的所有空间点连接而成的平面。

波线指的是波的传播方向。

从上述定义中可以明确，波前指的是波动传播过程中最前端的波阵面。值得注意的是，在任意给定的时刻，波前是唯一的，但波阵面却可能同时存在多个，它们分布在波的传播路径上。特别地，在均匀且各向同性的介质中，波的传播方向始终与波阵面及波前保持垂直，这是波动传播的一个基本特性。

按照波阵面的几何形状差异，可以将不同波源产生的波进行分类，即平面波、柱面波和球面波。

（1）平面波

平面波是指其波阵面由一系列互相平行的平面所构成的波动形式。这类波的特殊之处在于，其波源本身也是一个平面。

当波源是一个尺寸远大于波长的刚性平面，且位于各向同性的均匀介质中时，它辐射出的波可以近似地视为平面波。

平面波的一个重要特性是波束不会随着传播距离的增加而扩散。这意味着，在平面波的传播过程中，各质点的振幅保持为一个常数，不会因传播距离的改变而发生变化。

（2）柱面波

将波阵面呈现为同轴圆柱形状的波定义为柱面波，其波源是一条线。当一个线状波源的长度远大于波长，并在各向同性介质中辐射波动时，这种波可以近似看作柱面波。柱面波的波束会向四周扩散，且其各质点的振幅与传播距离的平方根成反比例关系。

（3）球面波

波阵面为同心圆的波称为球面波。球面波的波源为一点。当波源是一个尺寸远小于波长的点源，并在各向同性的介质中辐射波动时，这种波的传播形式可被视为球面波。球面波的特点是其波束会向四面八方均匀扩散，形成一个以波源为中心的球形波前。在实际应用中，如超声波探头中，波源通常被设计为近似活塞振动的形式。这种活塞波源在各向同性的介质中辐射出的波，虽然在近场区域可能表现出一定的复杂性，但当距离波源足够远时，其传播特性将趋近于球面波。

3. 按振动的持续时间分类

根据波源振动的持续时间，将波动分为连续波和脉冲波。

（1）连续波

由波源持续不断振动所产生的波动，称为连续波。这种波动形式在多个领域都有广泛的应用，特别是在超声波穿透法检测中，连续波常被用作主要的波形选择。

（2）脉冲波

当波源的振动持续时间非常短暂，通常达到微秒级别（1 μs 等于 $10^{-6}$ s），并且以间歇的方式辐射波动时，这种波被称为脉冲波。脉冲波在超声波检测领域得到了广泛的应用。

## （三）超声波基本原理

1. 超声波波动特性

（1）超声波的叠加与干涉

①波的叠加。当几列声波在同一介质中同时传播并在某特定时刻、某一点相遇时，该点的介质质点振动是各列声波单独作用下振动的综合结果。合成声波的质点位移、速度以及声压均为各列声波相应分量的向量和。重要的是，这些声波在相遇后仍各自保持原有的频率、波长、振动方向等特性，并按照原有的传播路径继续前行，仿佛它们从未相遇过一样。这一现象被称为波的叠加原理，也称作波的独立性原理。

②波的干涉。当两列声波以相同的传播方向、频率及恒定的相位差相遇时，它们会叠加并产生干涉效应。在这种干涉中，合成声波的声压在特定位置会得到增强，其最大幅度等于两列声波声压幅度之和；而在另一些位置，声压则会减弱，

最小幅度为两列声波声压幅度之差。这种声压在不同位置增强或减弱的现象，被称为波的干涉现象。

能够引发干涉现象的波被称为相干波，其对应的波源则被称为相干波源。

波的叠加原理构成了干涉现象的理论基础，而波的干涉则是波动的一个显著特性。在超声波检测领域，通过利用超声波的干涉原理，可以获取声波声压的极大值或极小值，进而提升检测分辨能力。

③驻波。当两列振幅相等的相干波在同一直线上且沿相反方向传播时，它们相互叠加形成的波被称为驻波。例如，在超声波检测中，当垂直界面入射的连续波与其反射波（在完全反射的情况下）相互叠加时，就会形成驻波；此外，脉冲波在薄层材料中的反射也会导致驻波的形成。驻波是波动干涉的一个特殊案例。在驻波中，波线上存在某些点始终保持静止，振幅为 0，这些点被称为波节；而另一些点的波幅则始终保持最大，这些点被称为波腹。相邻两个波节或相邻两个波腹之间的距离等于波长的一半。

（2）惠更斯原理和波的衍射

①惠更斯原理。借用几何光学原理来解释声波在介质中传播特性的理论和方法被称为几何声学。几何声学的一个核心原则是声波在传播过程中遵循直线路径，当它们遇到不同性质的界面时会引发反射、折射以及透射现象。然而，当声波遭遇与自身波长尺度相当的反射体时，上述几何原理便无法解释所产生的衍射和绕射现象。这时，必须依据波动理论进行深入分析，并考虑相位关系，这一数学分析过程相当复杂。

如前所述，波动本质上是一种振动状态的传播过程。在连续介质中，任一质点的振动都会触发其邻近质点的相继振动，而这些邻近质点的振动又会进一步激发更远处质点的振动。由此，波动中的每一个质点，在其振动传播的瞬间，都可以被视为一个新的、暂时的波源。这一原理即波动传播中质点间的相互激发与传递特性，构成了基本的惠更斯原理的核心内容。

惠更斯在波动起源与弹性介质中传播规律的基础上，实验研究了小孔声波透射前后的波动现象，发现球面波上的每一点都是一个次级球面波的子波源，子波的声速与频率等于初始波的声速和频率。对于连续介质来说，介质中波动传到的各点都可以看作子波的波源，这些子波波前的包络就形成了新的波阵面。

②波的衍射（绕射）。声波在传播过程中，若遭遇尺寸与其波长相当的障碍物，将展现出一种独特的传播现象：它能够灵活绕过障碍物的边缘，改变原有的传播方向并继续前行。这种声波绕过障碍物而不受阻挡继续传播的特性，被称为波的衍射或绕射现象。

2. 超声波声场

充满超声波的介质空间被称为声场，通常用声压分布来描绘。通过超声波声场可以了解超声波声束形状、远近场分布规律、声束反射和透射规律，是研究超声波换能器灵敏度和介质不连续性定量检测与评定的理论基础。

声场特性主要涵盖超声波声场中的声压分布状况、声场的几何边界特征以及指向性特点。除了介质的属性和传播条件外，影响声场特性的关键因素主要是换能器的几何形态、尺寸大小以及辐射出的超声波频率。用于描述声场特性的物理参数主要包括声压、声强、声阻抗、质点的振动位移以及质点的振动速度等。

（1）声场特征参数

①声压。在超声波声场中，某一特定时刻、某一具体位置的压强 $p_1$ 与无超声波存在时的静态压强 $p_0$ 之间的差值，被定义为该点的声压 $p$，其计算公式为 $p = p_1 - p_0$。通常，我们所说的声压指的是其有效值。当声波在介质中传播时，介质中各个位置的声压会随着时间和距离的改变而发生变化，即

$$p = \rho c v = \rho c \omega A\cos(\omega t + \varphi) \tag{8-2}$$

式中，$\rho$——介质的密度；

$c$——声速；

$v$——质点的振动速度；

$A$——声压最大幅值；

$\omega$——角频率。

声场中某一点的声压幅值与介质的密度、声速和频率成正比。

②声强。声强度简称声强，用 $I$ 表示，是指单位时间内，单位面积上垂直通过的平均声能或声流密度。声波在介质中传播时，会引起介质质点的振动，这些质点因此具有了动能；同时，质点周围的介质会发生形变，从而具有势能。声波的传播过程中，介质的振动会由近及远地连续传递，质点的动能和势能也随之传播。在同一介质中，声波的声强与其声压的平方成正比，即

$$I = \frac{p^2}{2\rho c} = \frac{p^2}{2Z} \tag{8-3}$$

声波的声强与频率的平方成正比，由于超声波的频率远高于可听声波的频率，因此超声波的声强也相应地大于可听声波的声强。

③声阻抗。超声波声场中任意一点的声压 $p$ 与该处质点振动速度 $v$ 之比称为声阻抗，常用 $Z$ 表示，即

$$Z=\frac{p}{v}=\rho c \tag{8-4}$$

由上式可知，声阻抗的大小等于介质的密度与声速的乘积。在同一声压下，声阻抗增加，质点的振动速度下降。因此，声阻抗可理解为介质对质点振动的阻碍作用。超声波在两种介质组成的界面上的反射和透射情况与两种介质的声阻抗密切相关。

④声波幅度的分贝表示。通常规定引起听觉的最小声强 $I_1=10^{-16}\ \mathrm{W/cm^2}$，为声强的标准，某声强 $I_2$ 与标准声强 $I_1$ 之比的常用对数为声强级，单位为贝尔，用 B 表示，即

$$\Delta=\lg\frac{I_2}{I_1} \tag{8-5}$$

因为单位贝尔太大，故取其 1/10 作为单位，即分贝，用 dB 表示，则

$$\Delta=10\ \lg\frac{I_2}{I_1}=20\ \lg\frac{p_2}{p_1} \tag{8-6}$$

在超声波检测过程中，当需要对比两个波的大小时，可以采用二者的波高之比 $H_2/H_1$ 的常用对数的 20 倍来表示，这一比值的单位为 dB。对于垂直线性表现良好的仪器而言，波高之比等同于声压之比，即

$$20\ \lg\frac{p_2}{p_1}=20\ \lg\frac{H_2}{H_1} \tag{8-7}$$

几个常用的波高和声压比值对应的 dB 值如表 8-2 所示。

**表 8-2 几个常用的 dB 值**

| $p_2/p_1$ | 100 | 10 | 8 | 4 | 2 | 1 | 1/2 | 1/4 | 1/8 | 1/10 | 1/100 |
|---|---|---|---|---|---|---|---|---|---|---|---|
| dB | 40 | 20 | 18 | 12 | 6 | 0 | −6 | −12 | −18 | −20 | −40 |

（2）换能器声场特征

利用声强的二维分布基本可以描述超声波换能器声场的分布特征。描述超声波换能器的声场特性包括焦点距离、焦区长度和宽度、声束扩散角等参数；液浸非聚焦换能器声场中近场附近的声压最大，可以当作自然焦距。

因此，可以使用焦点距离 $Z_F$、焦区长度 $F_L$、焦区宽度 $F_W$ 和声束扩散角 $\gamma$ 这四个参数描述超声波换能器的声场特性。

利用多自由度水听器扫描装置可以获得液浸换能器辐射声场三维分布，依照

上述计算方法可以获得声场特征参数，液浸超声波换能器声场表示可以有以下几种方式。

①轴线声压分布。通过描述声轴上声压幅值变化，可获得换能器的焦点距离及焦区长度。

②声轴轴向剖面声场分布图。通过描述声轴平面上的声场分布情况，可以让我们获取到声束的扩散角度以及扫描平面上焦区的尺寸信息。

③声轴径向剖面声场分布图。通过描述垂直声轴平面上的声场分布，可获得声束在各个方向上的焦区宽度。

（3）超声波声场的分类

按超声波类型，超声波声场可以分为纵波声场、横波声场等。

①纵波声场。圆形声源辐射的连续纵波声场。圆形晶片在连续波信号均匀激励下，向无限大均匀理想液体。

介质中辐射超声波建立的声场，是最简单、最基本的声场。晶片中心处的法线称为声轴线。

声轴线上每一点的声压是晶片每个微小单元辐射的声波在该点处的合成。

脉冲纵波声场。上述描述的是理想液体介质中，压电晶片在均匀连续波激励下产生的纵波声场，表述简洁明了。然而，在超声反射检测实践中，更常用的是脉冲波法，即超声激励信号为脉冲波而非连续波。脉冲激励通常是非均匀的，表现为中间幅度较高，边缘幅度较低。研究表明，相比于连续波声场，脉冲纵波声场的远场特性基本相同，但在近场方面存在细微差异。连续波声场的近场由于干涉效应导致声压剧烈波动，而脉冲声场的近场则表现出声波幅度变化较小、极大值点数量减少、声压分布相对均匀的特点。

压电晶片激发的声源声波呈现出非均匀性，具体表现为中心区域幅度较大，而边缘区域幅度较小。这种非均匀性对声波干涉产生了显著影响，尤其是边缘效应，导致非均匀激励下的干涉现象远弱于连续均匀激励时的干涉。此外，激励脉冲中包含了多种频率成分，这些不同频率的激励信号各自产生的声场会相互叠加，从而使得总的声压分布更加均匀。

②横波声场。可以用专门探头直接产生横波。在超声波检测中，通常利用纵波折射和波形转换原理来获得横波，即纵波在探头斜楔中传播并倾斜入射到斜楔与工件的界面时，在界面处纵波发生折射和波形变换后，在工件内部获得横波。

3. 超声波衰减

当超声波在介质中传播时，一个不可忽视的现象是其能量正逐渐耗散，这一过程被称为超声波的衰减。衰减现象的发生，主要归结于以下三种原因：扩散、散射和吸收。

（1）扩散衰减

对于平面波而言，由于其波阵面保持平整，几乎不发生声波的扩散，所以不存在因扩散导致的能量衰减。然而，对于柱面波和球面波这类具有曲面特性的波形，随着波束向四周空间扩展，其声压幅度会逐渐减弱。特别地，球面波的声压衰减与距离的平方成反比，这意味着随着传播距离的增加，声压将显著下降。超声平面探头所发射的超声波，在接近声源的区域，其波形近似为平面波，但随着传播距离的增大，逐渐转变为球面波，从而因扩散作用导致声压不断减小。

（2）散射衰减

在实际应用中，材料内部的微观结构往往并非绝对均匀，其中可能包含杂质、第二相粒子以及不同取向的晶粒等，这些因素都会导致声阻抗不均匀。当超声波在这些非均匀界面处传播时，部分能量会被散射到各个方向，形成散射波，从而导致主波束的幅度发生衰减。

（3）吸收衰减

由于介质内部质点间存在黏滞性，这种黏滞性会导致质点间的相互摩擦，进而将超声波的部分能量转化为热能而耗散掉。

## （四）超声波检测方法

超声波检测涵盖多种方法，每种方法的检测流程及工艺均存在显著差异，同时，对其进行分类的方式也是多种多样的。

1. 按原理分类

超声波检测方法按原理分类可分为脉冲反射法、穿透法、共振法、超声衍射声时检测（time of flight diffraction，TOFD）法、超声相控阵检测法和超声导波检测法等。

（1）脉冲反射法

脉冲反射法是一种利用超声波探头向被检测工件内部发射脉冲波，并依据反射回来的波形特征来识别工件内部缺陷的检测技术。该方法的核心在于分析反射波的情况，具体包括缺陷回波法、底波高度法以及多次底波法等多种应用形式。在脉冲反射法的操作过程中，超声波探头发射出的脉冲波穿透工件，遇到内部缺陷或工件底面时会产生反射波。这些反射波随后被探头接收并转化为电信号，在探伤仪的显示屏上以底波和可能的缺陷波形形式展示出来。该方法是反射法的基本方法。

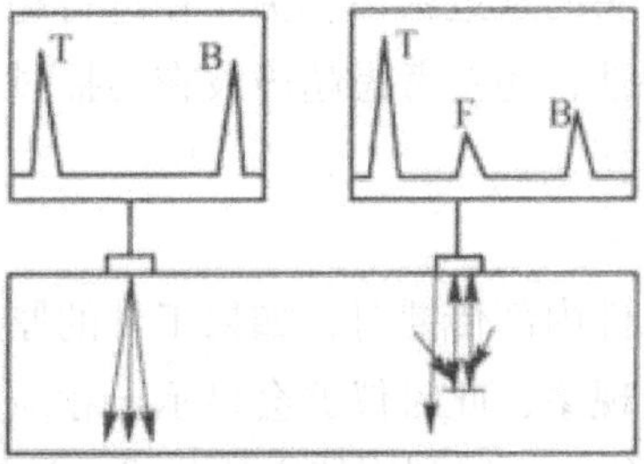


图 8–1　脉冲反射法的基本原理

脉冲反射法的基本原理如图 8–1 所示。当试件完好时，超声波可顺利传播到底面，检测图形中只有表示发射脉冲 T 及底面回波 B 两个信号。若试件中存在缺陷，则在检测图形中，底面回波前有表示缺陷的回波 F。

在试件的材质和厚度保持恒定的情况下，底面回波的高度通常保持相对稳定。然而，若试件内部存在缺陷，底面回波的高度将会降低，并且当缺陷尺寸增大到一定程度时，底面回波甚至会完全消失。当超声波能量较高且试件厚度较小时，超声波会在检测面与底面之间多次反射，从而在显示屏上依次出现多次底面回波，标记为 $B_1$、$B_2$、……、$B_n$。如果试件内部存在缺陷，底面回波的出现次数会减少，并且屏幕上还会显示出缺陷产生的回波。因此，在检测过程中，可以通过观察底面回波的次数以及是否存在缺陷回波，来评估工件的质量状况。

（2）穿透法

穿透法是一种通过测量脉冲波或连续波在穿透试件后能量变化来评估试件内部是否存在缺陷的检测技术。这种方法通常依赖于两个探头：一个作为发射探头，负责向试件发送超声波信号；另一个作为接收探头，位于试件的另一侧，负责捕捉并测量穿透试件后的超声波能量。即使工件内部存在缺陷或其他异常情况，接收探头仍然能够运作，但它接收到的信号强度会减弱。特别是当工件内部的缺陷或异常区域的面积达到或超过发射晶体的直径时，接收探头可能完全接收不到信号，即信号减弱至零。通过评估接收到的穿透脉冲波幅的高低，可以判断工件内部是否存在缺陷以及缺陷的大小。超声波在传播过程中，其发射出的波束会自然形成一个扩散角度，这意味着波束的能量并不是完全集中于一点，而是呈扇形或锥形扩散。

因此，当超声波束遇到试件内部的缺陷时，由于缺陷与接收探头之间的距离差异，所形成的“声影”区域大小也会有所不同。这里的“声影”是指超声波因遇到缺陷而被阻挡或散射后，在接收探头上形成的无回波区域，其大小与缺陷的尺寸、形状及距离接收探头的远近密切相关。在进行超声波检测时，必须充分考虑发射超声波束的扩散特性，还要考虑超声波在传播过程中遇到障碍物时的绕射现象。

（3）共振法

当声波在被检测的工件内部传播时，如果工件的厚度恰好是超声波半波长的整数倍，那么会引发共振现象，此时仪器会显示出相应的共振频率。通过测量相邻两个共振频率之间的差值，可以利用特定的公式来计算出工件的厚度。

$$\delta=\frac{\lambda}{2}=\frac{c}{2f_0}=\frac{c}{2(f_m-f_{m-1})} \tag{8-8}$$

式中，$f_0$——工件的固有频率；

$f_m$、$f_{m-1}$——相邻两共振频率；

$c$——被检工件中的波速；

$\lambda$——波长；

$\delta$——试件厚度。

当工件内部存在缺陷或其厚度发生变动时，这些变化会直接影响工件的固有振动特性，特别是其共振频率。共振频率是工件在特定频率下振动幅度达到最大的频率点，反映了工件的整体结构和材料特性。因此，通过测量工件在不同条件下的共振频率，可以间接地推断出工件内部是否存在缺陷，以及工件厚度的变化情况。基于这一原理，共振法被广泛应用于工件的厚度测量。

（4）TOFD 法

TOFD 技术基于超声波与不连续界面端点的相互作用。这种相互作用会产生一个衍射波，其覆盖范围广泛，通过对该衍射波的检测，可以确定缺陷的存在。记录下的信号渡越时间被用来测量缺陷的高度，进而实现对缺陷的定量评估。缺陷的尺寸主要由衍射信号的渡越时间来决定，而信号的幅度则不用于此定量评估中。

TOFD 技术的基本构成包括一对保持特定间隔的超声发射器和接收器。由于超声波的衍射特性并不依赖于缺陷的方向，所以通常采用能够产生宽角度声束的纵波探头，以便在一次检测中就能覆盖并检查一定范围内的空间。但值得注意的是，单次扫描所能检查的空间范围是有限的。

在发射一个声脉冲后，首个抵达接收器的信号往往是侧向波，这个波是从被测试工件近表面直接传播的。

在没有不连续性的情况下，第二个抵达接收器的信号被称为背面回波。

这两个信号常被用作分析的基准。如果不考虑波形变换的影响，那么由材料中不连续性引发的任何信号，都会在侧向波与背面回波之间到达接收器，因为侧向波和背面回波分别代表了发射器与接收器之间最直接和最远的传播路径。相应地，缺陷上部的反射信号会比缺陷下部的反射信号更早到达接收器。通过计算两个衍射信号到达接收器的时间差，可以推算出缺陷的高度。同时，需要注意侧向波、背面回波以及缺陷上下端反射信号之间的相位翻转现象。

（5）超声相控阵检测法

超声相控阵检测法是一种先进的无损检测技术，它巧妙融合了电子控制系统与多组独立压电晶片构成的阵列换能器。通过精密的软件算法，该方法能够精确控制每个晶片的激发时间延迟和振幅大小，从而灵活调整超声波聚焦点的位置和聚焦方向。这种高度可调的超声波束能够形成多样化的指向性聚焦波束，模拟出各种斜聚焦探头的检测效果，极大地拓展了检测能力的边界。超声相控阵技术的核心优势在于其电子扫描与动态聚焦能力，这意味着在检测过程中，探头无须或仅需极小的物理移动，便能实现检测区域的全面覆盖。这种非接触式且高效的扫描方式，使得检测速度显著提升，仅需将探头固定于一个位置，即可快速生成被检测物体的完整图像，实现检测过程的自动化与智能化。尤为值得一提的是，超声相控阵检测法特别适用于复杂形状物体的检测，它能够灵活应对各种检测挑战，克服了传统 A 型超声脉冲法在某些应用场景下的局限性。

（6）超声导波检测法

导波是在介质内部，特别是在存在不连续交界面的情况下，声波经过多次反复反射、干涉以及几何弥散效应后形成的一种复杂波动形式。它们主要分为两大类：圆柱体中的导波和板中导波，各自具有独特的传播特性。在检测过程中，探头阵列会发射一束高强度的超声能量脉冲，该脉冲能够覆盖整个圆周方向并穿透管壁的整个厚度，随后沿着介质向远处传播。当这些导波在传输路径上遭遇缺陷（如裂纹、孔洞等）时，部分能量会在缺陷处发生反射，形成反射波。这些反射波随后被同一探头阵列所接收，通过分析反射波的特性（如强度、时间延迟等），可以检测和判断缺陷的存在及其大致尺寸。此外，工件内部或外部壁面的任何变化（如腐蚀、侵蚀等）也会引发反射信号的产生，这些信号同样能被探头阵列捕捉到，从而实现对工件缺陷的全面检测。

2. 按波型分类

按照超声波检测采用的波形，可以将超声波检测方法分为纵波检测法、横波检测法、表面波检测法、板波检测法、爬波检测法等。

（1）纵波检测法

使用超声纵波进行检测的方法称为纵波检测法。纵波检测法又分为纵波直探头检测法和纵波斜探头检测法。

纵波直探头检测法是一种利用纵波直探头将超声波束垂直投射至工件检测面的无损检测技术。该方法通过纵波波形沿着入射方向深入工件内部，以评估工件的内部质量状况。

根据具体应用需求，纵波直探头检测法可细分为单晶探头反射检测法、双晶探头反射检测法以及单晶探头穿透检测法三种模式。这些检测方法在铸件、锻件、型材及各类金属制品的质量检测中发挥着重要作用，尤其擅长于检测与检测面平行分布的缺陷，如裂纹、夹杂物等。纵波在介质中传播时，展现出强大的穿透能力，能够深入工件较厚的区域进行检测，同时对于晶界反射或散射的敏感性相对较低，这一特性使得该方法特别适用于粗晶材料的检测，有效扩大了其应用范围。垂直法检测时，波形和传播方向不变，缺陷定位比较准确。纵波斜探头检测法是利用小的入射角度的纵波斜探头，在被检工件内部形成折射纵波进行检测，常用来检测螺栓、堆焊层、多层包扎设备环焊缝等。

（2）横波检测法

横波检测法是一种利用超声波在不同介质界面上的波形变换原理进行检测的方法。它将纵波通过诸如楔块或水等介质，以倾斜的角度入射到工件的检测面上，利用波形变换产生横波来进行检测。由于横波束在进入工件后与检测面形成锐角，因此也被称为斜射法。这种方法主要应用于板材、管材以及焊缝的质量检测中。

（3）表面波检测法

利用表面波进行检测的方法被称为表面波检测法。相较于横波，表面波的波长更短，且其衰减程度也更高。这种波形仅沿着材料的表面进行传播，因此对于表面的粗糙程度、油污等因素非常敏感，并且会经历较大的衰减。表面波检测法主要适用于那些表面光滑的工件。

（4）板波检测法

采用板波作为检测媒介的方法，称为板波检测法。这一方法是基于板波产生的独特原理，特别适用于检测薄板、薄壁管等具有简单几何形状的工件。在检测过程中，板波能够全面覆盖并充塞于整个试件内部，从而有效地揭示出工件内部及表面的各种缺陷。然而，值得注意的是，板波检测法的灵敏度并非仅由检测仪器的工作条件所决定，它还受到波的具体形式或模式的显著影响。不同的波形式可能对不同类型或位置的缺陷具有不同的敏感度和检测效果。

（5）爬波检测法

爬波，亦被称为表面下纵波，是一种特殊的声波现象，它发生在当第一介质中的纵波以接近第一临界角的角度入射至第二介质时。在此情况下，第二介质中不仅会产生折射横波，还会生成一种特殊的表面下纵波。这种表面下纵波并非传统意义上的纯纵波，因为它在传播过程中还伴随着垂直方向的位移分量，显示出其独特的物理特性。

鉴于爬波的这一特性，它被广泛应用于检测那些表面较为粗糙或具有复杂结构的工件，如铸钢件以及带有堆焊层的工件等。

3. 按探头数目分类

（1）单探头法

将一个探头用于发射和接收超声波的检测方法称为单探头法。单探头法以其操作简便性著称，能够有效检测出大部分类型的缺陷，因此在众多无损检测方法中占据主导地位，被广泛应用。该方法在检测与波束轴线呈垂直方向的片状缺陷及立体型缺陷时，展现出最佳的检测效果，能够准确识别和定位这些类型的缺陷。然而，单探头法也存在一定的局限性，特别是当面对与波束轴线平行的片状缺陷时，其检测能力会显著下降，难以有效检出此类缺陷。

此外，当缺陷与波束轴线之间存在一定的倾斜角度时，其检出效果也会受到倾斜角度大小的影响。若倾斜角度较小，可能仅能接收到部分反射回波；而当倾斜角度过大时，反射波束可能完全偏离探头接收范围，导致无法检出缺陷。

（2）双探头法

双探头法是一种采用两个独立探头（一个负责发射超声波，另一个负责接收回波信号）进行检测的技术。依据这两个探头的具体排列位置和工作模式的不同，双探头法可以细化为多种检测配置，包括但不限于并列式、交叉式、V 形串列式、K 形串列式以及传统的串列式。每种配置都有其独特的应用场景和优势，以适应不同形状、材料和检测要求的工件。

①并列式：在双探头法中，当两个探头以并列的方式布置时，它们会在检测过程中同步且同向地移动，以实现对工件内部结构的全面扫描。对于直探头并列配置，常见的操作方式是将一个探头固定不动，而另一个探头则进行移动，这样的设置有助于发现那些与检测面呈一定倾斜角度的缺陷，提高检测的全面性和准确性。分割式探头是一种特殊设计的双探头组合，它将两个并列的探头紧密地结合在一起，形成一个整体单元。这种设计不仅提升了检测的分辨力，使得检测结果更加精细，还显著增强了信噪比，即提高了有用信号与噪声之间的比例，从而

更容易识别和区分出缺陷信号。因此，分割式探头特别适用于薄工件或需要检测近表面缺陷的场合，能够提供更清晰、更准确的检测结果。

②交叉式：两个探头的轴线相互交叉布置，交叉点即为检测的关键区域。这种方法特别适用于检测与检测面近乎垂直的片状缺陷（如焊缝中的横向裂纹等），能够准确捕捉并定位这些难以察觉的缺陷。

③V 形串列式：将两个探头相对放置在同一检测面上。其中一个探头发射的超声波在遇到缺陷后被反射回来，这些反射波恰好能够聚焦在另一个探头的接收点上，从而增强了检测信号的强度。此方法主要用于检测与检测面平行的片状缺陷（如层间夹杂等），能够提供清晰的缺陷图像。

④K 形串列式：两个探头以相同的方向分别安装在工件的上下表面上。一个探头发射的超声波穿透工件，在内部遇到缺陷后被反射，反射波随后穿过工件进入位于另一侧的探头。这种方法特别适用于检测与检测面垂直的片状缺陷（如穿透性裂纹或未熔合等），能够实现对工件内部复杂结构的全面检测。

⑤传统串列式：将两个探头以相同的方向，前后相距一个跨距（探头间距为 1 倍跨距），放置在同一表面上。当一个探头发射的声波遇到缺陷并被反射后，这个反射回波会经过底面再次反射，最终进入另一个探头。这两个探头的声束轴都位于与检测面垂直的同一平面内，并以斜射的方式进行扫查。这种技术主要用于检测那些垂直于检测面的不连续性。

（3）多探头法

多探头法是一种采用两个及以上探头进行成对组合检测的技术手段。此方法的核心优势在于通过增加声束的数量与多样性，从而显著提升检测的效率与全面性。在实际操作中，多探头法常与多通道仪器及自动扫描装置协同工作，以实现高效、精确的检测过程。

4. 按探头接触方式分类

按照检测时探头与工件的接触方式，可以将超声波检测法分为接触法与液浸法。

（1）直接接触法

在无损检测领域，有一种常用的技术方法被称为直接接触法，其特点是在探头与待检测工件的表面之间涂抹一层极薄的耦合剂层。这层耦合剂确保了探头与工件检测面之间能够形成近似于直接接触的界面，从而有效传递超声波信号。直接接触法因其操作简便性而广受用户青睐，它简化了检测流程，使得检测图形更为直观易懂，进而便于检测人员快速、准确地判断检测结果。

此外，该方法在检出工件内部缺陷时展现出极高的灵敏度，能够有效发现微小的裂纹、夹杂物等缺陷，为质量控制提供了可靠保障。然而，直接接触法检测的工件要求检测面表面粗糙度较低。

（2）液浸法

液浸法又称水浸法，是一种将超声波探头与待检测工件完全或部分地浸入液体中（通常使用水作为介质）进行检测的技术。

在这种方法中，超声波从探头发出后，首先穿越一定厚度的液层，随后到达液体与工件的交界面。在这一界面上，声波会诱发界面波，同时，大部分声能会进一步传播进入工件内部。若工件内部存在缺陷，超声波将在这些缺陷处发生反射，形成可被探头接收的回波信号。

此外，还有部分声能会继续向工件底部传播，并在底面产生反射。液浸法的优势在于其能够产生稳定且清晰的波形，这得益于液体介质对超声波的良好传导性和散射减少特性。更为重要的是，液浸法无须探头与工件之间的直接接触，这既避免了因接触不良或磨损带来的问题，也简化了检测前的准备工作。同时，这一特性还使得液浸法非常适合于自动化检测系统的集成，适宜检测表面粗糙的工件。液浸法允许声束的方向进行连续调整，便于检测倾斜的缺陷；同时，它能够实现对波束的精确控制，通过使用聚焦探头可以进一步提升检测灵敏度；此外，该方法不会造成探头晶片的磨损。液浸法主要应用于板材和管材的大规模批量检测。

5. 按显示方式分类

超声波检测法按显示方式分为 A 型扫描显示、B 型扫描显示、C 型扫描显示等。

（1）A 型扫描显示

A 型显示技术是在示波器的屏幕上，通过时间与幅值两个坐标轴来直观地展示超声波束在工件内部传播时，遇到结构特征或不连续性（如缺陷）所产生的回波信号。

（2）B 型扫描显示

B 型显示技术是一种在示波屏上直观呈现被检测工件横截面的方法。通过该技术，操作人员能够清晰地观察到横截面上存在的缺陷，包括其深度、具体大小以及确切位置。实现 B 型显示的过程，是借助探头沿着工件的一条直线进行扫描，仪器随后会将扫描过程中各点处 A 型显示所探测到的声波深度信息进行存储和累积，最终构建出工件横截面的图像。这种 B 型显示的图形结果不仅便于实时观察分析，还可以通过拍照或打印的方式保存下来，作为检测结果的永久性记录，以供后续参考或复核。

（3）C 型扫描显示

C 型显示技术呈现的是工件内部结构的透视俯视图，类似于 X 射线照片，能够直观地展示工件内部不连续性的位置、大小以及具体形状，但需要注意的是，它无法直接显示出这些缺陷的深度信息。

在 C 型显示中，探头按照预设的 C 型路径进行扫描，收集到的超声回波信号经过仪器的处理，与探头的同步运动相结合，在显示设备上描绘出内部的细节，或者通过微机的存储与记忆功能，在监视器屏幕上实时显示出来。C 型显示技术广泛应用于自动化超声扫描检查中，其显著优势在于能够实时、直观地给出缺陷的长度、宽度以及形状分布图，帮助操作人员快速判断工件内部的质量状况。然而，它的不足之处在于无法直接提供缺陷的深度信息。

## 四、电磁超声内检测技术

此项创新技术巧妙地运用了电磁物理学的基本原理，引入了新型传感器以替代超声波检测领域中传统的压电传感器。当电磁波传感器作用于管道壁面时，它能够激发超声波，这些超声波随后沿着管道的内外壁这一自然形成的“波导”路径传播。在管壁材质均匀无异常的情况下，超声波的传播主要受到材料衰减的影响。然而，一旦管壁存在缺陷或异常，异常边界处声阻抗的急剧变化将引发超声波的反射、折射及漫反射现象，进而导致接收到的超声波波形发生显著变化。尤为值得一提的是，基于电磁声波传感器的超声检测技术最为突出的特点在于，其无须依赖液体耦合剂即可实现高效检测，这一特性极大地提升了在输气管道等干燥环境中进行超声波检测的可行性与便捷性，因此被视为一种有效的漏磁通检测替代方案。

# 第九章　天然气管道输送自动化控制技术

在当今社会，随着经济的快速发展和人口规模的不断增长，能源需求日益增加，而天然气作为一种清洁、高效的能源，其重要性愈发凸显。作为天然气输送的主要方式，天然气管道运输的效率和安全性直接关系到能源的稳定供应和国家的能源安全。因此，天然气管道输送自动化控制技术的研发与应用，成为保障天然气高效、安全输送的关键。本章围绕天然气管道输送自动化控制的意义、国内外天然气管道输送自动化控制技术、提高天然气管道输送自动化控制技术水平的策略等内容展开研究。

## 第一节　天然气管道输送自动化控制的意义

天然气管道输送自动化是现代科技在能源传输领域的重大应用，它借助先进的自动化控制技术，全面覆盖并精细管理天然气输送的每一个环节。这一技术的引入，不仅极大地促进了天然气管道运输效率的提升，还有效降低了天然气管道运营成本，并显著增强了对运输过程中潜在风险的防控能力。

首先，通过引入 SCADA 系统，天然气管道输送的自动化管理水平得到了质的飞跃。与传统的人工管理模式相比，SCADA 系统能够实时、准确地监测和调控整个天然气输送过程，显著减轻了检测工作人员的负担，使得他们能够更加专注于异常情况的处理和决策支持，从而大大提高了工作效率。

其次，天然气管道运输过程展现出三大显著特性：密封连续性、高压性以及潜在危害性。密封连续性强调天然气管道系统构成了一个严密无间的运输网络，其完整性高度依赖于科技手段进行监控，否则难以实现运输状态的全面感知。高压性则是确保天然气高效输送的必要条件，整个管道系统需持续维持高压状态，这一特性无形中增加了人工检测的难度与风险。至于危害性，则体现在天然气泄漏的严重后果上，不仅导致资源无谓损耗，降低使用效率，更可能因甲烷等可燃气体在空气中的积聚（浓度介于 5%～15%时遇明火即可引发爆炸），直接威胁公众的生命与财产安全。鉴于传统人工检测方式在应对天然气管道运输中的复杂问题时显得力不从心，难以保证检测的精准度与效率，因此，推动天然气管道输送自动化控制技术的广泛应用显得尤为迫切与重要[①]。

## 第二节 国内外天然气管道输送自动化控制技术

### 一、我国的天然气管道运输自动化技术

#### （一）自动化控制与管理

天然气管道输送自动化是指通过集成先进的自动化控制技术，对天然气从采集、加工、加压、加热、存储到管输、分输的全链条进行智能化管理与调控。此过程在确保输送作业高度安全与稳定的同时，有效提升了天然气输送的效率，从而更好地满足日益增长的社会用气需求。鉴于天然气管道运输涉及多个复杂环节，加之我国地域辽阔，地质条件与气候条件各异，这些自然因素常给天然气输送带来诸多挑战与潜在风险。传统的人工检测手段在应对这些复杂问题时显得力不从心，难以全面且高效地解决问题，从而可能对天然气管道运输的安全性构成威胁。

鉴于此，为了保障天然气管道输送的安全性，并有效应对社会对天然气资源的大量需求，我国积极推进天然气管道输送自动化系统的建设与发展。这一转变旨在替代传统的依赖人工的工作模式，通过自动化技术手段实现管道运输的实时监测、智能检测、精准规划与高效管理。这一系列措施的实施，不仅显著提升了天然气管道输送的效率和安全性，还降低了运营成本，为我国能源供应体系的稳定与可持续发展奠定了坚实基础。

#### （二）主要运用的自动化控制技术

当前，我国天然气管道输送自动化管理体系的核心在于广泛采用 SCADA 系统。该系统深度融合计算机技术，对天然气从生产到交付的每一个环节实施精准控制与管理，极大地提升了天然气运输流程的自动化程度。SCADA 系统不仅能够自动监测天然气输送的实时状态，有效减轻检测人员的工作负担，还实现了远

① 谭洪伟，陈奔泉．天然气管道输送自动化与自动化控制技术研究 [J]. 化工管理，2020（8）：123-124.

程监控功能，使得检测人员无须亲临现场即可对潜在危险区域进行高效检测，既保障了检测人员的安全，又显著提高了检测工作的效率与准确性。

此外，为了进一步增强天然气管道运输的安全性与应急响应能力，我国还在SCADA系统的基础上，引入了卫星遥感等先进技术。这些技术的应用，使得我们能够迅速捕捉并识别天然气管道运输过程中可能存在的安全隐患，确保问题一经发现便能立即得到妥善处理，从而最大限度地减少因故障或事故造成的经济损失，保障天然气供应的稳定与安全①。

### 二、国外的天然气管道运输自动化技术

美国在20世纪60年代初便率先踏上了天然气管道输送技术的探索之旅，历经数十载的精耕细作，与英国等发达国家一同，构建起了相对完备的管道运输理论体系与实践方法。这标志着外国的天然气管道运输系统已步入成熟阶段。

近年来，随着技术的不断演进，国外众多企业纷纷聚焦于输气管道干线及管网优化运行软件技术的研发，旨在进一步提升天然气管道运输的效率与安全性。这一趋势明确指向了干线运输管道作为优化技术应用的重点领域，预示着天然气管道运输的未来发展将更加注重智能化、高效化与可持续化。通过这些先进软件技术的应用，有望实现对天然气运输过程的精细化管理，优化资源配置，降低运营成本，同时减少对环境的影响，为全球能源行业的转型升级贡献力量。

## 第三节　提高天然气管道输送自动化控制技术水平的策略

自动化控制技术的诞生为我国天然气管道输送管理开辟了新的篇章，显著增强了天然气输送过程的安全性与可靠性。然而，值得注意的是，我国在这一领域应用自动化技术起步较晚，同时面临复杂多变的地理环境挑战，这无疑加大了天然气管道铺设的难度与复杂性。由于这些限制因素，我国部分地区目前仍难以满足日益增长的天然气需求。鉴于此，为了进一步优化天然气供应结构，确保能源的稳定供给，亟须不断推进天然气管道运输自动化技术的改进与创新。

---

① 路晓．关于天然气输送自动化管理的研究[J]．中国石油和化工标准与质量，2019，39（3）：67-68.

## 一、积极应用智能化技术

为了进一步提升天然气管道输送的自动化程度，应当在坚实应用自动化控制技术的基础上，深度融合多项前沿智能技术，包括但不限于人工智能技术、红外遥感技术以及卫星监测技术。这一综合性技术体系的引入，将全面推动天然气管道运输的智能化转型，有效降低人工操作成本，并显著减少潜在危险的发生概率，从而确保天然气管道输送过程的安全性达到新高度。

以中国石油大学（北京）研发的天然气管道动态仿真系统为例，该系统通过巧妙融合动态仿真技术、高精度数据采集技术与先进的监控控制技术，实现了对天然气运输管道的全面、实时、精准监控。该系统不仅极大地提升了天然气管道输送的自动化管理水平，还能够在第一时间捕捉到管道运行中的异常情况，并立即触发预警与应急处理机制，确保问题得到及时、有效的解决。

此外，针对天然气管道铺设过程中面临的复杂地形与高难度挑战，在推进天然气管道输送自动化管理的同时，积极引入了 GPS 定位技术。这一技术的应用，使得管道铺设工作能够实现精准定位与导航，有效降低了铺设过程中的误差率，并显著减少了因定位不准确而引发的工程事故风险。

## 二、加强天然气管道的保护

在天然气管道输送的关键环节中，管道保护工作占据着举足轻重的地位。对天然气输气管道实施涂层保护策略，是提升管道防腐性能、延长其使用寿命的有效手段，同时也为自动化管理目标的实现奠定了坚实基础。众多实践案例表明，经过涂层保护的管道不仅显著降低了天然气输送过程中的摩擦阻力，减少了能耗，还极大程度上遏制了故障与泄漏事件的发生，确保了供气的连续性与稳定性，进而促进了自动化水平的飞跃。

所以，为了进一步提升天然气管道输送的自动化程度，必须持续优化管道本身，采取更加科学、全面的保护措施。这包括但不限于选用高性能防腐涂层材料、定期检测与维护涂层完整性，以及采用先进的自动化监测系统等。同时，充分利用自动化控制技术，实现对天然气管道的实时、远程监控，能够及时发现并预警潜在问题，为快速响应与高效处理提供有力支持[①]。

---

① 吴晶，王路，张玉．关于天然气管道自动化控制技术探讨 [J]. 化工管理，2018（32）：191–192.

## 三、大规模应用 SCADA 系统

SCADA 系统作为核心自动化系统，依托先进的计算机技术，对天然气的生产、输送及调度过程实施全面控制与管理。在天然气长距离管道输送中，SCADA 系统展现出非凡的能力，不仅能够实时监测并智能预测天然气的生产与输送状态，还极大提升了天然气处理流程的精确性。该系统通过实时采集、精准计算与深入分析天然气数据，能够迅速识别并应对潜在风险，从而显著增强了天然气管道的安全性与自动化水平，确保控制中心对天然气管道数据的监控既高效又可靠。为确保我国天然气管道的顺畅运行，SCADA 系统实施了全方位、多层次的监测策略。它利用自动化、监控与数据采集的集成优势，成功实现了从我国西部至东部的天然气远距离输送任务，其间对 RTU 阀室及整条管线的运行状态进行了不间断的监控。

尤为值得一提的是，通过控制中心、监控站及空间技术的协同应用，SCADA 系统不仅推动了天然气管道自动化控制技术的飞跃，还有效促进了天然气能源的高效、稳定供应，为我国能源战略的实施提供了坚实的技术支撑。

## 四、积极学习发达国家发展经验

相较于发达国家，我国在天然气管道输送自动化技术领域的研究起步较晚，因此，在自动化水平和控制技术的成熟度上尚存较大的提升空间。为了加速这一进程，应当秉持开放学习的态度，积极借鉴发达国家在该领域的宝贵经验与发展成果，正如古语所云：“他山之石，可以攻玉”。

通过深入学习和吸收发达国家在天然气管道输送自动化建设过程中积累的先进经验与技术教育，能够更加科学、前瞻地规划并推进我国的天然气管道输送自动化建设工作，从而有效提升其整体效能与竞争力。

首先，应广泛搜集并深入分析发达国家在天然气管道输送自动化建设方面的相关数据，力求从这些数据中提炼出客观、可借鉴的经验与结论。这些经验性的结论将成为我们优化国内天然气管道输送自动化建设工作的有力支撑，指导我们更加科学、高效地推进相关工作。

其次，应该加强与发达国家的合作与交流。通过共同参与天然气管道项目的建设，可以更直观地了解并学习到发达国家在天然气管道输送自动化技术方面的最新成果与最佳实践。

最后，在推动我国天然气运输行业发展的过程中，需保持敏锐的市场洞察力，紧跟国际市场的动态变化。在尊重我国实际国情、政策导向及行业特点的基础上，积极借鉴并引进发达国家的先进自动化控制软件与技术。同时，应瞄准天然气运输业的发展趋势，勇于探索、敢于创新，不断提升我国天然气输送过程中的自动化技术水平，以实现行业的可持续发展与竞争力的全面提升。

## 五、加强天然气输送过程的风险管控

在天然气管道输送自动化管理的体系中，风险管控占据着举足轻重的地位。鉴于天然气本身的易燃易爆特性，其输送过程充满了高度的风险挑战，同时，地域环境的复杂多变与不可预测性更是加剧了这一风险。为了确保天然气管道输送的安全与稳定，必须将风险管控置于核心位置，致力于构建一套完善的风险管理工作体系。这一体系要求我们对天然气管道输送的每一个流程、每一个环节进行细致入微的风险评估与分析，识别出潜在的风险点与隐患所在。基于这些评估结果，有针对性地制定风险控制策略与措施，建立起一套高效的风险控制体系。该体系应涵盖风险预警、应急响应、事故处理等多个方面，确保在风险发生时能够迅速、有效地进行干预与处置，最大限度地减少安全隐患的发生及其可能带来的损失。

例如，在天然气输送自动化管理的实践中，一个关键环节是整合并分析各类关键数据，包括但不限于各管道的精确坐标信息、设计运行参数、历史故障记录。这些数据不仅是管道运行状态的直接反映，也是事故预防与应急处理的重要依据。深入分析这些数据，能够清晰地了解事故发生的根本原因、其即时影响以及对周边环境的潜在危害。基于上述分析，构建一套高效、科学的应急处理机制。这一机制应能够迅速响应各类突发事件，依据各站点的具体情况，量身定制应急处理方案。方案的制定需充分考虑资源的优化配置、人员的高效调配以及技术的合理应用，以确保在最短时间内、最大限度上控制事态发展，减少损失，并有效防止类似事故的再次发生。

## 六、加大自动化控制软件的研发力度

自动化控制软件作为天然气管道输送自动化的核心驱动力，其兼容性与高效性直接关系到整个自动化系统的性能与水平。因此，优化自动化控制软件的功能与特性至关重要。

首先，强化自动化控制软件的数据资源整合能力。这意味着要提升软件的数据储存容量，确保能够容纳并高效处理海量数据。同时，增强数据分析能力，利用大数据技术和先进的分析模型，对天然气管道的流量、天然气质量损失程度以及管道运输过程中的潜在风险等进行精准、客观的评估，力求评估结果与实际情况高度吻合，为决策提供有力支持。

其次，注重提升自动化控制软件的兼容性。天然气管道输送自动化控制系统是一个复杂的集成体，需要与计算机、电子通信系统、远程监控系统、安全预警系统等多个子系统紧密对接。因此，自动化控制系统必须具备强大的兼容性，能够实现与这些系统的无缝连接与数据共享，从而确保整个自动化管理控制流程的顺畅与高效。只有这样，才能真正实现天然气管道输送的全方位、自动化管理控制，提升整体运营效率和安全性。

## 七、优化天然气输送管道和输送干线

想要实现天然气管道运输的全面自动化，不仅依赖于先进的软件设施，还离不开完善的硬件设施作为支撑。软件条件如智能系统、数据采集与实时监控技术等虽然关键，但若硬件设施不足或低效，将严重制约自动化技术的发挥，无法最大化其效率与效益。

在硬件设施的优化上，可以从多个方面入手。首先，通过技术手段提升天然气管道的物理性能，如在内壁涂覆特殊涂层，以减少摩擦阻力，从而增加天然气的运输体积，提高运输效率。其次，优化天然气管道运输的输送干线同样重要。这包括对现有管线的合理规划与调整，以及新建管线的科学布局。以欧洲地区为例，其天然气管道运输自动化程度及网络密集度均居世界前列，不仅实现了地区内管道运输的广泛互联，还积极拓展海底管道铺设，形成了与国际市场紧密相连的庞大管网。

所以，在推动天然气管道运输自动化的进程中，必须同步加强硬件设施的建设与优化。通过提升管道性能、优化输送干线网络等措施，确保硬件设施能够作为自动化技术的坚实载体，充分发挥其应有的作用，进而实现天然气运输效率与安全性的双重提升。

## 八、利用现代化技术提升自动化控制水平

随着天然气管道运输技术的日益成熟与科学技术的飞速进步，利用前沿技术提升自动化控制水平已成为行业发展的必然趋势和时代赋予的新要求。在这一背景下，中国石油大学（北京）积极响应，依托动态仿真技术、先进的数据采集与监控控制技术，成功研发出天然气管道动态仿真系统。该系统实现了对天然气运输管道的全天候、高精度实时监控，不仅极大地增强了天然气管道输送路线设计

的科学性与合理性，还能够在第一时间发现并预警任何异常情况，为工作人员迅速响应、精准施策提供了有力支持，有效遏制了潜在风险的扩散，确保了天然气运输的安全与稳定。

针对天然气管道铺设过程中面临的复杂地形与高精度要求等挑战，GPS 定位技术的引入成为破解难题的关键。通过 GPS 技术的精准定位与导航功能，天然气管道的铺设工作得以在更加精确、高效的轨道上进行，显著降低了铺设误差，有效避免了因误差累积而导致的经济损失与工程事故风险。

## 九、完善天然气管道输送自动化管理制度

天然气管道运输系统因其复杂的业务链条，涵盖分输站、压气站、储气站、开采输送及综合管理等多个环节，使得管理工作面临着内容广泛、难度加大的挑战。为了有效提升天然气管道输送的自动化水平，完善相应的自动化管理制度显得尤为关键。为了更高效地应对管道运输过程中可能出现的问题，需要对传统的分布式管理模式进行革新，转而采用统一领导、分级管理的集中管理方式。这一方式强调在顶层设立统一的领导机构，负责总体规划与决策，同时，在各个环节设置分级管理机构，负责具体执行与反馈。通过构建这样一个紧密联系的单元局域网，实现了各部门之间的无缝对接与信息共享。当天然气管道输送的某个环节出现问题时，该系统能够迅速将问题以数据的形式实时传递至总控中心。总控中心的工作人员依托先进的数据分析工具和丰富的工作经验，能够迅速对问题进行诊断，并制定出科学合理的解决方案。随后，根据解决方案，迅速调配相关资源，安排工作人员进行高效处置，以确保天然气管道输送工作的连续性与稳定性。

## 十、不断创新自动化技术并加大资金支持力度

当前，我国在天然气管道输送自动化管理领域的自动化技术应用尚存广阔的提升空间，迫切需要深化技术创新以推动行业发展。为此，应积极借鉴国际先进经验，同时紧密结合我国实际国情，针对性解决自动化技术应用中存在的适配性问题。在这一过程中，提升软件系统研发效率成为关键一环。

要聚焦电子通信系统、远程监控系统、风险预警系统以及自动化处理系统等核心模块，加大研发投入，优化算法设计，提升系统性能与稳定性。通过构建一个集数据采集、实时监控、风险评估、智能决策于一体的完善管理系统，实现对天然气管道输送全过程的高效、精准管控。此外，还需注重系统集成与协同优化，

确保各子系统间信息流畅通、指令执行迅速，以充分发挥自动化控制技术的综合效能，为保障国家能源安全与供应稳定贡献重要力量。

此外，在致力于优化管道设计以降低成本并减少工程总体投资的同时，应将这些节省下来的资金重新导向技术领域的研究与发展，特别是加大对自动化控制技术的投资力度，持续优化自动化控制系统，使其功能更为强大，性能更加卓越，从而确保系统运行的稳定性和可靠性达到新高度。通过技术革新与升级，显著提升天然气管道输送的自动化工作效率。

## 十一、重视天然气管道输送自动化控制人才培养

专业人才作为行业进步的核心驱动力，对于提升我国天然气管道输送自动化及其控制水平而言，其重要性不言而喻。因此，必须高度重视并加大对天然气管道输送自动化控制领域专业人才的培养力度。这一领域的工作不仅涵盖复杂的管道设计、精细的日常维护，还涉及自动化控制技术的深度研发，这些任务跨越多个学科领域，如机械工程、自动化技术、计算机科学乃至人工智能与卫星监测技术等，对人才的专业素养与跨学科能力提出了极高的要求。面对这样的挑战，需要培养一批既具备深厚专业知识，又能够灵活运用多学科知识的综合性人才。

首先，高等教育机构应积极响应时代与行业的变迁，精心设计并持续优化与天然气管道输送自动化控制相关的专业课程体系。这要求教学内容不仅要紧跟技术前沿，还要注重实践应用，确保学生能够掌握最新、最实用的知识与技能。通过强化实践教学环节，提升教育的时代性和实用性，从而培养出既具备深厚理论基础又拥有高超实践能力的高层次专业人才，为我国天然气管道输送自动化管控体系的建设提供坚实的人才支撑。

其次，研究机构与相关企业应携手合作，共同实施更为积极有效的人才引进与招聘策略。这包括提升薪资待遇水平，以吸引更多优秀人才加入；拓宽人才晋升通道，为人才提供更为广阔的发展空间与机会；构建完善的职业发展平台，助力人才实现个人价值与企业目标的双赢。通过这些措施，可以显著提升天然气运输业的人才资源质量，进而推动我国天然气运输业实现更高质量的发展。

# 第十章 天然气管道完整性管理

天然气作为当今世界能源结构中的重要组成部分，其安全、高效的输送对于保障国家能源安全、促进经济发展具有重要意义。天然气管道作为天然气输送的主要方式，其完整性管理成为确保天然气输送安全、减少事故风险、延长管道使用寿命的关键环节。本章围绕天然气管道完整性管理的内容、天然气管道完整性管理效能评价、天然气管道完整性管理体系的构建、天然气管道完整性管理实施的措施等内容展开研究。

## 第一节 天然气管道完整性管理的内容

### 一、天然气管道完整性管理的相关概念

#### （一）管道完整性的概念

管道完整性（pipeline integrity，PI），指的是管道系统持续保持在一种安全、可靠且高效的运行状态之中。这一概念蕴含以下几方面的内涵：①管道不仅在物理结构上保持完好，无破损、无泄漏，同时在功能上也需完全满足设计要求，能够顺畅、有效地进行介质的输送；②管道的运行状况需被实时监测与有效控制，任何可能影响管道安全运行的因素都应被及时发现并妥善处理，确保管道始终处于可预测、可管理的状态；③管道运行商需具备前瞻性的风险意识，不仅要对已发生的事故采取补救措施，更要积极主动地识别潜在风险，并持续采取有效措施加以预防，确保管道事故零发生；④管道完整性的实现，离不开对其设计、施工、运行、维护及管理全过程的严格把控。这些环节紧密相连，任何一个环节的疏忽都可能对管道的完整性造成威胁。

### （二）管道完整性管理的概念

管道的完整性管理（pipeline integrity management，PIM），是一种全面而系统的管理方法，它旨在综合地、一体化地管理所有可能影响管道完整性的因素。

这一过程大致涵盖以下几个工作流程：①拟订工作计划、工作流程和工作程序文件；②进行深入的风险分析，通过评估事故发生的可能性和潜在后果，制定针对性的预防和应急措施；③实施定期的管道完整性检测和评价活动，以全面了解管道的运行状态，识别可能导致事故发生的原因和具体部位；④根据检测和评价结果，及时采取修复或减轻失效威胁的措施；⑤重视人员培训工作，通过定期举办培训课程、分享经验案例等方式，不断提高管理人员和操作人员的专业素质和应对突发事件的能力。

### （三）管道完整性评价的概念

管道完整性评价（pipeline integrity assessment，PIA）是一个综合性的过程，它依赖于多种技术手段来识别、检测及深入调查那些可能导致管道失效的主要威胁因素。基于这些检测结果和调查数据，对管道的当前状态及其在未来继续安全、有效运行的能力进行系统性评估。这一过程旨在确保管道系统的整体完整性，及时发现并解决潜在的安全隐患，以保障管道运行的持续稳定性和可靠性。

### （四）天然气管道完整性管理的概念

天然气管道完整性管理是一项由管道管理者主导的系统性活动，旨在确保管道的完整与安全运行。该管理过程核心在于全面识别并评估贯穿于管道设计、建造、日常运营、监控、维护、更新、质量控制及通信系统管理等各个环节中的潜在风险因素。针对识别出的风险，管理者需制定并实施有效的风险控制策略，持续优化那些可能不利于管道安全性的因素，进而将管道运营风险维持在合理且可接受的水平之内。

此管理体系不仅关注减少管道事故的发生，更致力于通过持续的循环改进包括信息收集、定期监测与检查、综合评估、及时的维修与维护，来达成经济高效且长期稳定的管道安全运行目标。它贯穿于管道的整个生命周期，确保从规划到退役的每一阶段都能得到有效管理和优化，最终实现管道运行的安全性、可靠性和经济性的最佳平衡。

显然，管道完整性管理与企业 HSE（健康、安全、环境）管理体系之间存在着密切的相辅相成关系，两者互为补充，共同构建了全面的安全管理体系。HSE 管理体系主要聚焦于人员层面的安全，包括人员的安全培训、作业监护以及操作过程中的安全管理，确保人的因素不会对健康、安全及环境造成负面影响。而管道完整性管理则侧重于从设备技术的角度出发，专注于管道及其相关设施的安全性和可靠性管理。这包括实施预防性维护策略，定期检查、评估和修复设备，以确保其处于良好状态，从而间接保障了作业过程中的健康、安全、环境以及产品质量要求。

2017 年 12 月 15 日，由国家安监总局携手国家发改委等八大部委联合颁布了《关于加强油气输送管道途经人员密集场所高后果区安全管理工作的通知》(以下简称《通知》)。该《通知》旨在加速完善油气输送管道的安全风险防控体系与隐患排查治理机制，进一步巩固并深化油气管道安全隐患整治的显著成效。特别强调了针对油气管道途经人员密集、可能引发严重后果的区域，需加强安全管理，以有效预防和遏制重大、特大生产安全事故的发生。《通知》明确要求各相关企业需迅速且准确地掌握其管道沿线人员密集且高风险区域的具体情况，切实承担起安全生产主体责任，通过有效措施来管理和降低这些区域的安全风险。同时，各相关部门也被赋予监管职责，需强化对这些高风险区域的监管与执法力度，并不断提升应急响应与处置能力，确保在紧急情况下能够迅速、有效地采取行动，保障人民群众的生命财产安全和环境安全。

实践经验充分证明，实施管道完整性评价与完整性管理策略，不仅能够有效降低维护成本，还能显著延长管道的使用寿命，对管道的长期维护与管理具有不可估量的价值。这一做法不仅响应了安全生产的迫切需求，也符合法规政策的强制性要求，同时从经济角度出发也是极为明智的选择。

因此，不管是基于安全性的考量，还是遵循法规的指引，抑或对经济效益的追求，开展管道完整性管理都显得尤为必要。为确保管道的安全运行，必须采用科学的方法和严谨的程序来规划和执行管道完整性管理工作。当前，众多管道企业如西气东输、上海天然气管网公司等，均已积极投身于这一领域，通过实施管道完整性管理，不断提升管道运营的安全性与经济性，为行业的可持续发展树立了典范。

## 二、天然气管道完整性管理问题

### (一)管道数据丢失较难收集

当前，我国天然气长输管道的完整性管理工作面临一些挑战，其中最为显著的是尚未构建起覆盖全面的多参数大型数据库系统。这种缺失不仅限制了对管道多维度、深层次信息的集成与分析能力，还意味着在管道编码格式、抵御第三方破坏的措施、材料选择与设计规范等关键领域缺乏统一的构建标准。这种状况在数据管理方面埋下了隐患，一旦数据丢失，其重新收集的难度将显著增加，进而影响管道完整性评估的时效性和准确性。

此外，尽管在推进管道完整性管理的过程中，已有努力尝试构建共享平台，但现有的平台尚不完善，难以实现对管道完整性安全评价资料的集中化、标准化管理。

### （二）前期管理投入较高

在我国天然气长输管道的完整性管理过程中，资金投入成为一个显著的挑战，特别是在项目的初期阶段，所需资金尤为庞大。由于天然气管道网络广泛分布，跨越多个地域，这种地理上的分散性无疑给管道管理单位带来了复杂的管理难题，迫使它们不得不投入大量的人力与物力资源以确保管道的安全与稳定运行。

更为严峻的是，部分管理单位面临着管理制度不健全的困境。缺乏完善、系统的管理制度，不仅可能导致管理流程的混乱与低效，还可能严重制约资金的有效分配与使用。在这种情况下，资金的投入往往难以达到预期的管理效果，甚至可能出现资源浪费或管理盲区，进一步加剧管理难度和成本。

### （三）管道管理系统与国外相比有较大差距

相较于国际先进水平，我国天然气长输管道的完整性管理起步较晚，这在一定程度上导致了我国在该领域的管理技术相对滞后。尽管近年来我国在安全监测技术方面取得了显著进展，但在风险评估的精准度、系统的可靠性以及整体安全性等方面，仍与国际顶尖技术存在差距。

具体而言，在管道的日常运行管理、实时监测以及高效维修等关键技术环节上，我国的技术水平尚显不足，这不仅影响了管道运行的安全性，还导致了维护成本的上升。

## 三、天然气管道完整性管理要素

①在设计、建设和运行新管道系统的全过程中，应深入贯彻管道完整性管理的核心理念与最佳实践，确保从源头提升管道的安全性和可靠性。

②针对每一条管道的独特性和运行状况，实施灵活、动态的管道完整性管理策略，及时调整管理方案以应对各种变化和挑战。

③构建专门的管道完整性管理机构，明确管理流程，并配备先进的检测、评估和维护手段，确保管理工作的专业性和高效性。

④全面收集、整理和分析与管道完整性相关的各类信息，包括设计数据、运行记录、检测结果等，为决策提供坚实的数据支持。

⑤将管道完整性管理视为一项长期、持续的工作，不断监控管道状态，及时发现并处理潜在问题，确保管道系统的持续安全和稳定。

⑥在管道完整性管理过程中，积极引入和应用新技术、新方法，如智能监测技术、大数据分析技术等，以提升管理效率和准确性，推动管道管理水平不断提升。

完整性管理是一个持续不断的过程，管道完整性管理的要素循环如图 10-1 所示。

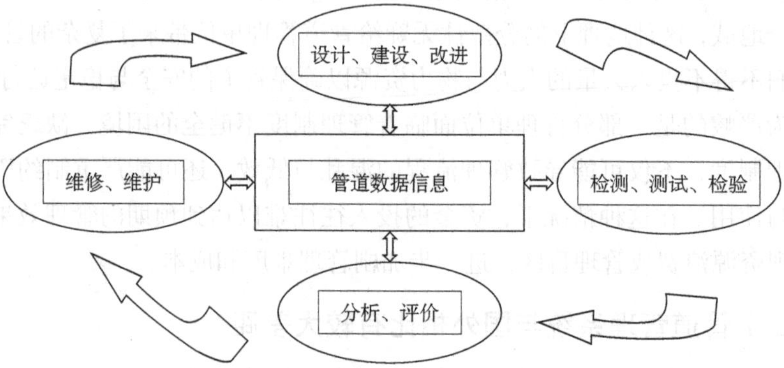


图 10-1 管道完整性管理要素循环

## 四、天然气管道完整性管理任务

①首要任务是采取措施，有效防止或显著延缓管道因各种因素导致的损坏产生，从而保障管道长期稳定运行。

②建立高效的监测机制，确保能够迅速发现并确认管道系统中出现的任何损坏情况，以便及时应对。

③对检测到的管道损坏进行详尽评估，不仅关注损坏本身，还应深入分析其可能引发的连锁反应及潜在后果，为后续的修复决策提供科学依据。

④根据评估结果，迅速采取修复措施以恢复管道的完整性，或采取其他手段减轻损坏带来的负面影响，确保管道系统的持续运行能力。

⑤积极开展管道完整性、管理重要性的宣传活动，提升公众、员工及相关利益方的认识，形成共同维护管道安全的良好氛围。

⑥对管道完整性管理的工作计划、流程、程序文件以及检测、评价手段进行

持续的审视、完善、改进和更新，以适应管道系统运行的实际情况和外部环境的变化，确保管理工作的有效性和前瞻性。

## 五、天然气管道完整性管理流程

天然气管道完整性管理流程如图 10-2 所示。

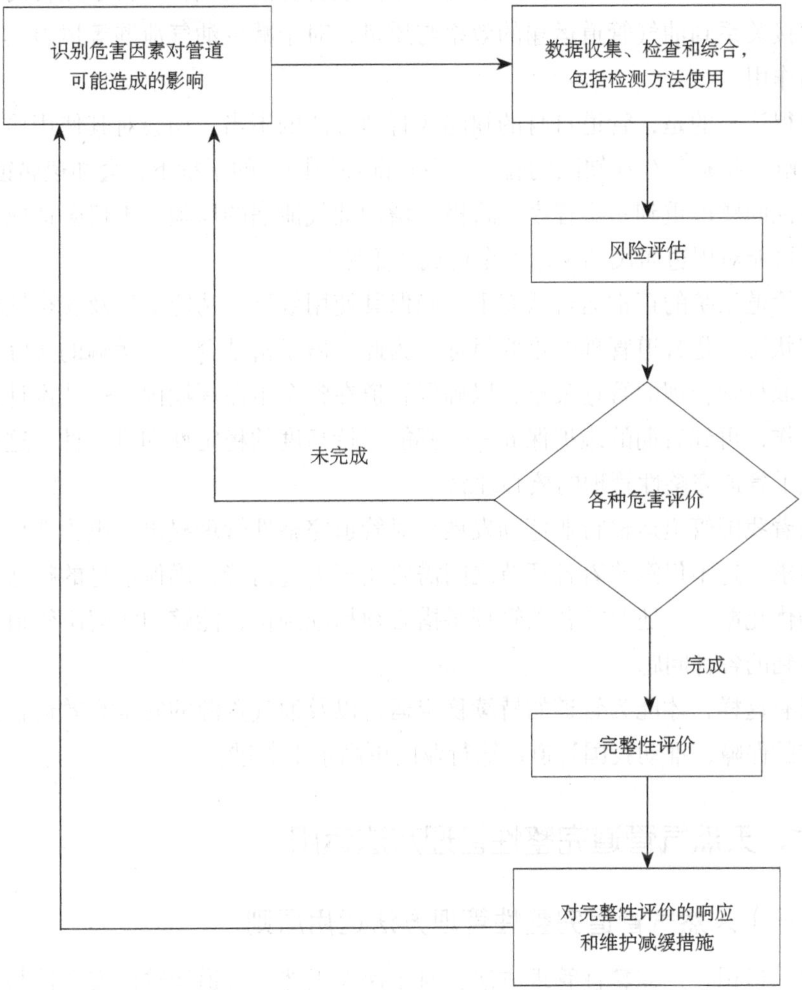


图 10-2　天然气管道完整性管理流程

## 六、天然气管道完整性管理内容

天然气作为支撑我国经济发展与深化国家建设的关键战略资源，其重要性不言而喻。然而，当前我国的油气资源开发正面临资源相对匮乏的挑战，导致大量油气资源依赖国外进口。在油气资源的运输方式上，我国采用了包括公路、铁路、水路、航空及管道在内的多元化运输体系。

其中，管道运输凭借其高安全性、低能耗以及适应大批量运输需求的优势，加之相较于其他四种方式更低的成本投入，已成为当前原油运输市场中的主流选择。安全技术的有效应用是保障油气管道高效管理的基础，而科学完善的管理措施则直接关系到油气管道运输的效率与质量，对于减少油气泄漏等风险具有至关重要的作用。

值得注意的是，管道自身的缺陷或管理方法的不当，均会对其使用质量产生负面影响。特别是存在缺陷的管道，在外部环境因素的干扰下，会加速腐蚀过程，一旦腐蚀问题严重到一定程度，将极大增加油气泄漏的风险，不仅会造成环境污染，还可能对周边居民的生命安全构成严重威胁①。

在管道系统的正常运行状态下，确保其使用效能、功能实现及安全性能均处于受控状态，是管道管理的重要目标。为此，需紧密结合管道运输的实际运作情况，采取科学合理的管理策略，以确保管道在整个生命周期内——从设计规划到运行操作，再到后期的维护保养——都能保持高度的稳定性和可靠性。这一过程即构成了管道完整性管理的核心理念。

随着我国管道运输行业蓬勃发展，对管道完整性管理提出了更为严格和精细化的要求。这不仅意味着各环节之间需要实现无缝衔接，确保信息的畅通无阻和资源的优化配置，还要求各项管理举措必须精准到位，能够切实解决管道运行中可能遇到的各种问题。

只有这样，才能为管道的持续稳定运行以及油气资源的安全高效运输提供坚实可靠的保障，推动我国管道运输行业向更高水平迈进。

## 七、天然气管道完整性管理方法运用

### （一）天然气管道完整性管理方法运用原则

恰当运用管道完整性管理方法，对于保障天然气管道运输的安全性与可靠性至关重要。在天然气管道完整性管理的实践中，为了确保方法的有效性和适用性，选择与应用这些方法时应遵循以下几项核心原则。

---

① 张大帅．油气管道完整性管理理念和关键技术研究 [J]. 山东化工，2022，51（3）：146-147.

1. 高质量材料选用原则

在管道完整性管理的实施框架中，首要且基础的一环便是精心挑选高质量、高性能的管道制作材料。这不仅是贯彻管道完整性管理各项策略的前提，更是确保管道长期安全稳定运行的关键。经过深入的市场调研与技术分析，不难发现，管道自身的质量缺陷往往是导致其在运行过程中发生重大安全事故的主要诱因。鉴于天然气管道往往需长时间深埋于地下，这种特殊的环境条件使得后期的维修与更换工作变得尤为复杂和困难。

因此，从源头上严格把控管道材料的质量，采用高品质、高耐久性的材料，对于减少天然气管道泄漏、防止爆炸等恶性事故的发生具有至关重要的意义。这种前瞻性的质量把控策略，不仅能够显著降低安全事故的风险，还能有效保障天然气管道完整性管理方法的实际应用效果，确保油气管道系统持续、稳定、安全地服务于社会经济发展。

2. 施工技术高水平要求原则

鉴于天然气管道运输的独特性质及其工程项目往往规模宏大，实际建设过程错综复杂，涵盖多个环节与要素，因此，采用高水平的施工技术显得尤为关键。这不仅能够为天然气管道工程的建设质量提供坚实保障，还能够显著提升管道在后续运行中的安全性与稳定性，确保能源输送的顺畅无阻。

3. 定期管道维护原则

一般来说，天然气管道施工完毕后，为确保其持续安全运行，定期进行检修与维护工作显得至关重要。这一过程旨在及时识别和应对管道运行中潜在的风险与隐患，从而为完善和优化天然气管道的完整性管理体系及具体措施提供有力支持，确保管道运行的高效与安全。

## （二）天然气管道完整性管理方法运用流程

1. 天然气管道泄漏事故识别

天然气管道在运营过程中一旦发生泄漏事故，其后果往往极为严重，对周边生态环境、居民日常生活乃至公共安全都会构成巨大威胁，尤其是在人口稠密的城市核心区域及环境敏感地带，这种影响更是难以估量。

因此，在进行天然气管道完整性管理时，首要且核心的任务便是对天然气管道运行风险进行精确无误的识别。此外，还需要深入分析一旦事故发生可能带来的具体影响，包括但不限于对人员安全、财产损失、环境污染等方面的评估。

2. 收集与整合管道运行数据

在天然气管道完整性管理的框架内，一个至关重要的环节是全面收集并整合施工数据、运行数据及其他所有相关数据信息。这一过程不仅涵盖管道建设初期的各项技术参数，还涉及日常运营中的实时状态记录，为后续的天然气管道完整性评估与管理提供了坚实的数据基础。通过对这些数据的深入分析，能够洞察天然气管道的运行状况、潜在风险及性能变化趋势，从而为制定和实施有效的天然气管道完整性管理策略提供科学依据。

特别地，加强天然气管道运行数据的管理，确保其完整性和准确性，是保障数据使用有效性的核心要素。任何数据的缺失或错误都可能误导管理决策，导致完整性管理方法的实施效果大打折扣，甚至可能引发安全事故。

3. 高后果区识别

高后果区识别在天然气管道完整性管理体系中占据举足轻重的地位，它是预防和控制管道安全事故发生的前沿防线。通过细致入微的高后果区识别工作，能够精准地识别出天然气管道沿线潜在的高风险区域，从而实现对安全风险的早期预警与有效辨识。这一环节不仅增强了管道企业对安全风险的认知与掌控能力，还为其优化资源配置、制定并实施针对性的风险缓解策略提供了有力支持。它促使管道企业从被动应对事故转向主动预防管理，通过前置性的风险评估与防控措施，有效降低了安全事故的发生概率及其可能带来的负面影响。

因此，高后果区识别工作的有效实施，对于提升天然气管道的整体安全水平、保障人民群众生命财产安全以及促进能源行业的稳健发展具有深远的意义。

4. 风险评估

在常规操作中，首先是整合前期收集的天然气管道运行数据，这一过程是后续分析的基础。其次，深度挖掘并利用这些数据信息的价值，对天然气管道的运行风险进行全面而细致的分析与评估。根据管道的具体运行状况和特点，灵活选择适宜的风险评估方法，旨在明确界定天然气管道系统中存在的重大风险点，并清晰判定这些风险的具体性质。基于风险评估的详尽结果，采用科学方法对各天然气管段的完整性管理需求进行优先级排序。

5. 基线评价方案制订

基线评价方案的制订，标志着对天然气管道进行首次系统性、完整性管理的正式启动。这一过程涵盖多个关键环节，包括初步风险的广泛收集与细致评价、管道完整性的全面检测，以及基于风险分析结果制定的预防性措施。这些综合步骤共同构成了基线评价的核心内容，它们不仅为天然气管道当前的状态提供了详尽的画像，也为后续的检测活动设定了基准。通过基线评价，能够为未来的检测工作明确方向，包括确定哪些内容需要重点检测，何时进行检测最为适宜，以及采用何种检测方法最为有效。

6. 管道完整性测评及管理举措实施

对正在运行的天然气管道实施完整性管理评价，其核心目的在于对既有的检测措施、风险防控策略以及数据整合与分析流程进行全面的复审与评估。这一过程旨在深入剖析各项管理举措中存在的潜在缺陷与不足，确保及时发现并识别任何可能影响管道安全运行的漏洞或弊端。

通过综合考量管道的测评结果，能够全面把握天然气管道系统的整体性能状况，包括其强度、耐用性、维护状况及潜在风险等多个维度。基于这一综合评估，能够生成详尽的天然气管道完整性管理效果评价报告，该报告不仅是对当前管理水平的客观反映，也是未来改进方向的指南。随后，根据评价报告中的发现与建议，制定并实施一系列具有针对性的完整性管理举措，为天然气管道的正常、稳定、高效运行提供坚实的安全保障。

## 第二节　天然气管道完整性管理效能评价

### 一、管道完整性管理效能评价内涵

#### （一）效能

关于效能的定义，其内涵在各类组织与行业中呈现出多样化的解读。具体而言，美国政府责任办公室（government accountability office，GAO）将效能评价视为一个综合性过程，它强调对项目实施进程的持续监督与反馈，以及对其能否成功达成预设目标的系统性评估。这一过程涵盖从活动启动到执行的每一步细节，不仅分析活动的直接产出，还深入探究这些产出最终如何转化为实际成果与影响。相比之下，英国健康与安全执行局（the health and safety executive，HSE）则提出了一个更为结构化的效能评价框架，即“输入—过程—结果”模式。在此模式下，“输入”聚焦于组织活动可能引发的风险因素，详细考察这些危险的规模、独特性以及它们在组织环境中的分布情况，作为效能评估的起始点。“过程”则涵盖健康与安全管理体系的具体实施步骤，以及为预防和控制风险而采取的一系列措施和活动，它是连接输入与结果的关键桥梁。“结果”则直接指向了效能评估的最终目标，即评估这些管理策略和活动在减少伤亡、经济损失及事故发生率方面的实际效果，以及评估潜在的改善空间与未来可能面临的挑战。

从经济学的视角审视，效能这一概念蕴含有效性和效率两个核心维度。有效性，作为效能的第一层含义，聚焦于管理目标的实现程度，它衡量的是一项活动或项目在多大程度上达成了预定的目标或标准。而效率作为效能的另一重要组成部分，则侧重于资源利用的经济性。它考察的是为了达到特定结果所必须付出的成本或投入，即成本－效益或投入－产出之间的比例关系。效率的高低反映了资源分配的合理性与优化程度，是评估管理活动经济性的关键指标。

## （二）效能评价

1. 效能评价的定义

效能评价是一种系统性过程，旨在通过量化计算或结论性评价，全面评估某一事物或系统在执行特定任务时的结果质量、进程效率、作用影响以及自身损耗和资源消耗等关键效率指标。这一过程不仅关注任务完成的直接成果，还深入考量其背后的资源利用效率与可持续性。

效能评价的详细步骤如下：明确评价目标、确定评价范围、选择评价方法、数据收集与处理、开展评价、结论分析、改进建议、编制评价报告。

2. 效能评价模式和方法

（1）效能评价的基本模式

伯斯坦（Burstein）、威利特（Willett）、劳登布什（Raudenbush）、布赖克（Bryk）和罗戈萨（Rogosa）等学者共同强调，一个可靠且经得起检验的效能评价模式必须满足以下三项核心标准：①该模式必须能够清晰地阐述并解释所评价系统的整体成就；②该模式必须将影响系统成就的各种因素之间的复杂关系具体化；③该模式必须接受至少三次足够精确的测量，并能在适当的层级上进行分析。

（2）效能评价基本方法

在评价过程中，核心挑战在于实现有效的分类、排序及整体评估，而评价方法的设计正是围绕这些核心问题展开的。系统评价的理论与方法体系大致可划分为三大类别[①]：

① 马思平，张宏，魏萍，等．靖边气田在役天然气管线完整性管理体系的建立 [J]. 石油与天然气化工，2011，40（4）：424-428.

①以数理理论为基础的方法，此类方法根植于数学理论与解析技术，旨在对评价系统进行精确的量化描述与计算。它们往往依赖特定的假设条件，以构建评价模型。在这一框架下，模糊分析法、灰色系统分析法及技术经济分析法等是代表性的工具。

②以统计分析为主的方法，此类方法侧重于对统计样本数据的深度挖掘，将样本视为随机变量进行处理，通过计算均值、方差、协方差等统计量来揭示指标背后的潜在规律。主成分分析法、因子分析法、聚类分析法、判别分析法、关联分析法及层次分析法等是这一类别中的关键技术。它们利用统计学的原理与技巧，对指标体系进行全面而系统的分析，从而在大样本数据背景下形成对评价对象的综合认知与判断。

③重现决策支持的方法，这类方法以计算机系统仿真与模拟技术为核心，致力于探索如何使系统运行与人类设定的目标保持高度一致。通过构建仿真模型，模拟系统在不同条件下的运行状况，评估其性能与效果，进而为决策提供科学依据。此类方法不仅关注系统本身的效能，还强调人类行为对系统的影响与调控，是实现系统优化与决策支持的重要手段。

### （三）管道完整性效能评价

《输气管道完整性管理》（ASME B31.8S—2001）与《有害液体管道的系统完整性管理》（API 1160—2001）明确指出，管道完整性管理的效能评价应旨在辅助管道企业明确回答两大核心问题：一是是否所有既定的完整性管理项目目标均已实现；二是通过实施这些项目，管道的整体完整性与安全性是否得到了实质性的增强。为有效解答这些问题，完整性管理的效能评价应当融合过程与结果评估、成本与效益分析的综合评价模式。

具体而言，效能评价首先聚焦于管理效果的量化评估，确保能够验证完整性管理项目是否达成了既定的管理目标，并清晰展现其工作成果。这一过程中，需对完整性管理方案和总体战略部署进行深入审视，识别存在的问题，并推动方案的持续优化与升级。其次，效能评价需对管理过程进行细致考察，验证实施过程与既定管理方案的符合度与合规性，掌握方案的执行进度与目标达成情况。通过及时反馈管理过程中的问题与挑战，明确后续工作的重点方向，确保管理活动的高效推进。最后，从经济视角出发，效能评价应依托成本 - 效益模型，对管理效益与效率进行经济性评价。这包括分析投入成本与取得的成果之间的比例关系，评估管道系统完整性与安全性提升的实际经济价值，从而为企业的资源优化配置与战略决策提供有力支持。

## 二、国内外天然气管道完整性管理效能评价现状

### （一）国内外天然气管道完整性管理法律法规及标准要求

在国际层面，针对天然气管道完整性管理效能评价的法律与法规框架中，美国占据了重要地位，主要体现在以下几项关键立法与规范中。

1.《管道安全改进法案 2002》（H. R.3609）

该法案的第 14 部分，为美国管道行业的完整性管理设立了更为严格的标准与要求，旨在通过立法手段促进管道安全性能的提升，其中隐含了对效能评价重要性的强调。

2.《管道检测、保护、实施及安全法案 2006》（H. R.5782）

此法案的第 16 部分，进一步细化了管道检测、保护及实施过程中的完整性管理要求，明确了效能评价在验证管理效果、保障管道安全中的核心地位。

3.《输气管道完整性管理》（第 192.945 条）

直接针对天然气及其他气体运输管道的完整性管理制定了联邦层面的最低安全标准，为效能评价提供了具体的法规依据和操作指南。

4.《进一步加强完整性管理效能评价》（GAO-06-946）

此报告由隶属于美国国会的 GAO 发布，它不仅对天然气管道安全进行了深入剖析，还特别强调了效能评价在加强管道完整性管理、提升整体安全水平方面的重要作用，为行业实践和政策制定提供了宝贵的参考意见。

在国际领域，天然气管道完整性管理效能评价的主要标准包括 ASME B31.8S—2001 和 API 1160—2001，这两套标准在行业内具有广泛的影响力。然而，鉴于天然气管道完整性管理这一概念的引入相对较晚，我国当前的法规体系中尚未直接针对天然气管道完整性管理效能评价制定专门的要求。

为了填补这一空白，国内主要采取了将国际先进标准等同采纳并转化为国内推荐性行业标准的做法。具体而言，我国已发布了《输气管道系统完整性管理规范》（SY/T 6621—2016）及《输油管道完整性管理规范》（SY/T 6648—2016）这两个行业标准，它们在很大程度上借鉴并遵循了 ASME B31.8S—2001 和 API 1160—2001 的内容与要求。

### （二）国内外天然气管道完整性管理效能评价开展现状

在国际上，管道企业普遍遵循法律法规与标准的强制性要求，同时结合

自身的运营实际，灵活构建适用于自身的效能评价指标体系。例如，加拿大ENBRIDGE公司在评估管道完整性管理效能时，倾向于从泄漏率控制、计划实施成效以及持续改进的衡量等多个维度进行综合考量，以确保管理效能的全面性和针对性。

美国PAHANDLE ENERGY公司则将效能评价视为一种验证管理目标达成情况的关键手段，通过设定一系列关键绩效指标，对完整性管理的效能进行量化评估，从而精准把握管理成效。而美国WILLIAMS GAS公司则进一步细化了效能评价的层次结构。首先，确保所有法律法规强制要求的工作得到严格执行，并评估其执行效果；其次，针对管道面临的各类危害因素，全面衡量相关管理工作的实施情况与成效；最后，考虑其他可能影响效能评价的因素，进行更为全面的效能度量。

在国内，管道企业对天然气管道完整性管理效能评价的探索仍处于技术研究与初步实践的阶段。一家领先的管道公司为了提升管理效能，创新性地采用了"对标与差距分析方法"进行效能评价。该方法的核心在于，将本公司的管道完整性管理体系作为分析对象，与国际上先进的管道公司管理体系进行全面而细致的对比。通过对标分析，该公司能够清晰地识别出自身完整性管理系统的现状，包括其优势与亮点，同时也能够精准地找出与国际先进水平之间的差距和不足。基于对标分析的结果，进一步提出针对性的改进建议。

## 三、天然气管道完整性管理效能评价的作用

### （一）有利于提高管理效率，减少管道事故降低损失

在当今社会快速发展的背景下，油气资源的需求日益激增，这对油气管道的安全高效管理提出了更高要求。然而，我国当前在油气管道管理领域面临的一个显著挑战是管理效率低下，这一现状难以满足日益增长的需求。为了应对这一挑战，对油气管道管理工作进行效能评价显得尤为重要。通过采用量化的评估方法，能够客观、直观地衡量管理工作的实际效果。

具体而言，效能评价能够清晰地展示实施管道完整性管理前后，管道事故的发生率、事故损失情况等方面的变化，从而为管理者提供有力的数据支持。进一步地，效能评价还能帮助我们深入剖析管道完整性管理中存在的缺陷与不足。这些发现不仅是优化管理流程、提升管理效能的关键所在，也是确保油气管道安全稳定运行的重要基础。

### （二）有利于实现数据信息系统化管理，增强决策的有效性

在油气管道完整性管理的效能评价工作中，一种前沿的方法是基于重现决策模式的策略。该方法深度融合了先进的计算机技术，通过构建精细的模拟计算系统，实现对管道运营状态的虚拟再现与深度分析。具体而言，它能够精准识别并评估管道的高后果区域、潜在风险及其可接受水平，进而探索如何通过优化系统运作来有效消除这些风险，确保生产作业安全无虞。

为了支撑这一决策过程，建立全面的管道信息数据库成为关键一环。该数据库不仅收集并整合了各类管道运行数据，还通过系统化的分析方法，深入挖掘数据背后的价值。这一过程不仅推动了数据信息化系统的构建与完善，还使得管理者能够基于充分的数据比对与深度分析，制定出既具挑战性又切实可行的管理目标。最终，这些科学设定的管理目标为管理层提供了坚实的决策依据，显著增强了决策过程的科学性与有效性。

### （三）有利于提高管理人员的业务能力，增强企业竞争能力

油气管道完整性管理的效能评价，是一种将管理工作成效与管理人员能力量化评估的重要手段。它不仅衡量了管理实践的实际效果，也反映了管理人员在专业素养与业务能力上的综合表现。通过深入学习和有效运用管道完整性管理系统，并不断对其进行优化与改进，这一过程不仅促进了管道管理人员专业知识的积累与技能的提升，还激发了潜在领导力的发掘，为企业的长远发展储备了宝贵的人才资源。

随着管理人员工作效率的显著提升，企业的整体运营水平也得以增强。这种正向的循环机制不仅使得管道完整性管理工作在企业内部获得了更加广泛的认可与重视，还激发了各级管理人员的积极参与与贡献，形成了上下一心、共同推动企业安全可持续发展的良好氛围。

## 第三节　天然气管道完整性管理体系的构建

### 一、天然气管道完整性管理组织体系构建

由公司最高领导为主任、完整性管理部经理为副主任和管道部、生产运行部、资产部、自控通信部等相关部门的经理组成完整性管理领导委员会，作为完整性管理的最高领导机构，来组织领导全公司的完整性管理工作。在委员会下面设有9个部门：数据管理部、风险评价部、管道检测部、管道完整性评定部、管道维

护技术部、完整性管理培训部、消防保卫部、监督管理部、应急管理部。

管道完整性管理部负责全公司的完整性管理的具体工作，其下属 9 个部门的分工如下。

### （一）数据管理部

该部门承担着天然气管道全生命周期数据管理的关键职责。具体而言，第一，它负责广泛收集涵盖管道设计蓝图、施工记录、日常维护日志以及历史事故案例等全方位信息。第二，构建并维护管道事故数据库，确保所有事故案例得以系统记录与分析。第三，建立管道基础数据库，为管道的物理属性、技术参数等提供详尽资料。第四，还负责搭建并持续优化 GIS，实现管道位置、周边环境的可视化展示与空间分析。第五，数据管理部还负责开发及维护完整性管理软件，以技术手段提升数据管理效率与准确性。

### （二）风险评价部

作为风险管理的核心部门，风险评价部专注于天然气管道风险的深入分析与量化评估。该部门首要任务是全面识别影响管道安全运行的各种风险因素，包括但不限于地质条件、腐蚀状况、第三方活动干扰等。随后，依据管道特性与风险评估需求，科学划分评价单元，为精细化风险评估奠定基础。在此基础上，风险评价部致力于建立和完善风险评价模型，运用先进算法与技术手段，对管道风险进行准确评估与预测。最终，将风险评价结果及时、准确地移交给管道检测部，为后续的检测与维护工作提供明确指导与决策支持。

### （三）管道检测部

该部门承担着对天然气管道运行状态实施全面监控的重任。通过先进的技术手段，它不仅监测管道内外部的腐蚀与损坏情况，还紧密配合风险评价部的成果，对特定高风险或潜在问题管道进行专项检测。检测过程中，管道检测部详细记录并分析管道的运行数据与监测结果，随后将这些宝贵资料汇总整理，及时移交给数据管理部，以确保数据的完整性与时效性，为后续分析与决策提供支持。

### （四）管道完整性评定部

此部门专注于对管道检测部提交的资料进行深入分析，运用专业知识与评定标准，对天然气管道的完整性状况进行客观、准确的评估。该部门的工作对于识别管道潜在的安全隐患、指导维护策略的制定至关重要，是保障管道长期安全运行的关键环节。

### （五）管道维护技术部

作为管道日常维护与应急响应的主力军，该部门负责执行日常的管道运行管理工作，包括巡检、维护计划的制订与执行等。同时，其也承担着管道修复任务，一旦发现管道存在缺陷或损坏，将迅速响应，采用适宜的修复技术与方法，确保管道迅速恢复正常。

### （六）完整性管理培训部

此部门致力于提升全体员工的完整性管理意识与专业能力，会定期组织各类培训活动，不仅涵盖完整性管理的基本理论与实践技能，还结合公司实际，传授相关管理知识与最佳实践案例。通过持续的培训与交流，不断提升团队的综合素质与协作能力，为天然气管道完整性管理体系的有效运行提供坚实的人才保障。

### （七）消防保卫部

该部门是确保天然气管道设施安全的重要防线，负责日常消防工作的执行与监督，包括消防设施的维护检查、消防知识的宣传培训等。在紧急情况下，如火灾或泄漏事故发生时，消防保卫部将迅速启动应急预案，组织专业力量进行紧急消防处置，有效控制事态发展，保障人员与财产安全。

### （八）监督管理部

作为完整性管理体系的监督机构，监督管理部负责全面审视与评估完整性管理部的工作开展情况及其管理效果。他们通过定期审查、现场检查、数据分析等多种方式，确保完整性管理工作的合规性、有效性与持续改进。同时，监督管理部也扮演着沟通协调的角色，促进各部门之间的协作与信息共享，共同推动天然气管道完整性管理水平的提升。

### （九）应急管理部

该部门专注于应对天然气管道突发事件的准备与响应工作。他们负责制订详尽的事故应急救援预案，明确应急响应流程、救援队伍配置、资源调配等关键要素，确保在事故发生时能够迅速、有序地展开救援行动。

此外，应急管理部还负责制订消防演习计划，定期组织实战演练，提升员工的应急反应能力与团队协作能力。在事故发生后，他们负责事故的应急管理与后续处理，包括事故调查、损失评估、恢复重建等工作，以最大限度地减少事故对天然气管道运行的影响。

## 二、天然气管道完整性管理数据管理体系构建

在管道完整性管理体系中，风险评价与管道完整性评定等核心环节均深深植根于数据之上，它们依赖于精准、全面的数据作为决策与判断的依据。所以，构建一个科学、完善的数据采集、管理和维护体系，成为确保管道完整性管理工作高效运行的关键基石。面对海量且复杂的数据信息，单纯依靠传统方法已难以满足高效、准确的数据处理需求。

为此，必须采用先进的科学技术手段，以实现对管道数据的全面、精准采集与高效管理。这一子体系主要由以下三大核心部分组成。

①高精尖的检测设备。在管道完整性管理的广阔领域中，数据的收集与分析占据着举足轻重的地位，而这些数据的获取成本往往不菲。因此，必须确保所采用的硬件设备——检测设备具备高度的先进性与可靠性。

②高素质的专业人才。人才是驱动管道完整性管理体系持续优化的核心力量，亟需一群兼具责任心、深厚计算机技术功底以及管道完整性管理专业知识的高素质人才。

③适合的软件系统。在全球软件技术日新月异的今天，选择一款适合自身需求的软件系统至关重要。对于管道完整性管理而言，最理想的软件系统应当能够紧密贴合管道的实际情况，无论是从数据结构、分析模型还是操作流程上，都能实现精准对接与高效协同。

完整性管理的数据完整性和准确性与整个完整性管理体系的水平有着直接的关系。数据管理体系主要有以下功能。

### （一）收集相关数据

天然气管道完整性管理所需要的数据类型可以分为以下 5 种。

#### 1. 设计数据

设计数据详尽记录了管道项目的规划与设计阶段的关键信息，主要涵盖以下几个方面。

（1）设计单位

明确指出负责管道设计工作的单位名称。

（2）设计时间

标注了设计工作的起止时间和完成日期。

（3）设计资质

展示了设计单位所持有的相关资质证书，确保设计符合行业标准与规范。

（4）设计图纸

详细的设计图纸集合，包括管道布局、结构细节等。

（5）管道规格

明确管道的管径大小及壁厚，这是管道承载能力与安全性的重要参数。

（6）材料信息

管道所采用的材料种类及其特性，如钢材型号、耐腐蚀性能等。

（7）设计压力

根据使用需求及安全标准设定的管道内部最大允许工作压力。

2. 施工数据

施工数据全面记录了管道建设过程中的关键环节与质量控制信息，具体包括以下几个方面。

（1）施工时间

详细记录了施工的起止日期及关键节点时间。

（2）焊接质量

对焊接工艺及焊缝质量的检测与评估结果。

（3）检测报告

各类专项检测报告，如材料成分分析、无损检测（non-destructive testing，NDT）报告等。

（4）防腐层

描述了防腐层的类型、厚度及质量检测结果，保障管道长期免受腐蚀侵害。

（5）阴极保护

记录阴极保护系统的安装与性能验证情况，进一步增强防腐效果。

（6）土壤类型

沿线土壤类型及其可能对管道造成的影响分析。

（7）竣工报告

项目完工后的总结性报告，包括施工成果、质量评估等。

（8）监理报告

监理单位对施工全过程的监督与评估报告，确保施工符合设计要求及规范。

3. 路况数据

路况数据是评估管道运行环境安全性的重要依据，包含以下方面。

（1）路面宽度

管道上方或附近道路的路面宽度，影响施工难度及未来维护作业。

（2）管道埋深

管道在土壤中的具体埋设深度，影响管道的稳定性和安全性。

（3）沿线条件

描述管道沿线的地形地貌、植被覆盖、交通状况等。

（4）管道地面标记

管道在地面的明显标识，如警示带、标志桩等，确保管道位置清晰可辨。

（5）公路及铁路河流等穿跨越情况

记录管道穿越或跨越公路、铁路、河流等复杂地形的具体情况及安全措施。

4. 管道运行、维护数据

这些数据详细记录了管道在日常运行中的状态及其维护管理情况，具体包括以下几个方面。

（1）管道输运介质

明确管道内输送的物质种类，如原油、天然气、水等。

（2）管道运行压力

实时监测并记录管道内的运行压力，确保其处于安全范围内。

（3）管道运行温度

管道内介质的温度，以及管道外部的环境温度，两者均对管道的安全运行有重要影响。

（4）外界腐蚀情况

通过定期检查与监测，评估管道外部受到的腐蚀程度。

（5）管道检测数据

管道检测数据包括定期进行的管道完整性检测（如内检测、外检测）、压力测试等数据，用于评估管道状况。

（6）管道维修历史

详细记录管道历次维修的时间、原因、措施及效果，为后续的维护管理提供参考。

（7）管段更换情况

当管道某段因损坏严重需要更换时，记录更换的管段位置、原因、更换时间及新管段的信息。

5. 事故分析数据

这些数据对于分析事故原因、评估事故影响及制定防范措施至关重要，包括以下几个方面。

（1）事故发生时间

精确记录事故发生的日期与时间。

（2）事故地点

明确事故发生的具体位置，包括管道的具体段落及周围环境。

（3）事故原因

深入分析导致事故发生的直接原因与间接原因。

（4）事故后果

详细记录事故造成的损害、损失及影响范围。

（5）潜在影响评估

对事故可能带来的长期或潜在影响进行评估，如环境污染、经济损失等。

6. 地理信息数据

地理信息数据包括地理位置、地勘报告等。

这些数据为管道的规划、设计、施工及运维提供了重要的地理空间参考，包括以下几个方面。

（1）地理位置

管道的精确地理位置信息，如经纬度坐标、高程等。

（2）地质勘探报告

详细的地质勘探报告，包括地质构造、土壤类型、地下水情况、地震活动性等信息，对管道的稳定性与安全性有重要影响。

## （二）数据的辨伪

数据收集完毕后，为确保其时效性和准确性，相关人员需立即展开全面而细致的检查与分析工作。这一过程旨在验证数据的时效性，即数据是否反映了最新状态或现象；同时，也要确认数据的准确性，确保所有数据均真实无误，能够准确反映实际情况。

## （三）数据的录入

工作人员需对收集到的数据进行及时的整理工作，确保数据的有序性和易管理性。随后，将这些整理好的数据按照既定的分类标准录入电脑系统中，以便进行更高效的数据存储、检索和分析操作。

## （四）保证检测设备和软件的正常运行

在当前以计算机及软件系统为核心支撑的数据管理环境中，确保检测设备的精确性与软件系统的稳定、安全运行，是维系数据管理有效性的基石。只有检测设备保持正常运作，软件系统无故障运行，才能更加可靠地收集、处理、存储和分析数据，进而提升数据管理的整体效能与价值。

## 三、天然气管道完整性风险评价管理体系构建

在应对庞大的数据洪流时，为确保对管道状态进行精确且及时的评估，从而制定有效的维护策略，预防潜在事故，构建一套完善的管理体系显得尤为重要。此体系核心由两大部分构成。

### （一）适用的风险评价方法

在浩瀚的评价方法中，选择恰当的方法是关键。风险评价领域广泛，涵盖定性、半定量及定量三种主要模式。

定性风险评估又有安全检查表、专家现场询问观察法、作业条件危险性评价、故障模式和影响分析、危险及可操作性研究、风险筛选法、事故树分析、事件树分析等方法。半定量风险评估又有风险指数法、风险平分法等。定量风险评估又有伤害（或破坏）范围评价法、危险指数评价法和概率风险评价法等。

完整性管理的评定方法体系应该包括管道剩余强度评价、管道剩余寿命预测等多个方面的方法。

### （二）富有责任心、经验丰富的评价人才

评价人员在执行评价任务时，需凭借其专业经验，精心挑选最适用的评价方法。在计算过程中，应严格采用准确、有效的数据作为分析基础，以确保最终得出的结果既精确又可靠。

## 四、天然气管道完整性管理指挥体系构建

天然气管道的完整性管理是一项多维度、高度复杂的任务，它深刻影响着企业的人力资源调配、财务预算规划及物质资源分配等各个层面。为确保该管理体系能够高效、稳健地运作，构建一个拥有绝对领导力和决策权的完整性管理领导委员会显得尤为关键。该委员会作为核心指挥机构，将承担起协调、组织与指导完整性管理工作的重任，旨在保障天然气输送管道的安全运行与高效性能。

此指挥体系的核心能力在于其信息获取与传递的效率。它必须能够迅速捕捉并整合关于管道运行状态、评估结果等关键信息，为管理层提供实时、准确的决策依据。同时，该体系还需确保指令的畅通无阻，将决策迅速传达至体系的每一

个角落，以便迅速调动各方资源，高效应对管理中遇到的各种挑战与问题。

天然气管道完整性管理的指挥体系运作机制高效且周密。完整性管理领导委员会作为核心决策机构，通过多途径获取并整合管道运行的关键信息。具体而言，该委员会利用工业电视监控系统实现远程实时监控，结合完整性管理系统中的历史数据与实时数据，同时依赖评估评价部门按照管道检测部提交的详尽检测与监测结果所出具的专业评价报告，来全面掌握管道的运行状态。基于这些综合信息，完整性管理领导委员会能够迅速做出判断，并直接向检测监测部发出指令，要求其进行针对性的检测工作，以进一步确认或排除潜在问题。同时，对于日常维护与紧急抢修的需求，委员会也会及时向维护技术部下达明确指令，确保日常维护工作得以有序进行，同时在紧急情况下能够迅速调集资源，高效完成抢修任务，从而保障天然气管道的安全、稳定与高效运行。

## 五、天然气管道完整性管理技术支持体系构建

天然气管道完整性管理的全生命周期，自其概念诞生之初便与技术发展紧密相连，这一关联不仅深刻体现在检测、监测、评估、评价及修复等各个环节，而且随着时间的推移，这种联系将愈发紧密且不可或缺。为此，构建一个强健的技术支持体系成为必然之选，旨在通过组建专业技术团队，确保日常完整性管理中的技术难题得以迎刃而解。

该技术支持体系的核心在于确保数据通道与通信系统的畅通无阻，保障关键设备的稳定运行，为整个管理过程提供坚实的技术后盾。在此基础上，积极收集与天然气管道完整性管理相关的最新科技动态与研发成果，不断探索并应用新技术，以推动管理效能的持续提升。具体而言，技术支持体系涵盖多元化的组成要素，例如各类技术人员、各种技术装备、技术方法等。

## 六、天然气管道完整性管理应急救援体系构建

天然气管道完整性管理，作为一种以可靠性为基石的风险预控管理模式，已在全球范围内获得广泛认可，成为保障管道安全运行的标杆。此模式虽能显著提升管道运行的安全性，但鉴于复杂多变的运行环境及潜在风险，尚无法完全消除管道事故发生的可能性。

所以，构建一套全面而高效的应急救援体系显得尤为重要，该体系的核心在于应急抢修、应急民事诉讼处理及应急事故情况通报机制的建立健全。

应急救援体系的构建须涵盖以下几个关键方面。

①预案应详尽规划各类可能发生的紧急情况应对措施，包括事故类型、响应流程、资源调配、人员分工等，确保在紧急情况下能够迅速、有序地展开救援行动。

②组建专业的应急救援队伍，配备可靠的通信设备以确保信息畅通无阻；建立医疗保障体系，为受伤人员提供及时救治；确保资金充足，以支持救援行动的顺利进行；同时，加强与消防部门的合作，提升整体应急响应能力。

③通过定期或不定期的消防演习，检验应急救援预案的可行性与有效性，评估救援队伍的反应速度与协作能力。演习结束后，对演习效果进行客观评价，并根据实际情况对预案进行必要的修订与完善，确保预案始终与实际情况保持高度契合。

### 七、天然气管道完整性管理教育培训体系构建

为了持续增强全体员工在天然气管道完整性管理及其他相关领域的专业素养与自我安全意识，降低人为误操作风险，进而减少事故发生的可能性，需建立一套系统性的培训计划。该计划涵盖以下几个关键要素。

①必须准备一套全面、详尽且易于理解的完整性管理知识教材，内容应覆盖基本概念、操作流程、风险评估方法、应急处理措施等多个方面，确保员工能够系统地学习与掌握相关知识。

②要选拔或聘请具有丰富实践经验和深厚理论功底的培训师，他们能够通过多样化的教学方式，如生动有趣的课堂讲授、深入剖析的案例研讨、激发学习兴趣的知识有奖问答等，有效提升员工的学习积极性与参与度。

③要为培训活动提供适宜的场所与硬件设备。这包括宽敞明亮的教室、先进的多媒体教学设备、模拟操作平台等。

## 第四节　天然气管道完整性管理实施的措施

### 一、优化管道完整性管理关键技术

#### （一）卫星监测技术

随着激光雷达技术的迅猛进步，卫星在地质灾害监测领域的应用日益广泛，其中，卫星合成孔径雷达（synthetic aperture radar，SAR）在监测管道周边地面沉降方面展现出了显著优势。该技术的工作原理基于定期对目标区域进行高精度成

像，通常间隔为 12 天左右，利用 SAR 技术捕获同一地点的地表影像。通过精细比较两个不同时间点的影像信息，能够精确测量出管道周边地面的微小形变数据，进而有效识别并评估管道沿线的地质灾害风险。

卫星 SAR 监测的优势在于其卓越的性能特点：首先，它具备全天时、全天候的工作能力，不受云层覆盖或夜间光照限制；其次，其灵敏度高，能够捕捉到地表微小的形变变化，为地质灾害的早发现、早预警提供了可能；再次，高分辨率的影像数据使得监测结果更加精确详细，有助于精准定位灾害隐患；最后，广泛的识别范围使得该技术能够覆盖大面积的管道网络，实现对地质灾害风险的全面监控。

### （二）光纤预警技术

光纤预警技术在管道安全监测领域的应用正日益扩大，其核心机制在于利用与管道同沟铺设的光缆作为敏感的信息传输与感知载体。这一技术通过在光缆的一端设置发射器，向光缆内注入特定的探测光脉冲。当光缆遭遇外界因素（如施工活动、泄漏事件或非法入侵）的干扰时，光缆内部光纤的折射率会随之发生变化，进而引发探测光在传输过程中相位差的显著变动。

通过精密的相位差检测装置及数据分析技术，可以实时捕捉并解析这些相位差的变化，从而不仅能够精准定位到光缆受干扰的具体位置，还能根据相位差变化的特征初步判断干扰的类型或性质。这一特性使得光纤预警技术在天然气管道的安全监测中发挥了重要作用，特别是在施工活动监测、气体泄漏预警以及周界安全防护等方面展现出独特的优势。

### （三）无人机巡检技术

为了减轻一线管道巡检人员的体力负担并提高作业效率，多家管道运营企业已引入无人机技术执行管道线路的巡查任务。这些无人机均装备了高清摄像头，能够捕捉管道沿线的详细影像资料，并实时传输至后台服务器。后台的专业人员则依据这些高清图像，迅速评估管道周边环境，识别潜在的危险源。

无人机在长距离输气管道的管理中，主要扮演了两种关键角色：日常巡检与定点核查。在日常巡检任务中，无人机按照预设航线，自主从一个站场（或阀室）飞往下一个站场，沿途不间断地拍摄管道及其周边的环境状况，确保无遗漏地将所有关键信息传回控制中心，供工作人员进行细致分析。而在定点核查工作模式下，无人机的工作则更加精准且深入。在执行任务前，工作人员会先通过 GPS 系统设定一个或多个特定的坐标点，作为核查目标。

无人机抵达这些坐标点后，会自动启动高清摄像头，对预设的核查区域进行全方位、多角度的细致拍摄与记录，确保获取到最全面、最准确的现场证据。随后，这些宝贵的数据资料会被迅速传输至后台，供管理人员进行进一步的审核与决策。

### （四）视频行为监控技术

当前，为了有效预防管道周边施工区域发生越界施工、违规作业等潜在风险，部分管道运营单位已部署了先进的视频行为监控系统。该系统的运作流程精心设计，旨在确保管道安全无虞，具体步骤如下。

①部署在管道周边的摄像头不间断地录制管道及其周围环境的影像资料，确保全面覆盖施工区域。

②后台计算机高效介入，采用均匀稀疏采样的技术手段，将连续录制的影像资料转化为一系列静态图像，以便于后续处理与分析。

③系统智能读取这些图像，并运用先进的图像识别算法精准提取出图像中可能存在的异物特征，特别是针对挖掘机、作业人员等可能对管道构成威胁的物体进行重点识别。

④将提取到的异物特征与预先训练并建立的样本库中的样本进行比对分析。一旦识别出图像中存在挖掘机等可能对管道安全构成直接威胁的物体，系统会立即自动保存该识别结果，并迅速通过客户端向后台作业人员发出警报，通知其立即赶赴现场进行核查与处理，从而及时消除潜在的安全隐患。

### （五）管道露管检测技术

尽管卫星系统具备对管道周边进行广泛地质灾害监测的能力，但由于其拍摄时间间隔、云层遮挡等自然因素的限制，往往难以实现地质灾害发生位置的即时发现与报警。为了弥补这一不足，管道运营单位在地质灾害频发区域采取了更为直接和灵敏的监测手段，即通过埋设专用的检测设备来加强预警能力。这些检测设备的核心部件是光敏元件，它们被精心设计和安装在地下，以监测地面微小的变化。一旦发生地质灾害，如滑坡、泥石流等，导致检测设备裸露于地表，光敏元件便会立即感知到阳光的直接照射。这一变化随即触发内置的报警装置，该装置迅速将包含地理位置信息的警报信号发送至监控服务器。服务器接收到警报后，会立即将相关信息通知给作业人员。通过这一高效的信息传递链条，作业人员能够迅速知晓地质灾害的确切发生位置，从而采取及时有效的应对措施，保障管道安全及周边环境的稳定。

### （六）联合防护体系建设

构建一体化的管道防护平台，旨在通过集中管理管道风险监测设备，消除数据孤岛现象，实现监测设备的无缝协作、管道风险的智能化识别以及应急响应策略的即时生成，显著提升管道安全防护的效率与效果。

该平台架构精心划分为三个核心层级：感知层、数据处理层及辅助决策层，各层紧密配合，形成闭环管理。

①感知层。作为数据收集的前端，该层集成了无人机、光纤传感器、高清摄像头等多样化的现场监测设备。这些设备犹如“神经末梢”，能够实时捕捉管道周边的环境变化、异常活动及潜在风险信号，并通过物联网（internet of things，IoT）技术，将采集到的海量数据准确无误地传输至后端处理中心。

②数据处理层。由高性能计算机集群构成，负责接收来自感知层的数据洪流。通过复杂的数据处理算法，该层首先对数据进行清洗、分类与筛选，剔除无用或冗余信息，确保数据的准确性和有效性。随后，利用大数据分析技术，将关键数据与历史数据库或预设的阈值进行对比分析，智能识别出潜在的管道风险点。一旦发现异常或威胁，立即将相关信息推送至辅助决策层。

③辅助决策层。作为平台的“大脑”，该层根据数据处理层提供的风险信息，迅速评估风险等级，并自动或辅助人工制定针对性的应急响应策略。

### （七）含缺陷管道适用性评价技术

含缺陷管道适用性评价，包括含缺陷管道剩余强度评价和剩余寿命预测两个方面。含缺陷管道剩余强度评价，是在管道缺陷检测基础上，通过严格的理论分析、试验测试和力学计算，确定管道的最大允许工作压力（maximum allowable operating pressure，MAOP）和当前工作压力下的临界缺陷尺寸，为管道的维修和更换以及升降压操作提供依据。

含缺陷管道剩余寿命预测，是在研究缺陷的动力学发展规律和材料性能退化规律的基础上，给出管道的剩余安全服役时间。剩余寿命预测结果可以为管道检测周期的制定提供科学依据。

## 二、加强对管道设计的重视

首先，为确保天然气管道的安全与高效运营，必须建立一个全面而高效的管道管理部门。该部门需紧密结合企业的长远发展规划与实际需求，精心设计并实施一套科学严谨的管道管理方案，同时编制详尽的流程文档，旨在为后续的管道规划、设计及施工工作提供坚实、可操作的指导框架。

其次，在管道选线这一关键环节，施工人员必须深入现场进行细致入微的实地勘查，全面掌握并理解地形地貌、水文地质等自然条件，以此为基础科学规划管道的平面布局。针对复杂或特殊地段，施工人员还需进一步开展施工方案的可行性研究，确保设计方案的合理性与可实施性。

最后，技术团队需高度重视灾害风险评估与预防工作，精准判断潜在灾害事故的类型与等级，并据此制定针对性的预防措施。在管道设计过程中，还需根据实际需求精确计算工程所需的管道壁厚，并精心挑选符合标准的材料，以确保管道的强度、耐久性及安全性。

值得注意的是，在地震等自然灾害频发区域，应优先选用低钢级但壁厚较大的管道材料，以显著提升管道的抗震能力及延展性，从而更有效地抵御外部冲击，保障天然气输送的安全与稳定。

此外，技术人员在管道设计与施工中，还需特别注意确保管道的弯曲半径达到其直径的大约 6 倍，这一设计标准有助于提升管道的结构强度与运行稳定性。当技术人员需要进行设计复核或优化时，必须严谨地对管道所承受的压力进行精确计算，这一过程需严格遵循行业相关标准及规范，以确保设计方案的合理性与安全性，从而全面保障管道系统的整体运行效果。

## 三、加强法规与标准建设

首先，强化天然气管道完整性管理的法规体系构建，这是奠定管道安全稳定运行基石的关键举措。构建一套严格的法规框架，旨在全面规范天然气管道从设计、施工、日常运营到维护检修的每一个环节，确保每一步骤都遵循高标准的安全与稳定性要求[①]。在此过程中，积极借鉴国际上的先进立法经验，结合我国实际情况，制定出既符合国情又具备前瞻性的天然气管道安全法规，明确界定各参与方的责任与义务，同时加大监管力度，确保法规的权威性与执行力。

其次，推进天然气管道完整性管理标准的建立健全，对于提升管道运行效率同样至关重要。通过制定并推广统一的技术与管理标准，能够指导并规范管道设计、施工技术、材料选择等关键环节，从根本上提升管道的整体性能与安全性。具体而言，可构建一套完善的天然气管道完整性管理标准体系，该体系应明确标准的制定依据、适用范围、技术要求及实施细节，促进标准的广泛采纳与实施，为管道行业的可持续发展奠定坚实基础。

---

① 刘啸奔，张东，武学健，等．掺氢天然气管道完整性评价技术的进展与挑战 [J]. 力学与实践，2023，45（2）：245-259.

## 四、提升管理技术水平

提升天然气管道完整性管理的技术水平，是保障管道安全、高效运作的核心驱动力。随着科技日新月异的发展，一系列创新技术与方法的融入，正引领着天然气管道完整性管理领域迈向新的高度。其中，无损检测技术的革新尤为显著，如超声波检测与磁粉检测等先进手段，能够以前所未有的精度洞察管道内外的细微缺陷，为风险评估、维修决策及加固措施提供了坚实的数据支撑。

同时，大数据技术与人工智能技术的深度融合，为天然气管道完整性管理开辟了全新的视野与路径。依托对庞大数据集的深度挖掘与智能分析，系统能够实现对管道运行状态的全方位、实时性监控，及时捕捉并预警潜在的安全风险，从而有效提升管道的安全防御能力与运行可靠性。

## 五、加强对管道施工控制

一方面，在天然气管道建设的筹备阶段，建筑企业务必遵循既定的标准流程进行招投标活动，旨在筛选出具备雄厚实力与专业素养的施工企业承接项目。此环节尤为关键，它要求管理人员细致入微地审核中标企业的资质证书、过往业绩及专业能力，确保每一环节都符合高标准要求，从而保障天然气管道建设项目的顺利推进与高质量完成。

另一方面，企业需对整个施工过程实施全方位、精细化的管理。这包括在施工现场部署经验丰富的管理人员，他们需密切关注施工动态，强化现场管理力度，确保各项施工活动有序进行。在具体操作层面，企业应注重人员与设备的双重管理，推动天然气管道施工的规范化与标准化。

以焊接作业为例，焊接人员必须严格遵守操作规程，施工前需制定详尽的工艺指导书，明确技术参数与质量要求。焊接完成后，必须立即进行严格的缺陷检测，如采用NDT技术，确保焊接部位无裂纹、未熔合等质量问题，以此作为后续施工工序的前提条件，从而全面保障天然气管道的安全性与可靠性。

## 六、加强人才培养与队伍建设

强化天然气管道完整性管理领域的人才培育与团队建设，是构筑天然气管道安全、高效运营体系的关键基石。鉴于能源产业的蓬勃兴起，天然气管道作为连接能源供应与需求的生命线，其完整性管理的战略地位越发重要[①]。但是，面对行业迅猛发展的态势，我国在这一领域的专业人才储备与技术实力尚显不足，难以充分支撑行业的持续健康发展需求。鉴于此，当务之急在于加速推进人才培养与团队建设进程，以全面提升天然气管道完整性管理的整体水平。

在人才培养的蓝图构建中，首要任务是构建一套全面而高效的教育培训体系。这包括将天然气管道完整性管理的核心内容深度融入高等教育与职业教育的课程体系之中，旨在培育出既掌握扎实专业理论知识，又具备丰富实践操作技能的高素质人才。同时，还应积极拓宽国际合作视野，与国内外顶尖企业及研究机构建立紧密的战略伙伴关系，通过引入国际先进的教育资源、教学方法及实践案例，进一步提升人才培养的国际化水平与质量效率。

此外，为了充分激发人才的内在动力与创新潜能，建立一套科学合理的激励机制与评价体系显得尤为关键。可以通过设立专项科研项目、颁发荣誉奖项及提供科研经费支持等方式，激励人才在天然气管道完整性管理领域勇于探索、敢于创新。同时，建立健全的人才评价与考核机制，不仅关注人才的专业技能与业绩表现，更重视其创新思维、团队协作能力等综合素质的评估，以此确保人才队伍的整体素质与专业能力能够持续稳步提升，为天然气管道的安全高效运行提供坚实的人才支撑。

## 七、推动管理信息化建设

在加速天然气管道完整性管理信息化建设的征途中，首要任务是清晰界定其核心愿景，即利用信息化手段显著提升天然气管道的安全性、可靠性及运营效率。这一目标的实现，离不开前沿信息技术的深度融合与应用，如物联网、大数据分析以及人工智能等。这些技术的引入，能够构建起对天然气管道状态的全方位、实时监控系统，实现风险的精准评估与智能决策支持，进而大幅度增强管道管理的效能与精确度。

大数据分析技术在此进程中扮演着至关重要的角色。它如同一位深邃的洞察者，通过对海量历史数据的深度挖掘与分析，能够揭示出管道运行中的内在规律与未来趋势，为管道维护策略的制定与风险管理提供坚实的数据支撑与科学指导。具体而言，通过细致剖析管道泄漏等历史事故案例，大数据分析能够精准定位事

---

① 孙文．石油天然气管道安全管理问题及对策研究 [J]．中国石油和化工标准与质量，2022，42（20）：73–75.

故根源，助力我们设计出更加精准有效的预防措施，从而在源头上降低事故发生的可能性，确保天然气管道的安全稳定运行。

## 八、做好对管道的维护与巡查工作

### （一）做好对管道的维护工作

鉴于天然气管道在运营期间易遭受多种因素的干扰，导致故障频发，加之其固有的腐蚀与老化过程，若企业忽视这些潜在问题，无疑将严重威胁管道的稳定运行。因此，企业应当高度重视天然气管道的运行维护工作，组建专业的检修队伍，并主动吸纳国内外先进的检测技术（如红外检测技术、计算机智能监测等），实现对管道运行状态的全面监控。通过这些技术手段，能够精准识别管道中存在的故障与隐患，并依据检测结果迅速制订并执行相应的修复方案，从而确保管道安全、可靠运行。

以管道腐蚀为例，一旦发现此类问题，专业的维修人员可立即运用状态检修技术，对腐蚀区域实施详尽检测，随后根据腐蚀程度采取修补或整体更换等针对性措施，有效遏制腐蚀进一步发展，防止穿孔等严重事故的发生。这一系列举措不仅直接解决了管道的安全问题，还促进了管道完整性管理理念的深入实践与落实。

### （二）做好对管道的巡查工作

经过深入调查，天然气管道安全事故频发的一个主要因素在于人为因素的干扰。针对这一严峻挑战，我国相关企业亟须聚焦并重点探讨如何有效预防人为因素对天然气管道的破坏。

首先，为预防施工等外部活动对管道的损害，企业应在天然气管道埋设区域周围设置清晰、醒目的警示标语，同时确保所有工程建设项目与天然气管道保持足够的安全距离，从而防止施工不当导致的天然气管道变形、穿孔等严重后果。

其次，加强天然气管道的巡查工作。企业应建立健全巡查机制，确保能够及时发现并解决管道运行中出现的问题，防止故障扩大。对于人为破坏天然气管道完整性的行为，必须采取零容忍态度，积极联合相关部门，依法依规进行严肃处理，以保障管道的安全运行。

最后，通过广泛而深入的宣传教育，提升天然气管道周边居民的安全意识与责任感。要让居民深刻认识到天然气管道与自身日常生活的紧密联系，以及管道完整性对于天然气稳定供应的重要性。通过这样的宣传教育，促使居民自觉约束自身行为，共同维护整体安全。

## 九、遵循管道完整性管理的工作程序

①在天然气管道的完整性管理工作中，必须高度重视多个核心问题。首先是确保管理工作严格遵循相关法规与标准，以实现对天然气管道潜在风险的严密监控。这要求我们不仅要准确识别并评估现有风险，还需具备前瞻性，对可能出现的新风险进行预判并提前控制，从而有效避免风险事故的发生。

②为了进一步强化天然气管道的安全保障，需要采用科学、合理且高效的方法，对影响管道安全的各种因素进行全面、细致的监督。这一过程中，信息的采集与分析尤为重要，它要求我们收集详尽的数据，并指派专人进行负责，以确保信息的准确性和时效性。

在此基础上，应依据相关标准开展针对性评价，并充分利用现代科技手段提升评价精度。针对评价结果，迅速制订并落实风险应急预案，同时积极学习并引进先进的施工工艺，持续优化天然气管道的日常维护流程，以确保天然气管道完整性管理工作的顺畅进行，从而保障天然气管道长期稳定运行。

## 十、完善管道完整性管理的工作体系

首先，鉴于各类管道运行的独特性与差异性，应设立专门的技术管理部门，并由相关人员依据各自的业务特性深入开展风险分析工作，确保每个管理部门都能构建出贴合实际、可高效运作的风险评估体系，为管道的安全运行奠定坚实基础。进一步地，建立风险模型是风险防控的关键一步。通过精细构建风险模型，能够清晰洞察风险产生的根源，并据此制定出切实可行的防控措施，从而显著提升企业对风险的掌控能力。管理人员应秉持开放学习的态度，积极汲取国内外在天然气管道完整性管理领域的先进研究成果与成功案例，同时紧密结合企业自身管道运行的实际情况，制订出分层次、分阶段实施的完整性管理计划。这一计划的制订，将为管理人员提供明确的行动指南，确保完整性管理工作的有序开展与逐步深化。

此外，应加大对天然气管道完整性管理工作的技术支持力度，引入先进技术手段提升管理效率与精准度。同时，建立健全的监督机制，加大对管理过程的监督力度，确保各项管理措施得到有效执行，为天然气管道的完整性管理工作提供坚实保障。

## 十一、加强地质条件与周边环境管理

### （一）增强地表（管沟）排水

土壤中含水量的增加引起土壤的膨胀同样也可能引起鼓胀。许多管线穿过这样膨胀的黏土区域，这些区域极容易因为湿度的变化产生膨胀式收缩。这种影响管道的土壤运动容易损坏防腐层，并在管壁上产生应力。良好的管线敷设应避免将管线直接埋在这样的土壤下，通常采用一些基床材料将管线包围起来，用以保护防腐层和管线。

### （二）管线埋深

霜冻引起的鼓胀会对地面运动产生影响。随着土壤中冰的形成，土壤因为潮湿成分冷冻化导致膨胀，这种膨胀可对埋地管线产生垂直的或者向上的压力。在管道上增加的负荷量取决于冷冻深度和管线特征，刚性管线易于在这种现象中受到损坏，将管线埋在冻结深度之下可以避免冻结负荷问题产生。

## 十二、建立管道及其附属设施的多参数数据库

在评价工作的体系构建中，首要任务是建立一个全面而精准的参数数据库，该数据库需覆盖管道主体及其所有附属设施的数据收集与管理，旨在搭建一个高效、实时更新的数据共享平台，确保信息的流通与整合符合实际运营需求。同时，数据库的架构与程序设计需具备前瞻性，以灵活适应未来评价工作的不断演变，使之成为天然气管道完整性管理的坚实基石。此数据库应全面融入完整性管理的各个环节，通过持续的数据更新与完善，实现对管道本体、防护状态及关联设备的动态管理。这种动态管理模式能够即时反映管道系统的最新状况，为决策提供有力支持。在管道检测环节，应深入进行缺陷评价，通过科学的修复与补强研究，提升管道的耐用性与安全性。同时，对外防腐层及其防腐效果进行定期评估，确保防腐措施的有效性。这一过程中，必须严格遵循国内外权威标准，确保评价分析的科学性与准确性。

此外，还应建立周期性的外防腐层检测机制，针对杂散电流干扰的高风险区域进行精准识别，并对关键地段的腐蚀状况进行细致评价，等等。

# 参考文献

[1] 秦传江，梁代春 . 汽车压缩天然气和液化石油气系统维修 [M]. 北京：北京理工大学出版社，2010.
[2] 黄桢，胡桂川，弋戈，等 . 天然气集气站增压机系统振动及故障监测系统研究 [M]. 重庆：重庆大学出版社，2013.
[3] 王智 . 天然气凝液回收技术 [M]. 天津：天津科学技术出版社，2014.
[4] 田冷 . 海洋石油开采工程 [M]. 东营：中国石油大学出版社，2015.
[5] 顾安忠，鲁雪生，石玉美，等 . 液化天然气技术 [M].2 版 . 北京：机械工业出版社，2015.
[6] 顾安忠 . 液化天然气运行和操作 [M]. 北京：机械工业出版社，2015.
[7] 魏纳，孟英峰，郭平，等 . 海洋天然气水合物层钻井井筒流动规律 [M]. 成都：电子科技大学出版社，2015.
[8] 陈新松 . 天然气行业法律实务 [M]. 北京：九州出版社，2016.
[9] 肖钢，侯建国，宋鹏飞 . 煤制天然气技术 [M]. 武汉：武汉大学出版社，2017.
[10] 姜勇 . 城市天然气管道网络 SCADA 系统应用技术研究 [M]. 长春：吉林人民出版社，2016.
[11] 张希栋 . 中国天然气价格规制的减排效应及经济效应分析 [M]. 上海：上海社会科学院出版社，2016.
[12] 陈守海，罗彬，姚珉芳 . 我国天然气储备能力建设政策研究 [M]. 北京：中国法制出版社，2017.
[13] 李洪烈，王维斌，禹扬，等 . 电驱天然气压气站施工监管和调试投产指南 [M]. 哈尔滨：哈尔滨工程大学出版社，2017.
[14] 管延文，蔡磊，李帆，等 . 城市天然气工程 [M].2 版 . 武汉：华中科技大学

出版社，2018.
[15] 刘丽，李铭，张承丽，等. 天然气开采技术 [M]. 北京：石油工业出版社，2018.
[16] 范启明，苟海涛. 天然气开采技术与地面工程施工 [M]. 长春：吉林科学技术出版社，2018.
[17] 周均，刘俊，胡建民. 西部天然气概述及质量检验 [M]. 北京：中国质检出版社，2018.
[18] 耿江波. 基于多尺度分析的天然气价格行为特征研究 [M]. 武汉：湖北人民出版社，2019.
[19] 张希栋. 中国天然气价格规制改革与政策模拟 [M]. 上海：上海社会科学院出版社，2020.
[20] 刘纪福，兰凤江，宋坤，等. 液化天然气汽化器设计与冷能利用 [M]. 哈尔滨：哈尔滨工业大学出版社，2020.
[21] 陈德春. 高等学校教材 · 天然气开采与安全 [M]. 东营：中国石油大学出版社，2020.
[22] 董长银，高永海，辛欣，等. 天然气水合物开采流体输运与泥砂控制研究进展 [M]. 东营：中国石油大学出版社，2020.
[23] 王文新，高亮. 液化天然气船货物运输 [M]. 大连：大连海事大学出版社，2020.
[24] 邢云. 液化天然气项目管理 [M]. 北京：石油工业出版社，2020.
[25] 周永强，刘辉，段言志，等. 天然气法立法研究 [M]. 北京：石油工业出版社，2020.
[26] 郭东鑫，汪威，程礼军，等. 常规天然气、页岩气、煤层气 [M]. 成都：四川科学技术出版社，2020.
[27] 尹凝霞，谭光宇. 四冲程自由活塞天然气发动机研究 [M]. 上海：上海科学技术出版社，2021.
[28] 鲍祥生. 南海海域天然气水合物识别技术 [M]. 北京：中国纺织出版社，2021.
[29] 应急管理部培训中心. 陆上石油天然气开采单位安全生产管理人员安全培训教材 [M]. 徐州：中国矿业大学出版社，2021.

[30] 侯海海，邵龙义，李猛．柴达木盆地北缘侏罗系非常规天然气储层物性表征与综合评价 [M]. 徐州：中国矿业大学出版社，2021.

[31] 庞维新，李清平，陈光进．从阿拉斯加走向未来：$CO_2$ 置换法开采天然气水合物技术研究进展 [M]. 东营：中国石油大学出版社，2021.

[32] 宋永臣，赵佳飞，杨明军．天然气水合物开采基础 [M]. 北京：科学出版社，2021.

[33] 孙敬东．长江液化天然气罐柜运输安全理论与实践 [M]. 武汉：武汉理工大学出版社，2021.

[34] 辛志玲，王维，赵贵征．天然气加工基础知识 [M]. 北京：冶金工业出版社，2021.

[35] 王飞，纪玉龙．液化天然气海运技术 [M]. 大连：大连海事大学出版社，2021.

[36] 肖国清，曾德智，商剑峰，等．高含硫天然气净化厂腐蚀与防护技术 [M]. 成都：四川大学出版社，2022.

[37] 刘宝平．延安气田富县区域下古生界马家沟组天然气勘探开发理论与实践 [M]. 成都：西南交通大学出版社，2022.

[38] 王佳琪，葛坤．海域天然气水合物渗流特性研究 [M]. 哈尔滨：哈尔滨工业大学出版社，2022.

[39] 马淑芝，贾洪彪，王颖．海底天然气水合物开采对地质环境影响研究 [M]. 武汉：武汉大学出版社，2022.

[40] 赵金洲，周守为，魏纳，等．海洋非成岩天然气水合物固态流化开采模拟实验技术及系统 [M]. 北京：科学出版社，2022.

[41] 潘栋彬．海洋天然气水合物的联合开采方法研究：射流破碎与 $CO_2$\$N_2$ 置换 [M]. 长沙：中南大学出版社，2022.

[42] 马淑芝，贾洪彪，王颖，等．海底天然气水合物开采对地质环境影响研究 [M]. 武汉：武汉大学出版社，2022.

[43] 胡高伟，吴能友，卜庆涛，等．海洋天然气水合物开采基础理论与技术丛书・海洋天然气水合物开采岩石物理模拟及应用 [M]. 北京：科学出版社，2023.

[44] 李洪兵 . 天然气安全演化机理及预警方法研究 [M]. 成都：四川大学出版社，2023.
[45] 杨川东，蒲蓉蓉 . 采气工程方案设计的研究及应用 [J]. 钻采工艺，2000，23（3）：37–40.
[46] 常景龙，李铁 . 输气管道泄漏检测技术的选择和优化 [J]. 油气储运，2000，19（5）：9–13，17.
[47] 雷励，赵普俊，刘伟 . 天然气流量计量系统的检定和校准 [J]. 天然气工业，2002，22（4）：73–75.
[48] 周前祥 . 载人航天器人—机系统虚拟仿真技术关键问题的探讨 [J]. 科技导报，2003（3）：3–5.
[49] 高广颜，杨来武 . 预混合点燃式 CNG/ 汽油双燃料汽车改装应用 [J]. 中国青年科技，2003（6）：58–59.
[50] 杨桦，杨涛，王顺云，等 . 优化采气工程方案设计确保气田科学高效开发：关于宣传贯彻《采气工程方案设计编写规范》管见 [J]. 钻采工艺，2004，27（6）：99–103.
[51] 裴宏峰 . 燃用低中热值煤气的燃气轮机机组结构特性及运行维护要点 [J]. 冶金动力，2004（6）：4–8.
[52] 杭云，苏宝华 . 虚拟现实与沉浸式传播的形成 [J]. 现代传播（中国传媒大学学报），2007（6）：21–24.
[53] 徐婷，宋素合，李宝忠，等 . 实行天然气能量计量的可行性分析 [J]. 油气储运，2008，27（2）：47–49.
[54] 杨永 . 埋地钢管外防腐层破损检测中的电位梯度法 [J]. 管道技术与设备，2008（3）：55–56.
[55] 刘斐，周淑波 . 城市地下管线探测项目的技术细则分析 [J]. 石家庄铁路职业技术学院学报，2008，7（3）：5–11.
[56] 张博 . 对污水处理厂沉井结构设计的思考 [J]. 山西建筑，2009，35（6）：150–151.
[57] 李彦慧，赵国强 . 靖咸输油管道腐蚀检测与应用效果评价 [J]. 中国高新技术企业，2009（20）：191–192.

[58] 朱铁燕，崔俊辉 . 浅谈质量流量计在天然气计量的应用 [J]. 甘肃科技，2010，26（7）：34–36.

[59] 沈功田，刘时风，王玮 . 基于声波的管道泄漏点定位检测仪的开发 [J]. 无损检测，2010，32（1）：53–56.

[60] 马思平，张宏，魏萍，等 . 靖边气田在役天然气管线完整性管理体系的建立 [J]. 石油与天然气化工，2011，40（4）：424–428.

[61] 董新 . 城镇民用燃气安全联锁设计 [J]. 电子设计工程，2011，19（6）：63–65.

[62] 王建伟 . 地下连续墙在杭州某水厂工程中的应用实践 [J]. 特种结构，2011，28（3）：39–42.

[63] 王国丽，韩景宽，赵忠德，等 . 基于应变设计方法在管道工程建设中的应用研究 [J]. 石油规划设计，2011，22（5）：1–6.

[64] 杨振宇 . 过程控制系统中自动调节系统浅析 [J]. 价值工程，2011，30（12）：58.

[65] 王博 . 流量计算机在西气东输工程中的应用 [J]. 中国计量，2012（2）：68–69.

[66] 温海明 . 海洋资源开发利用与环境可持续发展问题研究 [J]. 绿色科技，2012（10）：116–119.

[67] 刘志宽 . 燃气系统计量调压站中流量计的选型 [J]. 内蒙古石油化工，2012，38（19）：55–56.

[68] 李广群，孙立刚，毛平平，等 . 天然气长输管道压缩机站设计新技术 [J]. 油气储运，2012，31（12）：884–886，894.

[69] 张世峰 . 市政工程施工中地下管线的保护分析 [J]. 山西建筑，2012，38（18）：115–116.

[70] 何鹏程 . 浅析石油天然气长输管道腐蚀 [J]. 中国石油和化工标准与质量，2013（5）：250.

[71] 隋永莉 . 大应变钢管在管道建设中的应用及现场焊接技术 [J]. 焊管，2013，36（6）：32–36.

[72] 张骏 . 中央空调温湿度采用 PID 控制系统的探讨 [J]. 电子测试，2013（8）：105–106.

[73] 施徐敢，赵小明，张石清 . 人脸表情识别研究的新进展 [J]. 实验室研究与探索，2014，33（10）：103–107，287.

[74] 孙洪滨，甘丽华，谷俐，等 . 基于成本优化的天然气长输管道管径、压力比较研究 [J]. 石油天然气学报，2014，36（10）：215–218.
[75] 王秀振，谈涛，刘新想，等 . 燃气球阀内漏的在线处理 [J]. 煤气与热力，2014，34（3）：32–33.
[76] 吴碧华 . 浅谈磁粉检测在压力杀菌锅上的应用及注意事项 [J]. 化学工程与装备，2014（9）：211–212.
[77] 赵萌 . 天然气流量计量存在问题以及技术现状 [J]. 化学工程与装备，2015（6）：88–90.
[78] 朱明露 . 功能安全标准在电厂安全系统中的应用研究 [J]. 中国仪器仪表，2015（9）：29–31.
[79] 聂宗军，夏建忠 . 球阀注脂嘴泄漏处置方法探讨 [J]. 机械管理开发，2015，30（6）：38–41.
[80] 姚兴宏 . 管道完整性管理系统在庆哈输油管道上的应用 [J]. 石化技术，2016，23（8）：264，277.
[81] 王立妮，范璐 . 城市地下管线测绘测量技术方法探究 [J]. 科技风，2016（1）：99.
[82] 刘建强 . 煤矿机电设备事故原因及预防措施 [J]. 机械管理开发,2017,32（2）：167–168，175.
[83] 盛峰，冯柏旗 . 超声导波检测系统在场站管道检测中的应用研究 [J]. 中国石油石化，2017（7）：81–82.
[84] 王燕庆，黄斌 . 化工设备的日常管理与安全生产的致关性 [J]. 化工管理，2017（16）：116.
[85] 周晓东 . 议无损检测在压力容器中的应用分析 [J]. 化工管理，2018（32）：105–106.
[86] 吴晶，王路，张玉 . 关于天然气管道自动化控制技术探讨 [J]. 化工管理，2018（32）：191–192.
[87] 李雨朋 . 火电厂热动系统节能优化思路与举措 [J]. 现代工业经济和信息化，2018，8（15）：44–45.
[88] 路子豪 . 大数据技术在人工智能中的应用分析 [J]. 数字技术与应用，2018，36（10）：212–213.

[89] 黄晓宇 .HAZOP-LOPA 分析方法在液氨罐区的应用 [J]. 化工管理，2018（9）：81.
[90] 黄超 . 工程物探的管线探测及质量控制研究 [J]. 中国战略新兴产业，2018（24）：151–152.
[91] 赵国斌，吴磊章，柴兴军 . 探讨天然气管道的防腐措施 [J]. 中国石油和化工标准与质量，2018，38（1）：19–20.
[92] 路晓 . 关于天然气输送自动化管理的研究 [J]. 中国石油和化工标准与质量，2019，39（3）：67–68.
[93] 李士伟，邢瑞江 . 建筑工程施工中节能施工技术分析 [J]. 建筑技术开发，2020，47（3）：153–154.
[94] 陈玉龙 . 供水管道腐蚀的危害及防治技术探讨 [J]. 全面腐蚀控制，2020，34（9）：101–103.
[95] 谭洪伟，陈奔泉 . 天然气管道输送自动化与自动化控制技术研究 [J]. 化工管理，2020（8）：123–124.
[96] 刘晓慧 . 地下水资源保护与地下水环境影响评价分析 [J]. 农业灾害研究，2021，11（6）：144–145.
[97] 邹永胜 . 山地油气管道智能化建设实践与展望 [J]. 油气储运，2021，40（1）：1–6.
[98] 王毅，李俊飞，纪宝强，等 . 流型对多相流管道泄漏声波信号的影响 [J]. 油气储运，2021，40（10）：1138–1144.
[99] 孙文 . 石油天然气管道安全管理问题及对策研究 [J]. 中国石油和化工标准与质量，2022，42（20）：73–75.
[100] 张大帅 . 油气管道完整性管理理念和关键技术研究 [J]. 山东化工，2022，51（3）：146–147.
[101] 刘方，杨宏伟，韩银杉，等 . 天然气掺氢比对终端用气设备使用性能的影响 [J]. 低碳化学与化工，2023，48（2）：174–178.
[102] 黄羽，张勋，王俊 . 水电站常见电气一次设备故障检修与故障处理研究 [J]. 机械工业标准化与质量，2023（10）：37–40.
[103] 刘啸奔，张东，武学健，等 . 掺氢天然气管道完整性评价技术的进展与挑战 [J]. 力学与实践，2023，45（2）：245–259.